Physics

物理学

（上册）

主　编　唐延林　赵光菊
副主编　彭亦学　白光富
参　编　姜加梅　张　鹏　王　帅
　　　　高庆庆　高　欣　谢　忍

高等教育出版社·北京

内容简介

本书是参照教育部高等学校物理学与天文学教学指导委员会编制的《理工科类大学物理课程教学基本要求》(2010 年版)编写而成的,全书涵盖了基本要求中所有的核心内容,叙述简明,深入浅出,并选取了一定数量的扩展内容,以供不同专业选用。本书除经典物理内容外,还介绍了相对论和量子物理等部分现代物理的内容,旨在用现代观点来诠释经典物理的思想,以体现物理学的发展对人类认识自然、改造自然和培养学生科学素质的基础性作用。

全书分上、下两册,共 15 章。上册内容为力学和电磁学,包括质点运动学、牛顿运动定律、动量守恒定律和能量守恒定律、刚体、静电场、静电场中的导体和电介质、恒定磁场、电磁感应和电磁场,并在各章后面配置了思考题与习题,供学生练习。与本教材配套的还有电子教案及习题解答。

本书可作为高等学校理科非物理学类专业和工科各专业的大学物理课程教材,也可供文科相关专业选用和社会读者阅读。

图书在版编目(CIP)数据

物理学. 上册 / 唐延林,赵光菊主编. -- 北京 :
高等教育出版社,2021.1
ISBN 978-7-04-053876-2

Ⅰ. ①物… Ⅱ. ①唐… ②赵… Ⅲ. ①物理学-高等学校-教材 Ⅳ. ①O4

中国版本图书馆 CIP 数据核字(2020)第 046702 号

WULIXUE

策划编辑 王 硕　责任编辑 王 硕　封面设计 李小璐　版式设计 杜微言
插图绘制 于 博　责任校对 刘娟娟　责任印制 赵义民

出版发行 高等教育出版社
社 址 北京市西城区德外大街 4 号
邮政编码 100120
印 刷 北京市大天乐投资管理有限公司
开 本 787mm × 1092mm 1/16
印 张 14.25
字 数 290 千字
购书热线 010-58581118
咨询电话 400-810-0598
网 址 http://www.hep.edu.cn
http://www.hep.com.cn
网上订购 http://www.hepmall.com.cn
http://www.hepmall.com
http://www.hepmall.cn
版 次 2021 年 1 月第 1 版
印 次 2021 年 1 月第 1 次印刷
定 价 35.00 元

物 料 号 53876-00

前　言

物理学是研究物质的基本结构、基本运动形式以及相互作用规律的科学。它是人类认识世界、改造自然和推动社会进步的动力和源泉，是自然科学、人类文明和现代科技的基础。物理学领域中每一次重大的发现和突破都引领了新领域、新方向的发展，甚至产生了新的分支学科、交叉学科和新的技术学科。物理学理论及其所采用的世界观和方法论在培养学生的科学素质等方面起着极为重要的作用。因此，“大学物理学”是高等学校的一门必修公共基础课。

进入21世纪以来，国家对创新型人才的培养提出了更高目标，这就对高等学校的大学物理公共基础课程教学质量有了更高的要求，人才培养模式也发生了重大变化，以适应21世纪对高素质人才的需要。本书就是根据高等学校理工科专业特点和教学需要编写的，反映了编者多年的教学经验，并考虑了不同专业不同教学时数的要求，突出了科学性和实用性。而且十分注重“少而精”的原则，十分注意“教与学”的关系，努力以现代教育观点审视传统物理教学内容和以现代教育技术手段展现物理学知识。在阐述上，力求通俗易懂、深入浅出，并注重物理知识在相关专业中的运用，以使本书可读性强。

全书分上、下两册，共15章。上册内容为质点运动学、牛顿运动定律、动量守恒定律和能量守恒定律、刚体、静电场、静电场中的导体和电介质、恒定磁场、电磁感应和电磁场，下册内容为振动、波动、光学、气体动理论、热力学基础、相对论、量子物理。

编写工作的分工为姜加梅编写第一、第二章，张鹏编写第三、第四章，王帅编写第五、第六章，高庆庆编写第七、第八章，毛宗良、赵光菊编写第九、第十章，白光富、赵光菊编写第十一章干涉和衍射部分，唐延林编写第十一章光的偏振部分，赵光菊、鲍琳编写第十二、第十三章，吴忠祖编写第十四章，刘树成编写第十五章，此外，唐延林编写第十一章光的偏振部分；江阳、唐延林、赵光菊、彭亦学、刘艳辉、王育慷、高欣、祁小四、阳劲松、谢忍诸位教师分别对各章进行了校对；唐延林、赵光菊对全书进行了统稿和修订；彭亦学、白光富对全书进行了审阅。在此，对各位老师表示衷心的感谢。

由于编者水平有限，书中难免会有错误和不妥之处，敬请老师和同学们提出宝贵意见。

编　者

2019年9月于贵州大学

目 录

第一章

质点运动学

自然界的一切物质都处于永恒的运动之中. 物质的运动形式是多种多样的，如机械运动、分子热运动、电磁运动、原子和原子核运动以及其他微观粒子运动等. 其中，机械运动是这些运动中最简单、最常见、最基本的运动形式，其基本形式有平动和转动. 力学就是研究物体机械运动的规律及应用的学科. 在力学中，研究物体的位置随时间而改变的内容称为运动学.

本章讨论质点运动学，着重阐明三个方面的问题：一是如何描述物体的运动状态；二是掌握运动学的核心即运动方程及相关问题；三是了解经典力学时空观的局限性. 其主要内容为：位置矢量、位移、速度和加速度、质点的运动方程、圆周运动的切向加速度和法向加速度、相对运动等.

1.1 质点运动的描述

一、时间与空间

人们关于空间和时间概念的形成，起源于对自己周围物质世界和物质运动的直觉. 空间反映了物质的广延性，它的概念是与物体的体积和物体位置的变化联系在一起的. 时间所反映的则是物理事件的顺序性和持续性. 早在我国春秋战国时代，由墨翟创立的墨家学派就对空间和时间的概念给予了深刻而明确的阐述.《墨经》中说："宇，弥异所也""久，弥异时也". 此处，"宇"即空间，"久"即时间. 意思是说，空间是一切不同位置的概括和抽象；时间是一切不同时刻的概括和抽象. 在现代自然科学形成两千多年之前，有这样深刻的见解，是很了不起的. 在现代自然科学的创始和形成时代，关于空间和时间，有两种代表性的看法. 牛顿认为，空间和时间是不依赖于物质的独立的客观存在；莱布尼茨(Leibniz)认为，空间和时间是物质上下左右的排列形式和先后久暂的持续形式，没有具体的物质和物质的运动就没有空间和时间. 莱布尼茨强调空间和时间与物质运动的联系而忽视其客观性，牛顿强调空间和时间的客观存在而忽视其与物质运动的联系，他们的观点都有其合理的一面，而又都包含着错误. 随着科学的进步，人们经历了从牛顿的绝对时空观到爱因斯坦的相对论时空观的转变，从时空的有限与无限的哲学思辨到可以用科学手段来探索的阶段. 时间间隔和空间长度是物理学中的两个基本物理量，在国际单位制(SI)中，其单位分别为 s(秒)和 m(米). 目前量度的时空范围，从宇宙范围的尺度 10^{26} m 到微观粒子尺度 10^{-18} m，从宇宙的年龄 10^{18} s 到微观粒子的最短寿命 10^{-24} s. 物理理论指出，空间长度和时间间隔都有下限，它们分别是普朗克长度 10^{-35} m 和普朗克时间 10^{-43} s，当小于普朗克时空间隔时，现有的时空概念就可能不适用了. 从一些典型物体物理现象的空间尺度和时间尺度表可见，物理学所研究涉及的空间和时间范围是相当广阔的.

一些典型物理现象的空间尺度和时间尺度表			
空间尺度/m		时间尺度/s	
已观测到的宇宙范围	10^{26}	宇宙年龄	10^{18}
星系团半径	10^{23}	太阳系年龄	1.4×10^{17}
星系间距离	2×10^{22}	原始人距今时间	10^{13}
银河系半径	7.6×10^{22}	最早文字记录距今时间	1.6×10^{11}
太阳到冥王星的距离	10^{12}	人的平均寿命	10^{9}
日地距离	1.5×10^{11}	地球公转周期(一年)	3.2×10^{7}
无线电中波波长	10^{3}	地球自转周期(一天)	8.6×10^{4}
核动力航母舰长	3×10^{2}	太阳光到地球的传播时间	5×10^{2}
小孩高度	1	人的心脏跳动周期	1
尘埃线度	10^{-3}	中频声波周期	10^{-3}
人类红细胞直径	10^{-6}	中频无线电波周期	10^{-6}
细菌线度	10^{-9}	分子转动周期	10^{-12}
原子线度	10^{-10}	原子振动周期	10^{-15}
核的线度	10^{-15}	核振动周期	10^{-21}
普朗克长度	10^{-35}	普朗克时间	10^{-43}

二、质点　参考系　坐标系

1. 质点

力学中的质点，是一个理想物理模型. 质点是没有大小和形状，只有一定质量的理想物体. 我们知道，任何实际物体，大至宇宙中的天体，小至原子、原子核、电子以及其他微观粒子，都具有一定的大小和形状. 一般来说，物体运动时，其内部各点位置变化常常是各不相同的，而且物体的大小与形状也可能发生变化. 但是若在我们研究的问题中，物体的大小与形状不起作用，或所起作用并不显著而可忽略不计时，就可近似地把该物体视为一个质点. 例如，研究地球绕太阳公转时，由于地球的平均半径比地球到太阳的距离小得多，地球上各点相对于太阳的运动可视为相同，这时就可把地球视为质点. 但研究地球的自转时，若仍把地球视为一质点，就将无法解决实际问题. 因此，一个物体是否可抽象为质点，应视具体情况而定.

一些物体质量的数量级(单位:kg)			
电子质量	10^{-30}	人的质量	10^{2}
质子质量	10^{-27}	土星5号火箭质量	10^{6}
血红蛋白质量	10^{-22}	金字塔质量	10^{10}
流感病毒质量	10^{-19}	地球质量	10^{24}
阿米巴原虫质量	10^{-8}	太阳质量	10^{30}
雨滴质量	10^{-6}	银河系质量	10^{41}

总之,把物体视为质点这种抽象的研究方法,在实践上和理论上都是有重要意义的.当我们所研究的运动物体不能视为质点时,却总可以把该物体看成是由许多质点组成的,对其中的每一个质点都可以运用质点运动的结论,叠加起来就可知整个物体的运动规律.可见,研究质点的运动是研究物体运动的基础.

2. 参考系 坐标系

在宇宙中,一切物体都处于永恒的运动之中,绝对静止的物体是不存在的.在力学范围内所说的运动,是指物体位置的变化.很显然,一个物体位置及其变化,总是相对其他物体而言的.所以,要描述一个物体的运动情况,必须选择另一个物体或几个彼此之间相对静止的物体作为参考.简而言之,为定性描述物体的运动被选作参考的物体称之为参考系.从运动的描述来说,参考系的选择是任意的,关键看问题的性质和研究方便而定.对同一物体的运动而言,由于所选取的参考系不同,对它的运动描述就会不同.例如,作匀速直线运动的汽车,车上的乘客若以车厢为参考系,则乘客相对静止,若以地面为参考系,则乘客以一定速度作匀速直线运动.在不同的参考系中,对同一物体的运动具有不同描述的事实,就是运动描述的相对性.

为定量确定物体相对于参考系的位置,需要在参考系上建立一个坐标系.一般在参考系上选定一点作为坐标系的原点,取通过原点并标有长度的线作为坐标轴.常用的坐标系是直角坐标系.根据需要,也可以选取其他的坐标系,如极坐标系、自然坐标系、球坐标系等.

三、位置矢量 运动方程 位移

1. 位置矢量

质点的位置可以用矢量的概念简洁清楚地表示出来.为了描述质点在 t 时刻的位置 P,我们从原点向点 P 引一有向线段 $\overrightarrow{OP}$,用 $\boldsymbol{r}$ 表示,如图 1-1 所示.用来确定质点位置的这一矢量 $\boldsymbol{r}$ 称作质点的位置矢量,简称位矢,也叫径矢.从图 1-1 中可以看出,位矢 $\boldsymbol{r}$ 在 Ox 轴、Oy 轴和 Oz 轴上的投影(即质点的坐标)分别为 x、y 和 z.所以,质点 P 在 $Oxyz$ 的直角坐标系中的位置,既可用位矢 $\boldsymbol{r}$ 来表示,也可用坐标 x、y 和 z 来表示.如取 $\boldsymbol{i}$、$\boldsymbol{j}$ 和 $\boldsymbol{k}$ 分别为沿 Ox 轴、Oy 轴和 Oz 轴的单位矢量,那么位矢 $\boldsymbol{r}$ 亦可写成

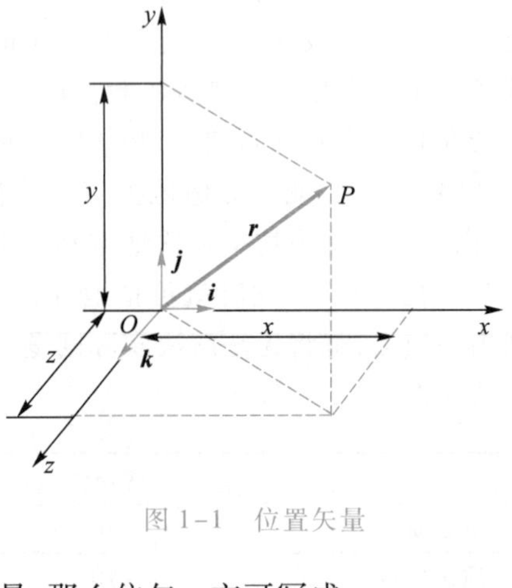

图 1-1 位置矢量

$$\boldsymbol{r}=x\boldsymbol{i}+y\boldsymbol{j}+z\boldsymbol{k} \tag{1-1}$$

其模为

$$|\boldsymbol{r}|=\sqrt{x^2+y^2+z^2}$$

单位为 m(米). 位矢 $\boldsymbol{r}$ 的方向余弦由下式确定:

$$\cos\alpha=\frac{x}{|\boldsymbol{r}|},\quad \cos\beta=\frac{y}{|\boldsymbol{r}|},\quad \cos\gamma=\frac{z}{|\boldsymbol{r}|}$$

式中 α、β、γ 分别是 $\boldsymbol{r}$ 与 Ox 轴、Oy 轴和 Oz 轴之间的夹角.

2. 运动方程

当质点运动时,它的位置是随时间的改变而改变的,则表示质点位置的位矢 $\boldsymbol{r}$ 必定随时间在改变,如图 1-2 所示. 因此,$\boldsymbol{r}$ 是时间的函数,即

$$\boldsymbol{r}=\boldsymbol{r}(t)=x(t)\boldsymbol{i}+y(t)\boldsymbol{j}+z(t)\boldsymbol{k} \tag{1-2}$$

式(1-2)称为质点的运动方程. 知道了运动方程,就能确定任一时刻质点的位置,从而确定质点的运动. $x(t)$、$y(t)$ 和 $z(t)$ 是 $\boldsymbol{r}(t)$ 在 Ox 轴、Oy 轴、Oz 轴的分量,从中消去参量 t 便得到了质点运动的轨迹方程,所以它们也是轨迹的参量方程. 应当指出,运动学的重要任务之一就是找出各种具体运动所遵循的运动方程,运动方程是质点运动学的核心. 式(1-2)还表明,质点的运动是各分运动的矢量合成,即质点的任意运动是 x、y、z 三个方向上进行的分运动的矢量合成. 这个由空间的几何性质所决定的各分运动和实际运动的关系称为运动的叠加原理.

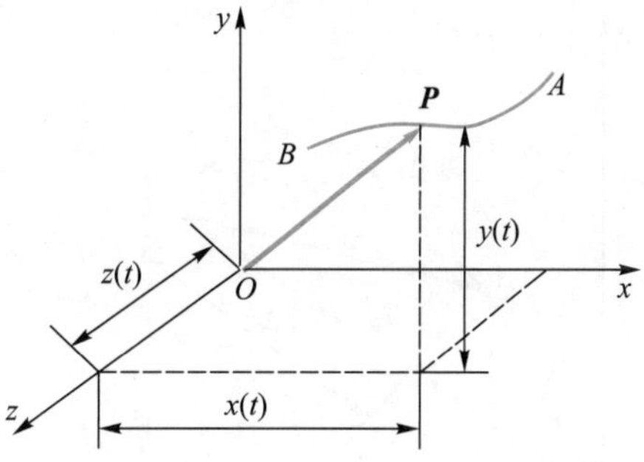

图 1-2 运动方程

3. 位移

位移表示质点在某段时间内始末位置变化的总效果,与实际路径无关. 在如图 1-3(a)所示的 Oxy 平面直角坐标系中,有一质点沿曲线从时刻 t_1 的点 A 运动到时刻 t_2 的点 B,质点由相对原点 O 的位矢 $\boldsymbol{r}_A$ 变化到 $\boldsymbol{r}_B$. 显然,在时间间隔 Δt 内,位矢的长度和方向都发生了变化. 由点 A 引向点 B 的矢量表示位矢的增量 $\Delta\boldsymbol{r}$,即

$$\Delta\boldsymbol{r}=\boldsymbol{r}_B-\boldsymbol{r}_A$$

这一位矢的增量就是质点在此时间内的位移. 它反映了质点在 Δt 时间内位矢的变化.

由式(1-2),可将 A、B 两点的位矢 $\boldsymbol{r}_A$ 与 $\boldsymbol{r}_B$ 分别写成

$$\boldsymbol{r}_A=x_A\boldsymbol{i}+y_A\boldsymbol{j}$$

$$\boldsymbol{r}_B=x_B\boldsymbol{i}+y_B\boldsymbol{j}$$

于是,位移 $\Delta\boldsymbol{r}$ 亦可写成

$$\Delta\boldsymbol{r}=\boldsymbol{r}_B-\boldsymbol{r}_A=(x_B-x_A)\boldsymbol{i}+(y_B-y_A)\boldsymbol{j} \tag{1-3}$$

上式表明,当质点在平面运动时,它的位移等于在 Ox 轴和 Oy 轴上的位移的矢量和[图 1-3(b)].

若质点在三维空间中运动,则在直角坐标系 $Oxyz$ 中其位移为

$$\Delta\boldsymbol{r}=(x_B-x_A)\boldsymbol{i}+(y_B-y_A)\boldsymbol{j}+(z_B-z_A)\boldsymbol{k}$$

必须注意,位移是描述质点位置变化的物理量,而并非是指质点运动轨迹的

长度. 如在图 1-3(a)中,质点作曲线运动,从点 A 运动到点 B,位移是有向线段 $\overrightarrow{AB}$,是一矢量,它的模等于割线 AB 的长度. 而路程就是曲线 AB 的长度,是一标量. 显然,在一般情况下 Δs 与 $|\Delta \boldsymbol{r}|$ 并不相等. 当质点经一闭合路径回到原来的起始位置时,其位移为零,而路程则不为零. 所以,质点的位移和路程是两个完全不同的概念. 只有在 $\Delta t(=t_2-t_1)\to 0$ 的极限情况下,位移的大小 $|\mathrm{d}\boldsymbol{r}|$ 才可视为与路程 $\mathrm{d}s$ 没有区别,即 $\Delta t\to 0$ 时,$|\mathrm{d}\boldsymbol{r}|=\mathrm{d}s$. 此外,位移的大小记为 $|\Delta \boldsymbol{r}|$,不能简写为 Δr. 因为 $\Delta r=|\boldsymbol{r}_B|-|\boldsymbol{r}_A|$,为位矢的径向增量,如图 1-3(a)所示. 一般来说,$|\Delta \boldsymbol{r}|\neq \Delta r$.

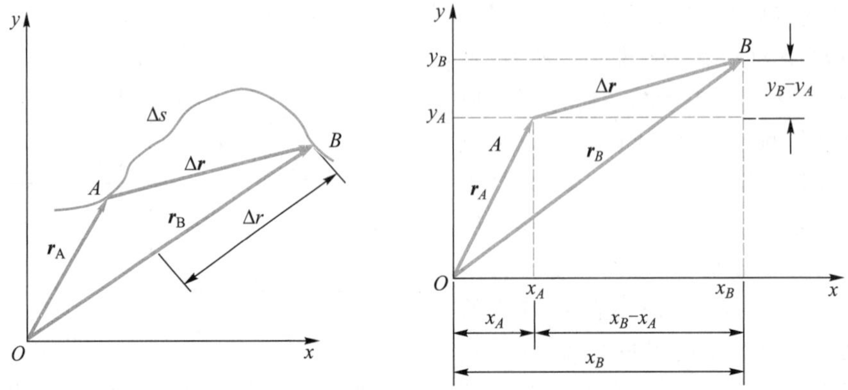

(a)　　(b)

图 1-3　位移矢量

四、速度

一般来讲,在各个时刻或各个位置上,质点运动的快慢和运动方向是各不相同的,为了描述质点运动的快慢和方向,我们引入速度的概念. 当质点的位矢和速度同时被确定时,其运动状态就被确定. 所以,位矢和速度是描述质点运动状态的两个物理量.

如图 1-4 所示,一质点在平面上沿轨迹 $CABD$ 作曲线运动. 在时刻 t,它处于

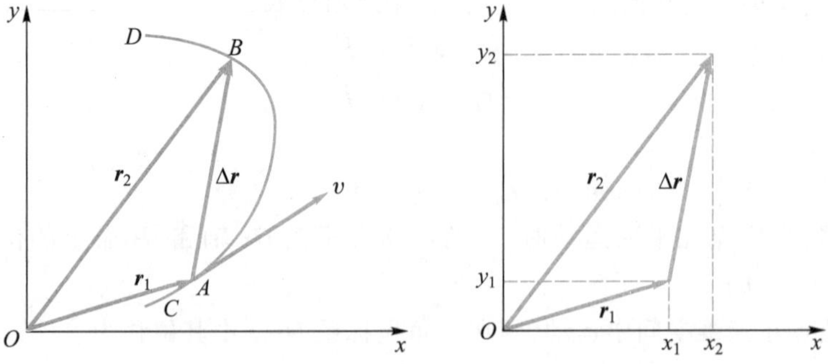

(a)　　(b)

图 1-4　平均速度

点 A,其位矢为 $\boldsymbol{r}_1(t)$;在时刻 $t+\Delta t$,它处于点 B,其位矢为 $\boldsymbol{r}_2(t+\Delta t)$. 在 Δt 时间内,质点的位移为 $\Delta\boldsymbol{r}=\boldsymbol{r}_2-\boldsymbol{r}_1$,它的平均速度 $\overline{\boldsymbol{v}}$ 为

$$\overline{\boldsymbol{v}}=\frac{\boldsymbol{r}_2-\boldsymbol{r}_1}{\Delta t}=\frac{\Delta\boldsymbol{r}}{\Delta t}$$

由于 $\Delta\boldsymbol{r}$ 是矢量,而 $1/\Delta t$ 是标量,故平均速度 $\overline{\boldsymbol{v}}$ 是矢量,且与 $\Delta\boldsymbol{r}$ 的方向相同,在 SI 中,速度的单位为 $\mathrm{m\cdot s^{-1}}$(米每秒).

在描述质点运动时,我们也采用"平均速率"这个物理量. 我们把路程 Δs 与时间 Δt 的比值 $\Delta s/\Delta t$ 称为质点在时间 Δt 内的平均速率,$\overline{v}=\dfrac{\Delta s}{\Delta t}$,单位为 $\mathrm{m\cdot s^{-1}}$(米每秒). 这就是说,平均速率是一标量,等于质点在单位时间内所通过的路程,而不考虑运动的方向. 因此,不能把平均速率与平均速度等同起来. 例如,在某一段时间内,质点环行了一个闭合路径,显然质点的位移等于零,所以平均速度也为零,而平均速率却不等于零. 所以,平均速度与平均速率的关系,和位移与路程的关系非常相似.

考虑到

$$\Delta\boldsymbol{r}=(x_2-x_1)\boldsymbol{i}+(y_2-y_1)\boldsymbol{j}=\Delta x\boldsymbol{i}+\Delta y\boldsymbol{j}$$

平均速度可以写成

$$\overline{\boldsymbol{v}}=\frac{\Delta\boldsymbol{r}}{\Delta t}=\frac{\Delta x}{\Delta t}\boldsymbol{i}+\frac{\Delta y}{\Delta t}\boldsymbol{j}=\overline{v}_x\boldsymbol{i}+\overline{v}_y\boldsymbol{j}$$

其中 $\overline{v}_x$ 和 $\overline{v}_y$ 是平均速度 $\overline{v}$ 在 Ox 轴和 Oy 轴上的分量. 当 $\Delta t\to 0$ 时,平均速度的极限值称为瞬时速度(简称速度),用 $\boldsymbol{v}$ 表示,有

$$\boldsymbol{v}=\lim_{\Delta t\to 0}\frac{\Delta\boldsymbol{r}}{\Delta t}=\frac{\mathrm{d}\boldsymbol{r}}{\mathrm{d}t} \tag{1-4a}$$

上式表明,质点在任意时刻的速度等于质点的位置矢量对时间的一阶导数. 或有

$$\boldsymbol{v}=\lim_{\Delta t\to 0}\frac{\Delta x}{\Delta t}\boldsymbol{i}+\lim_{\Delta t\to 0}\frac{\Delta y}{\Delta t}\boldsymbol{j}=v_x\boldsymbol{i}+v_y\boldsymbol{j} \tag{1-4b}$$

其中

$$v_x=\frac{\mathrm{d}x}{\mathrm{d}t},\quad v_y=\frac{\mathrm{d}y}{\mathrm{d}t}$$

v_x 和 v_y 是速度 $\boldsymbol{v}$ 在 Ox 轴和 Oy 轴上的分量. 显然,如果以 v_x 和 v_y 分别表示速度 $\boldsymbol{v}$ 在 Ox 轴和 Oy 轴上的分速度(注意:它们是分矢量!),那么有 $\boldsymbol{v}_x=v_x\boldsymbol{i}$ 和 $\boldsymbol{v}_y=v_y\boldsymbol{j}$,上式亦可写成

$$\boldsymbol{v}=\boldsymbol{v}_x+\boldsymbol{v}_y \tag{1-4c}$$

同理,我们把 $\Delta t\to 0$ 时平均速率的极限,定义为质点运动的瞬时速率,简称速率,即

$$v=\lim_{\Delta t\to 0}\frac{\Delta s}{\Delta t}=\frac{\mathrm{d}s}{\mathrm{d}t}$$

由于 $\Delta t\to 0$ 时:

$$|\mathrm{d}\boldsymbol{r}|=\mathrm{d}s$$

上式两边同除 $\mathrm{d}t$ 得

$$|\boldsymbol{v}|=\left|\frac{\mathrm{d}\boldsymbol{r}}{\mathrm{d}t}\right|=\frac{\mathrm{d}s}{\mathrm{d}t}=v \tag{1-5}$$

由式(1-5)得出,质点任一时刻速度的大小等于其速率,接下来判断速度的方向. 由式(1-4a)可见,速度 $\boldsymbol{v}$ 的方向与 $\Delta\boldsymbol{r}$ 在 $\Delta t\to 0$ 时的极限方向一致. 从图1-4(a)可见,当 $\Delta t\to 0$ 时,B 点无限地逼近 A 点,所以 $\Delta\boldsymbol{r}$ 趋于和轨道相切,即与点 A 的切线重合. 所以当质点作曲线运动时,质点在某一点的速度方向是沿该点曲线的切线方向并指向前进的一方.

显然,质点在三维直角坐标系中的速度为

$$\boldsymbol{v}=\boldsymbol{v}_x+\boldsymbol{v}_y+\boldsymbol{v}_z=v_x\boldsymbol{i}+v_y\boldsymbol{j}+v_z\boldsymbol{k}$$

概括说来,求解运动学问题有两类:一类是由已知运动方程求运动状态,另一类是由已知运动状态求运动方程. 在接下来的例题中将会体现.

例 1.1 已知质点的运动方程 $\boldsymbol{r}=2t\boldsymbol{i}+(2-t^2)\boldsymbol{j}$(SI 单位). 求:(1) 质点的轨迹方程;(2) $t=0$ 及 $t=2$ s 时质点的位置矢量;(3) 上述两时刻质点经历的位移和路程.

解:(1)

$$\begin{cases}x=2t\\y=2-t^2\end{cases}$$

消去 t 可得轨迹方程

$$y=2-\frac{x^2}{4}$$

(2) 位置矢量 $t=0$ 时, $x=0$, $y=2$

$$\boldsymbol{r}_0=2\boldsymbol{j}$$

$t=2$ s 时, $x=4$, $y=-2$

$$\boldsymbol{r}_2=4\boldsymbol{i}-2\boldsymbol{j}$$

(3) 位移

$$\Delta\boldsymbol{r}=\boldsymbol{r}_2-\boldsymbol{r}_0=4\boldsymbol{i}-4\boldsymbol{j}$$

路程

$$\Delta s=\int \mathrm{d}s$$

$$y=2-\frac{x^2}{4}$$

$$\mathrm{d}s=\sqrt{(\mathrm{d}x)^2+(\mathrm{d}y)^2}=\frac{1}{2}\sqrt{4+x^2}\,\mathrm{d}x$$

$$\Delta s=\int_0^4\frac{1}{2}\sqrt{4+x^2}\,\mathrm{d}x=5.91(\mathrm{m})$$

五、加速度

上面已经指出,作为描述质点运动状态的一个物理量,速度是一个矢量,所以,无论是速度的数值发生变化,还是其方向发生改变,都表示速度发生了变化. 为衡量速度的变化,我们将引出加速度概念.

如图 1-5 所示,质点在 Oxy 平面内作曲线运动. 设在时刻 t,质点位于点 A,其速度为 $\boldsymbol{v}_1$,在时刻 $t+\Delta t$,质点位于点 B,其速度为 $\boldsymbol{v}_2$,则在时间间隔 Δt 内,质点的速度增量为 $\Delta\boldsymbol{v}=\boldsymbol{v}_2-\boldsymbol{v}_1$,它的平均加速度为

$$\overline{\boldsymbol{a}}=\frac{\Delta\boldsymbol{v}}{\Delta t}$$

单位为 $\mathrm{m\cdot s^{-2}}$(米每二次方秒). 平均加速度只是描述在 Δt 时间内速度的平均变化率,若要精确地描述质点在任一时刻 t 的速度的变化率,还需在此基础引入瞬时加速度的概念.

当 $\Delta t\to 0$ 时,平均加速度的极限值称为瞬时加速度,简称加速度,用 $\boldsymbol{a}$ 表示,有

$$\boldsymbol{a}=\lim_{\Delta t\to 0}\frac{\Delta\boldsymbol{v}}{\Delta t}=\frac{\mathrm{d}\boldsymbol{v}}{\mathrm{d}t} \tag{1-6a}$$

由式(1-4a)可得

$$\boldsymbol{a}=\frac{\mathrm{d}\boldsymbol{v}}{\mathrm{d}t}=\frac{\mathrm{d}^2\boldsymbol{r}}{\mathrm{d}t^2}$$

所以加速度从数学上来说等于速度对时间的一阶导数,位矢对时间的二阶导数.

$\boldsymbol{a}$ 的方向是 $\Delta t\to 0$ 时 $\Delta\boldsymbol{v}$ 的极限方向,而 $\boldsymbol{a}$ 的数值是 $|\Delta\boldsymbol{v}/\Delta t|$ 的极限值,即

$$|\boldsymbol{a}|=\lim_{\Delta t\to 0}\left|\frac{\Delta\boldsymbol{v}}{\Delta t}\right|$$

应当注意,加速度 $\boldsymbol{a}$ 既反映了速度数值的变化,又反映了速度方向的变化. 所以质点作曲线运动时,$\Delta\boldsymbol{v}$ 的方向、$\Delta\boldsymbol{v}$ 的极限方向与 $\boldsymbol{v}$ 的方向一般都不相同. 由图 1-5 中可以看出,在曲线运动中,加速度的方向指向曲线的凹侧.

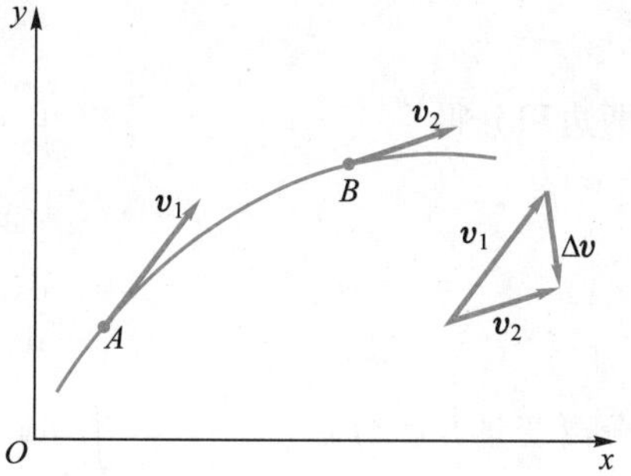

图 1-5 曲线运动的加速度

利用式(1-4b),式(1-6a)可写成

$$\boldsymbol{a}=\frac{\mathrm{d}}{\mathrm{d}t}(v_x\boldsymbol{i}+v_y\boldsymbol{j})$$

即

$$\boldsymbol{a}=a_x\boldsymbol{i}+a_y\boldsymbol{j}=\boldsymbol{a}_x+\boldsymbol{a}_y \tag{1-6b}$$

其中

$$a_x=\frac{\mathrm{d}v_x}{\mathrm{d}t},\quad a_y=\frac{\mathrm{d}v_y}{\mathrm{d}t}$$

显然,质点在三维直角坐标系中的加速度为

$$\boldsymbol{a}=\boldsymbol{a}_x+\boldsymbol{a}_y+\boldsymbol{a}_z=a_x\boldsymbol{i}+a_y\boldsymbol{j}+a_z\boldsymbol{k}$$

例 1.2 一质点的运动方程为

$$\begin{cases}x=R\cos\omega t\\ y=R\sin\omega t\end{cases}$$

式中 R、ω 均是大于零的常量,求:(1)质点的轨迹方程;(2)任意时刻质点的位置矢量、速度、加速度.

解:(1) 运动方程消去 t 时间为轨道方程

$$x^2+y^2=R^2 \quad \text{(轨迹为圆)}$$

(2) 位置矢量 $\boldsymbol{r}=x\boldsymbol{i}+y\boldsymbol{j}=R\cos\omega t\boldsymbol{i}+R\sin\omega t\boldsymbol{j}$

速度

$$v_x=\frac{\mathrm{d}x}{\mathrm{d}t}=-R\omega\sin\omega t,\quad v_y=\frac{\mathrm{d}y}{\mathrm{d}t}=R\omega\cos\omega t$$

$$\boldsymbol{v}=v_x\boldsymbol{i}+v_y\boldsymbol{j}=(-R\omega\sin\omega t)\boldsymbol{i}+(R\omega\cos\omega t)\boldsymbol{j}$$

加速度

$$a_x=\frac{\mathrm{d}v_x}{\mathrm{d}t}=-R\omega^2\cos\omega t,\quad a_y=\frac{\mathrm{d}v_y}{\mathrm{d}t}=-R\omega^2\sin\omega t$$

所以

$$\boldsymbol{a}=(-R\omega^2\cos\omega t)\boldsymbol{i}+(-R\omega^2\sin\omega t)\boldsymbol{j}$$

例 1.3 已知质点作匀加速直线运动,加速度为 a,求质点的运动方程.

解:

$$a=\frac{\mathrm{d}v}{\mathrm{d}t}$$

对于作直线运动的质点,采用标量形式,分离变量得

$$\mathrm{d}v=a\mathrm{d}t$$

两边积分得 $\int_{v_0}^{v}\mathrm{d}v=\int_0^t a\mathrm{d}t$

$$v=v_0+at$$

$$\frac{\mathrm{d}x}{\mathrm{d}t}=v=v_0+at$$

分离变量并积分: $\int_{x_0}^{x}\mathrm{d}x=\int_0^t(v_0+at)\mathrm{d}t$

运动方程: $x=x_0+v_0t+\frac{1}{2}at^2$

这就是我们在中学阶段学习的匀变速直线运动.

例 1.4 一质点具有恒定加速度 $\boldsymbol{a}=-4\boldsymbol{j}$(SI 单位). 在 $t=0$ 时,其速度 $\boldsymbol{v}_0=2\boldsymbol{i}\ \mathrm{m\cdot s^{-1}}$,位置矢量 $\boldsymbol{r}_0=19\boldsymbol{j}\ \mathrm{m}$. 求:(1)在任意时刻的速度及运动方程;(2)什么时候位矢恰好与速度垂直?

解:(1) $\boldsymbol{a}=a_x\boldsymbol{i}+a_y\boldsymbol{j}=-4\boldsymbol{j}$

$$a_x=\frac{\mathrm{d}v_x}{\mathrm{d}t}$$

分离变量并积分: $\int_2^{v_x}\mathrm{d}v_x=\int_0^t a_x\mathrm{d}t$

$$v_x=2\ \mathrm{m\cdot s^{-1}}$$

同理

$$a_y=\frac{\mathrm{d}v_y}{\mathrm{d}t}$$

分离变量并积分：
$$\int_0^{v_y}\mathrm{d}v_y=\int_0^t -4\mathrm{d}t$$

$$v_y=-4t$$

得速度
$$\boldsymbol{v}=v_x\boldsymbol{i}+v_y\boldsymbol{j}=(2\boldsymbol{i}-4t\boldsymbol{j})\ \mathrm{m\cdot s^{-1}}$$

又由于

$$v_x=\frac{\mathrm{d}x}{\mathrm{d}t}$$

分离变量并积分：
$$\int_0^x\mathrm{d}x=\int_0^t v_x\mathrm{d}t=\int_0^t 2\mathrm{d}t$$

$$x=2t$$

$$v_y=\frac{\mathrm{d}y}{\mathrm{d}t}$$

分离变量并积分：
$$\int_{19}^y\mathrm{d}y=\int v_y\mathrm{d}t=\int_0^t -4t\mathrm{d}t$$

$$y=19-2t^2$$

得运动方程
$$\boldsymbol{r}=x\boldsymbol{i}+y\boldsymbol{j}=2t\boldsymbol{i}+(19-2t^2)\boldsymbol{j}(\mathrm{m})$$

（2）两矢量垂直有
$$\boldsymbol{r}\cdot\boldsymbol{v}=0$$

$$[2t\boldsymbol{i}+(19-2t^2)\boldsymbol{j}]\cdot[2\boldsymbol{i}-4t\boldsymbol{j}]=0$$

解得
$$t=0,\quad t=3\ \mathrm{s}$$

例 1.5 一质点从原点由静止出发，它的加速度在 x 轴和 y 轴上的分量分别为 $a_x=2$ 和 $a_y=3t$（SI 单位），试求 $t=4$ s 时质点的速度和位矢.

解：（1）由 $a_x=\frac{\mathrm{d}v_x}{\mathrm{d}t}$，$a_y=\frac{\mathrm{d}v_y}{\mathrm{d}t}$可得

$$\mathrm{d}v_x=a_x\mathrm{d}t,\quad \mathrm{d}v_y=a_y\mathrm{d}t$$

对两式分别积分，并代入初始条件及 a_x、a_y，得

$$\int_0^{v_x}\mathrm{d}v_x=\int_0^t a_x\mathrm{d}t=\int_0^t 2\mathrm{d}t,\quad \int_0^{v_y}\mathrm{d}v_y=\int_0^t a_y\mathrm{d}t=\int_0^t 3t\mathrm{d}t$$

所以

$$v_x=2t,\quad v_y=\frac{3}{2}t^2$$

$$\boldsymbol{v}=v_x\boldsymbol{i}+v_y\boldsymbol{j}=2t\boldsymbol{i}+\frac{3}{2}t^2\boldsymbol{j}$$

当 $t=4$ s 时，

$$\boldsymbol{v}_4=(8\boldsymbol{i}+24\boldsymbol{j})\ \mathrm{m\cdot s^{-1}}$$

（2）由 $v_x=\dfrac{dx}{dt}$得

$$\int_0^x dx=\int_0^t v_x dt=\int_0^t 2t dt,\quad x=t^2$$

由

$$v_y=\frac{dy}{dt}$$

$$\int_0^y dy=\int v_y dt=\int_0^t \frac{3}{2}t^2 dt,\quad y=\frac{t^3}{2}$$

则位置矢量：

$$\boldsymbol{r}=x\boldsymbol{i}+y\boldsymbol{j}=t^2\boldsymbol{i}+\frac{t^3}{2}\boldsymbol{j}$$

当 $t=4$ s 时：

$$\boldsymbol{r}=(16\boldsymbol{i}+32\boldsymbol{j})\text{ m}$$

1.2 圆周运动

圆周运动是曲线运动的一个重要特例.研究圆周运动以后,再研究一般曲线运动,也比较方便.物体绕定轴转动时,物体中每个质点作的都是圆周运动,所以,圆周运动又是研究物体转动的基础.

在一般圆周运动中,质点速度的大小和方向都在改变,亦即存在着加速度.为了使加速度的物理意义更为清晰,通常在圆周运动的研究中,都采用自然坐标系.

一、自然坐标 平面极坐标

如图 1-6 所示,设质点绕圆心 O 在作变速圆周运动.在轨迹上任一点可建立如下坐标系,其中一根坐标轴沿轨迹在该点 A 的切线方向,该方向单位矢量用 $\boldsymbol{e}_t$ 表示,$\boldsymbol{e}_t$ 即为切向单位矢量;另一坐标轴沿该点轨迹的法线并指向曲线凹侧,相应单位矢量用 $\boldsymbol{e}_n$ 表示,$\boldsymbol{e}_n$ 即为法向单位矢量,这种坐标系就称为自然坐标系.显然,沿轨迹上各点,自然坐标轴的方位是不断地变化着的.

设有一质点在如图 1-7 所示的 Oxy 平面内运动,某时刻它位于点 A.它相对

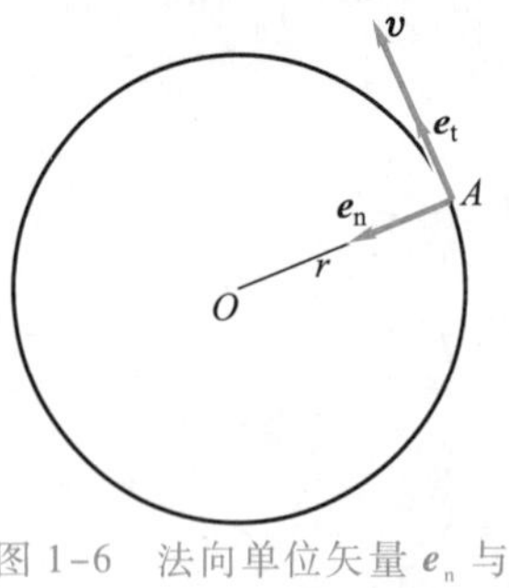

图 1-6 法向单位矢量 $\boldsymbol{e}_n$ 与切向单位矢量 $\boldsymbol{e}_t$ 相垂直图

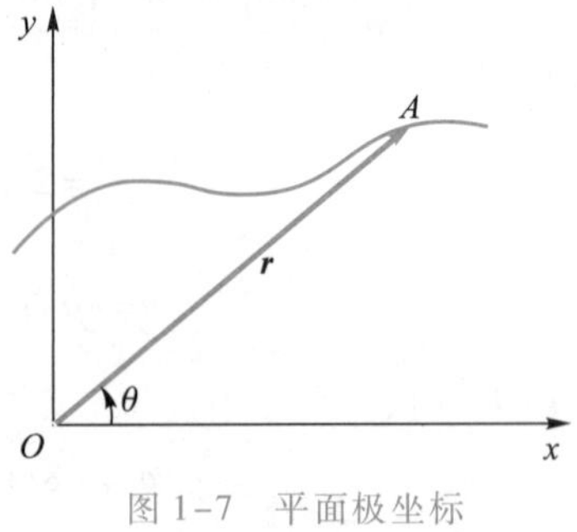

图 1-7 平面极坐标

原点 O 的位矢 $\boldsymbol{r}$ 与 Ox 轴之间的夹角为 θ. 于是,质点在点 A 的位置可由(r,θ)来确定. 这种以(r,θ)为坐标的参考系称为平面极坐标系. 而在平面直角坐标系内,点 A 的坐标则为(x,y). 这两种坐标系的坐标之间的变换关系即为 $x=r\cos\theta$ 和 $y=r\sin\theta$.

二、圆周运动的角速度和角加速度

1. 圆周运动的角速度

如图 1-8 所示,一质点在 Oxy 平面上作半径为 r 的圆周运动,某时刻它位于点 A,位矢为 $\boldsymbol{r}$. 当质点在圆周上运动时,位矢 $\boldsymbol{r}$ 与 Ox 轴之间的夹角 θ 随时间而改变,即 θ 是时间的函数,即 $\theta=\theta(t)$. 在 Δt 时间内,质点转过的角度为 $\Delta\theta$. $\Delta\theta$ 角称为质点对 O 的角位移. 角位移不仅有大小,而且有转向,一般沿逆时针转向的角位移取正值,沿顺时针转向的取负值.

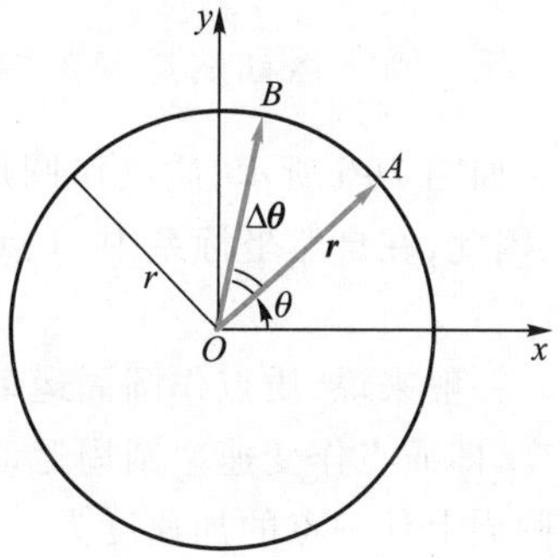

图 1-8 质点在平面上作圆周运动

角位移 $\Delta\theta$ 与时间 Δt 之比称为在 Δt 时间内,对 O 点的平均角速度,用 $\overline{\omega}$ 表示,即

$$\overline{\omega}=\frac{\Delta\theta}{\Delta t}$$

当 $\Delta t\to0$ 时,平均角速度的极限值就是质点对 O 点的瞬时角速度,简称角速度,即

$$\omega=\lim_{\Delta t\to0}\frac{\Delta\theta}{\Delta t}=\frac{\mathrm{d}\theta}{\mathrm{d}t}\tag{1-7}$$

通常用弧度(rad)来量度 θ,所以角速度 ω 的单位名称为弧度每秒,符号为 $\mathrm{rad\cdot s^{-1}}$.

2. 圆周运动的角加速度

设质点在某一时刻的角速度为 ω_0,经过时间 Δt 后,角速度为 ω,因此 $\Delta\omega=\omega-\omega_0$ 称为在这段时间内角速度的增量. 角速度的增量 $\Delta\omega$ 与时间 Δt 之比,称为 Δt 这段时间内质点对 O 点的平均角加速度,用 $\overline{\alpha}$ 表示,即

$$\overline{\alpha}=\frac{\Delta\omega}{\Delta t}$$

当 $\Delta t\to0$ 时,平均角加速度的极限值就是质点对 O 点的瞬时角加速度,简称角加速度,即

$$\alpha=\lim_{\Delta t\to0}\frac{\Delta\omega}{\Delta t}=\frac{\mathrm{d}\omega}{\mathrm{d}t}$$

角加速度 α 的单位名称为弧度每二次方秒,符号为 $\mathrm{rad\cdot s^{-2}}$. 把式(1-7)代入上式得

$$\alpha=\frac{\mathrm{d}\omega}{\mathrm{d}t}=\frac{\mathrm{d}^2\theta}{\mathrm{d}t^2}\tag{1-8}$$

如果在时间 Δt 内，质点由图上的点 A 运动到点 B，所经过的圆弧则为 $\Delta s = r\Delta\theta$，$\Delta\theta$ 为时间 Δt 内，位矢 $\boldsymbol{r}$ 所转过的角度. 当 $\Delta t \to 0$ 时，$\Delta s/\Delta t$ 的极限值为

$$\frac{\mathrm{d}s}{\mathrm{d}t} = r\frac{\mathrm{d}\theta}{\mathrm{d}t}$$

而质点在点 A 的线速度的大小为 $v = \mathrm{d}s/\mathrm{d}t$，所以，由式(1-7)可得质点作圆周运动时速率和角速度之间的瞬时关系为

$$v = r\omega \tag{1-9}$$

三、圆周运动的切向加速度和法向加速度

如图 1-6 所示，质点作圆周运动时，质点的速度总是沿着轨迹的切线方向的，因此，在自然坐标系中，A 点的速度可以表示为

$$\boldsymbol{v} = v\boldsymbol{e}_{\mathrm{t}} \tag{1-10}$$

一般来说，质点作圆周运动时，不仅速度的方向要改变，而且速度的值也会改变，即质点作变速率圆周运动. 由式(1-10)可得质点作变速率圆周运动时，它在圆周上任一点的加速度为

$$\boldsymbol{a} = \frac{\mathrm{d}\boldsymbol{v}}{\mathrm{d}t} = \frac{\mathrm{d}v}{\mathrm{d}t}\boldsymbol{e}_{\mathrm{t}} + v\frac{\mathrm{d}\boldsymbol{e}_{\mathrm{t}}}{\mathrm{d}t} \tag{1-11}$$

从上式可以看出，加速度 $\boldsymbol{a}$ 具有两个分矢量，式中第一项$\frac{\mathrm{d}v}{\mathrm{d}t}\boldsymbol{e}_{\mathrm{t}}$，是由速度大小变化引起的，即表示质点速率变化的快慢. 这项加速度分矢量称为切向加速度，用 $\boldsymbol{a}_{\mathrm{t}}$ 表示. 有

$$\boldsymbol{a}_{\mathrm{t}} = \frac{\mathrm{d}v}{\mathrm{d}t}\boldsymbol{e}_{\mathrm{t}}, \quad a_{\mathrm{t}} = \frac{\mathrm{d}v}{\mathrm{d}t} \tag{1-12}$$

上式可知，$\boldsymbol{a}_{\mathrm{t}}$ 的方向沿轨道切向. 当$\frac{\mathrm{d}v}{\mathrm{d}t}>0$，即速率随时间增大时，$a_{\mathrm{t}}>0$，这时 $\boldsymbol{a}_{\mathrm{t}}$ 的方向与 $\boldsymbol{v}$ 的方向相同，当$\frac{\mathrm{d}v}{\mathrm{d}t}<0$，即速率随时间减小，$a_{\mathrm{t}}<0$，这时的 $\boldsymbol{a}_{\mathrm{t}}$ 方向与 $\boldsymbol{v}$ 的方向相反.

另外，由式(1-9)，可得

$$\frac{\mathrm{d}v}{\mathrm{d}t} = r\frac{\mathrm{d}\omega}{\mathrm{d}t}$$

式中$\frac{\mathrm{d}\omega}{\mathrm{d}t}$为角速度随时间的变化率是角加速度 α：

$$\alpha = \frac{\mathrm{d}\omega}{\mathrm{d}t}$$

把上面两式代入式(1-12)，可得

$$\boldsymbol{a}_{\mathrm{t}} = r\alpha\boldsymbol{e}_{\mathrm{t}} \tag{1-13}$$

上式为质点作变速率圆周运动时，切向加速度与角加速度之间的瞬时关系.

至于式(1-11)中的第二项 $\mathrm{d}\boldsymbol{e}_{\mathrm{t}}/\mathrm{d}t$，则表示切向单位矢量随时间的变化率. 按照数学定义：

$$\frac{\mathrm{d}\boldsymbol{e}_{\mathrm{t}}}{\mathrm{d}t}=\lim_{\Delta t\to 0}\frac{\Delta \boldsymbol{e}_{\mathrm{t}}}{\Delta t}$$

式中 $\Delta\boldsymbol{e}_{\mathrm{t}}=\boldsymbol{e}_{\mathrm{t}}(t+\Delta t)-\boldsymbol{e}_{\mathrm{t}}(t)$，其中 $\boldsymbol{e}_{\mathrm{t}}(t)$ 是在 t 时刻质点处于 P_1 点时轨道的切线方向单位矢量，$\boldsymbol{e}_{\mathrm{t}}(t+\Delta t)$ 是在 $(t+\Delta t)$ 时刻质点处于 P_2 点时轨道的切线方向单位矢量，如图 1-9 所示. 当 $\Delta t\to 0$ 时，P_2 点无限接近于 P_1 点，此时 $\Delta\boldsymbol{e}_{\mathrm{t}}$ 的方向接近平行于 $\boldsymbol{e}_{\mathrm{n}}$ 的方向，$\boldsymbol{e}_{\mathrm{t}}$ 的大小趋于 $\Delta\theta(\Delta\theta\to 0)$，即 $|\Delta\boldsymbol{e}_{\mathrm{t}}|=|\boldsymbol{e}_{\mathrm{t}}|\Delta\theta$（$\Delta\theta$ 为 P_1 和 P_2 处轨道的切线方向单位矢量间的夹角），即如图 1-9 所示，当 $\Delta t\to 0$ 时，$\Delta\boldsymbol{e}_{\mathrm{t}}\to\Delta\theta\boldsymbol{e}_{\mathrm{n}}$. 因此，可得到

$$\frac{\mathrm{d}\boldsymbol{e}_{\mathrm{t}}}{\mathrm{d}t}=\lim_{\Delta t\to 0}\frac{\Delta\boldsymbol{e}_{\mathrm{t}}}{\Delta t}=\lim_{\Delta t\to 0}\frac{\Delta\theta}{\Delta t}\boldsymbol{e}_{\mathrm{n}}=\frac{\mathrm{d}\theta}{\mathrm{d}t}\boldsymbol{e}_{\mathrm{n}}$$

这样，式(1-11)中第二项可以写成

$$v\frac{\mathrm{d}\boldsymbol{e}_{\mathrm{t}}}{\mathrm{d}t}=v\frac{\mathrm{d}\theta}{\mathrm{d}t}\boldsymbol{e}_{\mathrm{n}}$$

这个加速度沿法线方向，故称为法向加速度，用 $\boldsymbol{a}_{\mathrm{n}}$ 表示，有

$$\boldsymbol{a}_{\mathrm{n}}=v\frac{\mathrm{d}\theta}{\mathrm{d}t}\boldsymbol{e}_{\mathrm{n}} \tag{1-14a}$$

考虑到 $\omega=\mathrm{d}\theta/\mathrm{d}t$，$v=r\omega$，故上式可写为

$$\boldsymbol{a}_{\mathrm{n}}=r\omega^2\boldsymbol{e}_{\mathrm{n}}=\frac{v^2}{r}\boldsymbol{e}_{\mathrm{n}},\quad a_{\mathrm{n}}=\frac{v^2}{r} \tag{1-14b}$$

由式(1-12)和式(1-14)，可将质点作变速圆周运动时的加速度 $\boldsymbol{a}$ 的表示式(1-11)写成

$$\boldsymbol{a}=\boldsymbol{a}_{\mathrm{t}}+\boldsymbol{a}_{\mathrm{n}}=\frac{\mathrm{d}v}{\mathrm{d}t}\boldsymbol{e}_{\mathrm{t}}+\frac{v^2}{r}\boldsymbol{e}_{\mathrm{n}} \tag{1-15a}$$

或

$$\boldsymbol{a}=r\alpha\boldsymbol{e}_{\mathrm{t}}+r\omega^2\boldsymbol{e}_{\mathrm{n}} \tag{1-15b}$$

其中切向加速度 $\boldsymbol{a}_{\mathrm{t}}$ 是由于速度数值上的变化而引起的，法向加速度 $\boldsymbol{a}_{\mathrm{n}}$ 则是由于速度方向的变化而引起的.

在变速圆周运动中，速度的方向和大小都在变化，所以加速度 $\boldsymbol{a}$ 的方向不再指向圆心，其值和方向（图 1-10）为

$$a=(a_{\mathrm{n}}^2+a_{\mathrm{t}}^2)^{1/2},\quad \varphi=\arctan\frac{a_{\mathrm{n}}}{a_{\mathrm{t}}}$$

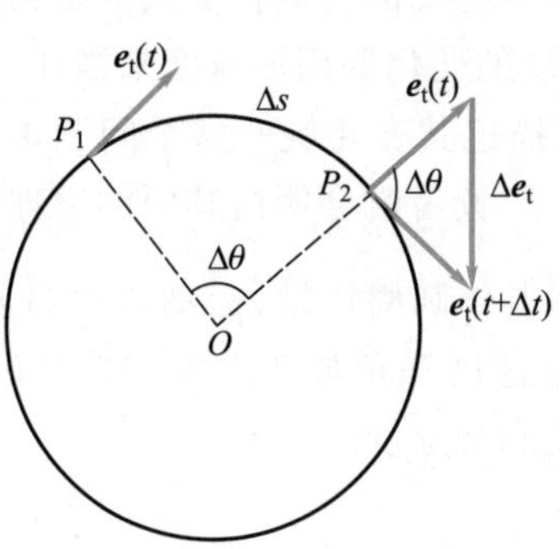

图 1-9 切向单位矢量随时间的变化率

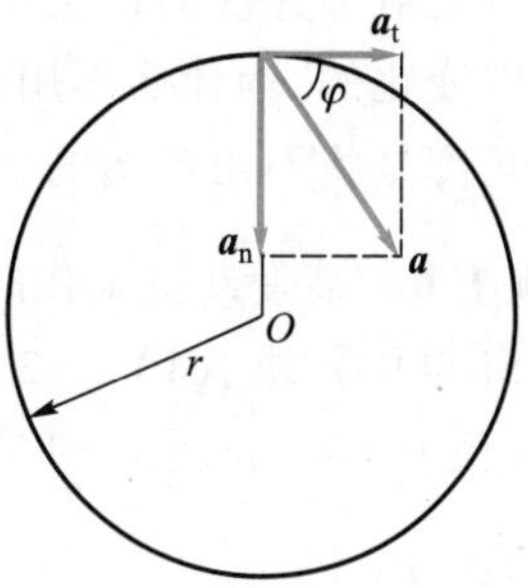

图 1-10 变速圆周运动的加速度

应注意,以上关于加速度的讨论结果,也适用于任何二维的曲线运动.只是相关公式中的半径应为曲线上所讨论点处的曲率半径.还应注意,曲线运动中的加速度的大小

$$a=|\boldsymbol{a}|=\left|\frac{\mathrm{d}\boldsymbol{v}}{\mathrm{d}t}\right|\neq\frac{\mathrm{d}v}{\mathrm{d}t}=a_{\mathrm{t}}$$

即曲线运动中加速度的大小不等于速率对时间的变化率,速率对时间的变化率只是切向加速度,是加速度的一个分量.

四、匀速率圆周运动和匀变速率圆周运动

1. 匀速率圆周运动

质点作匀速率圆周运动时,其速率 v 和角速度 ω 都为常量,故角加速度 $\alpha=0$,切向加速度 $a_{\mathrm{t}}=\mathrm{d}v/\mathrm{d}t=0$,而法向加速度的值 $a_{\mathrm{n}}=r\omega^2=v^2/r$ 为常量.于是匀速率圆周运动的加速度为

$$\boldsymbol{a}=\boldsymbol{a}_{\mathrm{n}}=r\omega^2\boldsymbol{e}_{\mathrm{n}}$$

由式(1-7)可得

$$\mathrm{d}\theta=\omega\mathrm{d}t$$

如取 $t=0$ 时,$\theta=\theta_0$,则有

$$\theta=\theta_0+\omega t$$

2. 匀变速率圆周运动

质点作匀变速率圆周运动时,其角加速度 $\alpha=$ 常量,故圆周上某点的切向加速度的值为 $a_{\mathrm{t}}=r\alpha=$ 常量,而法向加速度的值为 $a_{\mathrm{n}}=r\omega^2=v^2/r$,但不为常量.于是匀变速率圆周运动的加速度为

$$\boldsymbol{a}=\boldsymbol{a}_{\mathrm{t}}+\boldsymbol{a}_{\mathrm{n}}=r\alpha\boldsymbol{e}_{\mathrm{t}}+r\omega^2\boldsymbol{e}_{\mathrm{n}}$$

如果 $t=0$ 时,$\theta=\theta_0$,$\omega=\omega_0$,那么由式(1-7)和式(1-8)可得

$$\left.\begin{aligned}\omega&=\omega_0+\alpha t\\ \theta&=\theta_0+\omega_0 t+\frac{1}{2}\alpha t^2\\ \omega^2&=\omega_0^2+2\alpha(\theta-\theta_0)\end{aligned}\right\}$$

这三个公式与在中学物理已学过的匀变速直线运动的公式在形式上是相似的.

从以上对加速度的讨论中可以看出,速度的变化要用加速度来描述.加速度也是可以变化的,为什么不用某个物理量来描述其变化呢?这个问题单从质点运动的角度是找不出答案的,学过质点动力学,读者就会明白其中的道理了.

例 1.6 某发动机工作时,主轴边缘一点作圆周运动,运动方程为 $\theta=t^3+4t+3$(SI 单位).求:(1) $t=2$ s 时,该点的角速度和角加速度为多少?(2) 若主轴直径 $D=40$ cm,求 $t=1$ s 时该点的速度和加速度.

解:(1)

$$\omega=\frac{\mathrm{d}\theta}{\mathrm{d}t}=3t^2+4$$

$$\alpha=\frac{d\omega}{dt}=6t$$

$t=2$ s 时：

$$\omega=(3\times2^2+4)\ \text{rad}\cdot\text{s}^{-1}=16\ \text{rad}\cdot\text{s}^{-1}$$

$$\alpha=6\times2\ \text{rad}\cdot\text{s}^{-2}=12\ \text{rad}\cdot\text{s}^{-2}$$

（2）由角量和线量的关系，得边缘一点的速度、切向加速度和法向加速度：

$$v=\omega r=\frac{1}{2}\omega D=\frac{1}{2}D(3t^2+4)$$

$$a_t=\alpha r=1.2t$$

$$a_n=\omega^2 r=(3t^2+4)^2\times0.2$$

$t=1$ s 时：

$$v=1.4\ \text{m}\cdot\text{s}^{-1}$$

$$a_t=1.2\ \text{m}\cdot\text{s}^{-2}$$

$$a_n=9.8\ \text{m}\cdot\text{s}^{-2}$$

加速度为 $\boldsymbol{a}=\boldsymbol{a}_t+\boldsymbol{a}_n=(1.2\boldsymbol{e}_t+9.8\boldsymbol{e}_n)\ \text{m}\cdot\text{s}^{-2}$

例 1.7 质点沿半径为 2 m 的圆周自静止开始运动，角速度 $\omega=4t^2$（SI 单位），试求：（1）$t=0.5$ s 时，速率为多少；（2）$t=0.5$ s 时，加速度的大小；（3）$t=0.5$ s 时，质点转过的圈数.

解：（1）速率为

$$v=\omega r=8t^2$$

当 $t=0.5$ s 时：

$$v=2\ \text{m}\cdot\text{s}^{-1}$$

（2）由角加速度定义得

$$\alpha=\frac{d\omega}{dt}=8t$$

切向加速度：

$$a_t=\frac{dv}{dt}=16t$$

当 $t=0.5$ s 时：

$$a_t=8\ \text{m}\cdot\text{s}^{-2}$$

法向加速度：

$$a_n=\frac{v^2}{r}=32t^4$$

当 $t=0.5$ s 时：

$$a_n=2\ \text{m}\cdot\text{s}^{-2}$$

加速度：

$$\boldsymbol{a}=\boldsymbol{a}_t+\boldsymbol{a}_n=(8\boldsymbol{e}_t+2\boldsymbol{e}_n)\ \mathrm{m\cdot s^{-2}}$$

加速度的大小： $a=\sqrt{a_t^2+a_n^2}=2\sqrt{17}\ \mathrm{m\cdot s^{-2}}$

（3）由角速度定义 $\omega=\dfrac{\mathrm{d}\theta}{\mathrm{d}t}$得

$$\int_0^\theta \mathrm{d}\theta=\int\omega\mathrm{d}t=\int_0^t 4t^2\mathrm{d}t,\quad \theta=\frac{4}{3}t^3$$

当 $t=0.5$ s 时：

$$\theta=\frac{1}{6}\mathrm{rad},\quad n=\frac{\theta}{2\pi}=\frac{1}{12\pi}$$

1.3 相对运动

一、绝对空间和绝对时间

空间两点间的距离不管从哪个坐标系测量，结果都相同，这称为空间间隔的绝对性，即绝对空间. 相类似的，相同的两个物理事件的时间间隔与参考系的相对运动无关，即两个物理事件的时间间隔无论从哪个坐标系测量，结果都相同，称为时间间隔的绝对性，即绝对时间. 这就是经典力学的绝对时空观. 长度测量和时间测量的绝对性，使人们形成了绝对空间和绝对时间概念，长期以来都被认为是普遍正确的客观真理，因为人们在实验与技术中未曾观察到与它们不相符的现象. 但是，人们随着实践范围的不断扩大和深入，发现了当所涉及的速度与光速接近时，长度和时间的测量并不是绝对的，而是相对的. 这一内容将在后面的狭义相对论中进行讨论. 在狭义相对论中将会看到这种绝对时空观的局限性.

二、运动描述的相对性

运动描述的相对性表明，要对物体的运动进行度量，只有相对于确定的参考系才有意义. 针对不同的参考系，对同一物体运动的描述就会不同. 例如一个人站在作匀速直线运动的车上，竖直向上抛出一个钢球，车上的观察者看到钢球竖直上升并竖直下落，但是，站在地面上的人却看到钢球的运动轨迹为一抛物线. 从这个例子可以看出，钢球的运动情况依赖于参考系. 描述质点运动的许多物理量，如位矢、速度、加速度等都具有这种相对性.

设两个有相对运动的参考系 S($Oxyz$) 和 S′($O'x'y'z'$)，各对应坐标轴互相平行，$t=0$ 时，O 和 O'重合，相对运动的速度为 $\boldsymbol{u}$. 设某一时刻，质点运动到 P 点，如图 1-11 所示，在两个坐标系中的描述分别为 $\boldsymbol{r}$、$\boldsymbol{v}$ 和 $\boldsymbol{r}'$、$\boldsymbol{v}'$. 用 $\boldsymbol{R}$ 表示 S′系中原点 O'相对于 S 系中原点 O 的位置矢量，由图可知

$$\boldsymbol{r}=\boldsymbol{r}'+\boldsymbol{R} \tag{1-16}$$

上式说明了质点位矢描述的相对性. 将式(1-16)对时间 t 求导,得

$$\frac{\mathrm{d}\boldsymbol{r}}{\mathrm{d}t}=\frac{\mathrm{d}\boldsymbol{r}'}{\mathrm{d}t}+\frac{\mathrm{d}\boldsymbol{R}}{\mathrm{d}t} \tag{1-17}$$

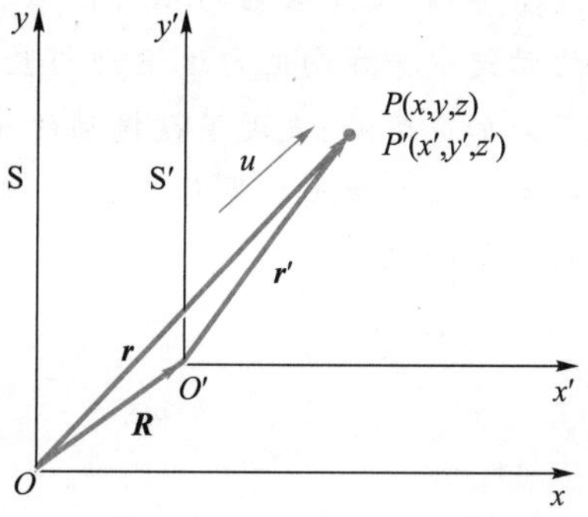

图 1-11

式中 $\frac{\mathrm{d}\boldsymbol{r}}{\mathrm{d}t}=\boldsymbol{v}$,为在参考系 S 中测得的质点的速度. 按照经典力学时空观,时间的测量是绝对的,有 $t'=t$,则

$$\frac{\mathrm{d}\boldsymbol{r}'}{\mathrm{d}t}=\frac{\mathrm{d}\boldsymbol{r}'}{\mathrm{d}t'}=\boldsymbol{v}'$$

$\boldsymbol{v}'$为 S′系中测得的速度,有

$$\frac{\mathrm{d}\boldsymbol{R}}{\mathrm{d}t}=\boldsymbol{u}$$

$\boldsymbol{u}$ 为 S′系相对于 S 系的运动速度,所以式(1-17)可写成

$$\boldsymbol{v}=\boldsymbol{v}'+\boldsymbol{u} \tag{1-18}$$

上式表明,质点相对基本参考系(S 系)的绝对速度 $\boldsymbol{v}$,等于运动参考系(S′系)相对基本参考系的牵连速度 $\boldsymbol{u}$ 与质点相对运动参考系的相对速度 $\boldsymbol{v}'$之和. 上式给出了质点在两个以恒定的速度作相对运动的参考系中速度与参考系之间的关系,即质点的速度变换关系式. 这个式子称为伽利略速度变换式. 需要指出的是,当质点的速度接近光速时,伽利略速度变换式就不适用了. 此时速度的变换应当遵循洛伦兹速度变换式.

式(1-18)对时间 t 求导,有

$$\frac{\mathrm{d}\boldsymbol{v}}{\mathrm{d}t}=\frac{\mathrm{d}\boldsymbol{v}'}{\mathrm{d}t}+\frac{\mathrm{d}\boldsymbol{u}}{\mathrm{d}t}$$

同理

$$\frac{\mathrm{d}\boldsymbol{v}'}{\mathrm{d}t}=\frac{\mathrm{d}\boldsymbol{v}'}{\mathrm{d}t'}=\boldsymbol{a}'$$

有

$$\boldsymbol{a}=\boldsymbol{a}'+\frac{\mathrm{d}\boldsymbol{u}}{\mathrm{d}t}=\boldsymbol{a}'+\boldsymbol{a}_0 \tag{1-19}$$

若 $\boldsymbol{u}$ 是常矢量,即 S′系相对于 S 系作匀速直线运动,$\boldsymbol{a}_0$ 为零,式(1-19)则变成

$$\boldsymbol{a}=\boldsymbol{a}' \tag{1-20}$$

也就是说,对于相对以匀加速度 $\boldsymbol{a}_0$ 运动的两个参考系,质点对 S 系的加速度 $\boldsymbol{a}$ 与对 S′系的加速度 $\boldsymbol{a}'$之间满足矢量叠加的关系. 若 S′系相对于 S 系作匀速直线运动,质点的加速度对于相对匀速运动的各个参考系是个绝对量.

伽利略简介

伽利略

伽利略(Galileo Galilei,1564—1643),杰出的意大利物理学家和天文学家,实验物理学的先驱者. 他在科学上的杰出贡献主要有:论证和宣扬了哥白尼学说,令人信服地说明了地球公转、自转及行星的绕日运动;论证了惯性运动,指出物体维持运动不需要外力;论证了所有物体都以同一加

速度下落;提出了著名的相对性原理的思想;提出运动合成的概念,具体指出平抛运动是水平方向的匀速运动与竖直方向上匀加速运动的合成;用实验手段研究了匀加速运动;发现了摆振动的等时性等.他的两部主要传世之作是《关于托勒密和哥白尼两大世界体系的对话》和《关于力学和局部运动的两门新科学的谈话和数学证明》.

思考题

1-1 有人说:“分子很小,可将其当作质点;地球很大,不能当作质点.”对吗?

1-2 若某质点的加速度不为零,则该质点运动速度必然越来越大,对吗?

1-3 对于物体的曲线运动有下面两种说法:

(1) 物体作曲线运动时,必有加速度,加速度的法向分量一定不等于零;

(2) 物体作曲线运动时速度方向一定沿着运动轨道的切线方向,法向分速度恒等于零,因此其法向加速度也一定等于零.

试判断上述两种说法是否正确,并讨论物体作曲线运动时速度、加速度的大小、方向及其关系.

1-4 一质点作直线运动,速度和加速度的大小分别为 $v=\dfrac{\mathrm{d}s}{\mathrm{d}t}$ 和 $a=\dfrac{\mathrm{d}v}{\mathrm{d}t}$,试证明:(1) $v\mathrm{d}v=a\mathrm{d}s$;(2) 当 a 为常量时,$v^2=v_0^2+2a(s-s_0)$ 成立.

1-5 如果一质点的加速度与时间的关系是线性的,那么,该质点的速度和位矢与时间的关系是否也是线性的呢?

1-6 速度和速率有何区别?有人说:“瞬时速度的大小就是瞬时速率,平均速度的大小就是平均速率.”你认为这种说法对吗?

1-7 位移和路程有何区别?在什么条件下两者在数值上会相等?在什么条件下两者的数值又不相等?某人沿半径为 R 的圆形跑道跑了三圈半,其位移和路程各是多少?

1-8 圆周运动中质点的加速度是否一定和速度方向垂直?任意曲线运动的加速度是否一定不与速度方向垂直?

1-9 一质点作匀速圆周运动,取其圆心为坐标原点.试问:质点的位矢与速度、位矢与加速度、速度与加速度的方向之间有何关系?

1-10 下列说法是否正确:

(1) 质点作圆周运动时的加速度指向圆心.

(2) 匀速圆周运动的加速度为常量.

(3) 只有法向加速度的运动一定是圆周运动.

(4) 只有切向加速度的运动一定是直线运动.

习题

1-1 以下五种运动中,加速度 $\boldsymbol{a}$ 保持不变的运动是(　　)

(A) 单摆的运动. (B) 匀速率圆周运动.

(C) 行星的椭圆轨道运动. (D) 抛体运动.

(E) 圆锥摆运动.

1-2 一质点在平面上运动,运动方程为:$\boldsymbol{r}(t)=t^2\boldsymbol{i}+2t^2\boldsymbol{j}$(SI 单位),则该质点作(　　)

(A) 匀速直线运动. (B) 匀加速直线运动.

(C) 抛物线运动. (D) 一般曲线运动.

1-3 质点作曲线运动,在时刻 t 质点的位矢为 $\boldsymbol{r}$,速度为 $\boldsymbol{v}$,速率为 v,t 至 $(t+\Delta t)$ 时间内的位移为 $\Delta\boldsymbol{r}$,路程为 Δs,位矢大小的变化量为 Δr(或称 $\Delta|\boldsymbol{r}|$),平均速度为 $\overline{\boldsymbol{v}}$,平均速率为 $\overline{v}$.

(1) 根据上述情况,则必有(　　)

(A) $|\Delta\boldsymbol{r}|=\Delta s=\Delta r$.

(B) $|\Delta\boldsymbol{r}|\neq\Delta s\neq\Delta r$,当 $\Delta t\to 0$ 时有 $|\mathrm{d}\boldsymbol{r}|=\mathrm{d}s\neq\mathrm{d}r$.

(C) $|\Delta\boldsymbol{r}|\neq\Delta r\neq\Delta s$,当 $\Delta t\to 0$ 时有 $|\mathrm{d}\boldsymbol{r}|=\mathrm{d}r\neq\mathrm{d}s$.

(D) $|\Delta\boldsymbol{r}|=\Delta s\neq\Delta r$,当 $\Delta t\to 0$ 时有 $|\mathrm{d}\boldsymbol{r}|=\mathrm{d}r=\mathrm{d}s$.

(2) 根据上述情况,则必有(　　)

(A) $|\boldsymbol{v}|=v$,$|\overline{\boldsymbol{v}}|=\overline{v}$.

(B) $|\boldsymbol{v}|\neq v$,$|\overline{\boldsymbol{v}}|\neq\overline{v}$.

(C) $|\boldsymbol{v}|=v$,$|\overline{\boldsymbol{v}}|\neq\overline{v}$.

(D) $|\boldsymbol{v}|\neq v$,$|\overline{\boldsymbol{v}}|=\overline{v}$.

1-4 一运动质点在某瞬时位于径矢 $\boldsymbol{r}(x,y)$ 的端点处,其速度大小为

(1) $\dfrac{\mathrm{d}r}{\mathrm{d}t}$;　(2) $\dfrac{\mathrm{d}\boldsymbol{r}}{\mathrm{d}t}$;　(3) $\dfrac{\mathrm{d}s}{\mathrm{d}t}$;　(4) $\sqrt{\left(\dfrac{\mathrm{d}x}{\mathrm{d}t}\right)^2+\left(\dfrac{\mathrm{d}y}{\mathrm{d}t}\right)^2}$

下列判断正确的是(　　)

(A) 只有(1)(2)正确. (B) 只有(2)正确.

(C) 只有(2)(3)正确. (D) 只有(3)(4)正确.

1-5 质点作曲线运动,$\boldsymbol{r}$ 表示位置矢量,$\boldsymbol{v}$ 表示速度,$\boldsymbol{a}$ 表示加速度,s 表示路程,a_t 表示切向加速度.对下表达式,即

(1) $\mathrm{d}v/\mathrm{d}t=a$;　(2) $\mathrm{d}r/\mathrm{d}t=v$;　(3) $\mathrm{d}s/\mathrm{d}t=v$;　(4) $|\mathrm{d}\boldsymbol{v}/\mathrm{d}t|=a_t$

下列判断正确的是(　　)

(A) 只有(1)(4)正确. (B) 只有(2)(4)正确.

(C) 只有(2)正确. (D) 只有(3)正确.

1-6 下面表述正确的是(　　)

(A) 质点作圆周运动,加速度一定与速度垂直.

(B) 物体作直线运动,法向加速度必为零.

(C) 轨道最弯处法向加速度最大.

(D) 某时刻的速率为零,切向加速度必为零.

1-7 一质点的运动方程为 $\boldsymbol{r}(t)=\boldsymbol{i}+4t^2\boldsymbol{j}+t\boldsymbol{k}$(SI 单位),试求:(1) 它的速度与加速度;(2) 它的轨迹方程.

1-8 已知质点沿 x 轴作直线运动,其运动方程为 $x=2+6t^2-2t^3$(SI 单位),求:(1) 质点在运动开始后 4.0 s 内的位移的大小;(2) 质点在该时间内所通过的路程;(3) $t=4$ s 时质点的速度和加速度.

1-9 在质点运动中,已知 $x=ae^{kt}$,$\dfrac{dy}{dt}=-bke^{-kt}$,当 $t=0$ 时,$y=b$,求质点的加速度.

1-10 已知质点的运动方程为 $\boldsymbol{r}=2t\boldsymbol{i}+(2-t^2)\boldsymbol{j}$(SI 单位),求:(1) 质点的轨迹;(2) $t=0$ 及 $t=2$ s 时,质点的位矢;(3) 由 $t=0$ 到 $t=2$ s 内质点的位移 $\Delta\boldsymbol{r}$ 和径向增量 Δr;(4) 2 s 内质点所走过的路程 s.

1-11 一质点的运动方程为 $x=3t+5$(SI 单位),$y=\dfrac{1}{2}t^2+3t-4$(SI 单位).(1) 以 t 为变量,写出位矢的表达式;(2) 质点的轨迹方程;(3) 求质点在 $t=4$ s 时的速度及加速度.

1-12 质点运动的位置与时间的关系为 $x=5+t^2$(SI 单位),$y=3+5t-t^2$(SI 单位),$z=1+2t^2$(SI 单位),求 2 s 末质点的速度和加速度.

1-13 某质点在 Oxy 平面内作加速运动,加速度 $\boldsymbol{a}=(3\boldsymbol{i}+\boldsymbol{j})\ \mathrm{m\cdot s^2}$,$t=0$ 时,$\boldsymbol{v}_0=0$,$\boldsymbol{r}_0=5\boldsymbol{i}$ m.(1) 求任意时刻的速度和位矢;(2) 质点在平面内的轨迹方程及轨迹示意图.

1-14 质点沿直线运动,加速度 $a=4-t^2$(SI 单位).如果当 $t=3$ s 时,$x=9$ m,$v=2\ \mathrm{m\cdot s^{-1}}$,求质点的运动方程.

1-15 一汽艇以速率 v_0 沿直线行驶,发动机关闭后,汽艇因受阻力而具有加速度 $a=-bv$,其中 b 为常量.求发动机关闭后,(1) 汽艇在任意时刻 t 的速度;(2) 汽艇能够滑行的距离.

1-16 一质点具有恒定加速度 $\boldsymbol{a}=(6\boldsymbol{i}+4\boldsymbol{j})\ \mathrm{m\cdot s^{-2}}$,在 $t=0$ 时,其速度为 0,位置矢量 $\boldsymbol{r}_0=10\boldsymbol{i}$ m.求:(1) 在任意时刻的速度和位置矢量;(2)质点在 Oxy 平面上的轨迹方程,并画出轨迹的示意图.

1-17 某物体作直线运动,其加速度 $a=-kv^2t$,k 为大于零的常量,当 $t=0$ 时,初速度为 v_0,求任意时刻的速度.

1-18 质点在 Oxy 平面内运动,其运动方程为 $\boldsymbol{r}=2.0t\boldsymbol{i}+(19.0-2.0t^2)\boldsymbol{j}$(SI 单位).求:(1) 质点的轨迹方程;(2) 在 $t_1=1.0$ s 到 $t_2=2.0$ s 时间内的平均速度;(3) $t_1=1.0$ s 时的速度及切向和法向加速度;(4) $t=1.0$ s 时质点所在处轨道的曲率半径.

1-19 汽车在半径 $R=400$ m 的圆弧弯道上减速行驶. 设在某一时刻,汽车的速率为 $v=10\ \mathrm{m\cdot s^{-1}}$,切向加速度大小 $a_t=0.2\ \mathrm{m\cdot s^{-2}}$. 求汽车法向加速度和总加速度.

1-20 一质点沿半径为 R 的圆周运动,质点所经过的弧长与时间的规律满足$s=bt-\frac{1}{2}ct^2$,b、c 都是常量. (1) 求 t 时刻质点的加速度;(2) t 为何值时总加速度在数值上等于 c? (3) 当加速度达到 c 时,质点已沿圆周运行了多少圈?

1-21 一飞轮的角速度在 5 s 秒内由 900 r/min 均匀地减至 800 r/min. (1) 求飞轮在此 5 s 内的角加速度;(2) 求飞轮在此 5 s 的平均角速度;(3) 自角速度减至 800 r/min 开始计,再经几秒飞轮将停止?

1-22 一质点作圆周运动,轨道半径 $r=0.2$ m,以角量表示的运动方程为 $\theta=10\pi t+\pi t^2/2$(SI 单位),求:(1) 第 3 s 末的角速度和角加速度;(2) 第 3 s 末的加速度.

1-23 一半径为 0.50 m 的飞轮在启动时的短时间内,其角速度与时间的平方成正比. 在 $t=2.0$ s 时测得轮缘一点的速度值为 $4.0\ \mathrm{m\cdot s^{-1}}$. 求:(1) 该轮在 $t'=0.5$ s 的角速度. 轮缘一点的切向加速度和总加速度;(2) 该点在 2.0 s 内所转过的角度.

1-24 一质点在半径为 0.10 m 的圆周上运动,其角位置为 $\theta=2+4t^3$(SI 单位). (1) 求在 $t=2.0$ s 时质点的法向加速度和切向加速度. (2) 当切向加速度的大小恰等于总加速度大小的一半时,θ 值为多少? (3) t 为多少时,法向加速度和切向加速度的值相等?

1-25 一质点作圆周运动,所经历的路程与时间的关系是 $s=t^3+2t^2$(SI 单位),$t=2$ s 时,质点的加速度大小等于 $16\sqrt{2}\ \mathrm{m\cdot s^{-2}}$. 试问:(1) $t=2$ s 时,质点的切向加速度和法向加速度;(2) 质点作圆周运动的半径.

第二章

牛顿运动定律

在上一章中,介绍了质点运动学的内容,解决了如何描述质点机械运动的问题. 在本章中,我们将进而研究动力学问题. 动力学的基本问题是研究物体间的相互作用,以及由此引起的物体运动状态变化的规律. 质点运动状态的变化,与作用在质点上的力有关. 牛顿关于运动的三个定律,是整个动力学的基础. 以牛顿运动定律为基础建立起来的宏观物体运动规律的动力学理论,称为牛顿力学. 本章将概括地阐述牛顿运动定律的内容及其在质点运动方面的应用.

2.1 牛顿运动定律

一、牛顿第一定律

牛顿简介

日常经验和科学实验都表明,任何物体都受其周围物体的作用,这种作用支配着物体运动状态的变化. 行星受到太阳的作用绕太阳运行,苹果受到地球的作用下落,电子受到原子核的作用和核结合成原子. 物体间各种不同的相互作用,构成了千变万化的物质世界. 这些作用常被称为力. 力有两种对外表现:一是改变物体的运动状态;二是改变物体的形状. 这两种表现使我们可对力的性质和量值作进一步的研究.

虽然力在生活中无处不在,但在伽利略以前,由于人们相信古希腊思想家亚里士多德的"运动必须推动"的教条,把力看成运动的起因而不是运动状态改变的原因,这极大地影响了力学的发展. 直到 16 世纪,伽利略在做了大量的自由落体、斜面、单摆等实验后得出结论,力是改变物体运动状态的原因,才结束了两千多年来关于力的错误认识.

牛顿继承和发展了伽利略的思想,用牛顿第一定律揭示了上面所讲的力的第一种对外表现,建立了惯性和力的确切概念,于 1686 年用概括性的语言在他的名著《自然哲学的数学原理》一书中写道:任何物体都要保持静止或匀速直线运动状态,直到外界作用于它,迫使它改变运动状态. 这就是牛顿第一定律. 现在我们常把牛顿第一定律的数学形式写为

$$\boldsymbol{F}=0\text{ 时},\quad \boldsymbol{v}=\text{常矢量} \tag{2-1}$$

牛顿第一定律指明了任何物体都具有惯性,因此牛顿第一定律又称为惯性定律. 所谓惯性,就是物体所具有的保持其原有运动状态不变的特性.

牛顿第一定律还说明,仅当物体受到其他物体作用时才会改变其运动状态,即其他物体的作用是物体改变运动状态的原因. 以棒击球来说,棒的作用使球的运动状态改变;地球对月亮的作用使月亮的运动状态不断地改变;地面对小车的作用使滑行的小车逐渐停止. 这些使物体运动状态改变的相互作用,就是力. 因此,力是引起物体运动状态改变的原因.

此外,由于运动只有相对一定的参考系才有意义,所以牛顿第一定律还定义了一种参考系. 在这种参考系中观察,一个不受力作用的物体或处于受力平衡状

态下的物体,将保持其静止或匀速直线运动的状态不变.这样的参考系称为惯性参考系.若某参考系以恒定速度相对惯性参考系运动,这个参考系也是惯性参考系.并非所有参考系都是惯性参考系,若一个参考系相对惯性参考系作加速运动,那么这个参考系就是非惯性参考系.

地球这个参考系可视为惯性参考系.因为虽然地球有自转和公转,作加速运动,但在研究地球表面附近物体的运动时,它对太阳的向心加速度和对地心的向心加速度都比较小,所以地球虽不是严格的惯性参考系,但仍可近似视为惯性参考系.依此,在平直轨道上以恒定速度运行的火车可视为惯性系,而加速运动的火车则是非惯性系了.牛顿定律只有在惯性参考系中才成立.

二、牛顿第二定律

物体的质量 m 与其运动速度 $\boldsymbol{v}$ 的乘积称为物体的动量,用 $\boldsymbol{p}$ 表示,即

$$\boldsymbol{p}=m\boldsymbol{v} \tag{2-2}$$

动量 $\boldsymbol{p}$ 显然也是一个矢量,其方向与速度 $\boldsymbol{v}$ 的方向相同,单位为 $\mathrm{kg\cdot m\cdot s^{-1}}$(千克米每秒).与速度可表示物体运动状态一样,动量也是表示物体运动状态的量,但动量较之速度其含义更为广泛,意义更为重要.当外力作用于物体时,其动量要发生改变.牛顿第二定律阐明了作用于物体的外力与物体动量变化的关系.

牛顿第二定律:动量为 $\boldsymbol{p}$ 的物体,在合力 $\boldsymbol{F}(=\sum\boldsymbol{F}_i)$ 的作用下,其动量随时间的变化率等于作用于物体的合力,即

$$\frac{\mathrm{d}\boldsymbol{p}}{\mathrm{d}t}=\frac{\mathrm{d}(m\boldsymbol{v})}{\mathrm{d}t}=\boldsymbol{F} \tag{2-3a}$$

上式是牛顿第二定律的微分形式,是动力学的基本方程.当物体在低速情况下运动时,即物体的运动速度 v 远小于光速 $c(v\ll c)$ 时,物体的质量可以视为不依赖于速度的常量.于是上式可写成

$$\boldsymbol{F}=m\frac{\mathrm{d}\boldsymbol{v}}{\mathrm{d}t}=m\boldsymbol{a} \tag{2-3b}$$

应当指出,若运动物体的速度 v 接近光速 c 时,物体的质量就依赖于其速度了,即 $m(v)$.在直角坐标系中,式(2-3b)也可写成

$$\boldsymbol{F}=m\frac{\mathrm{d}\boldsymbol{v}}{\mathrm{d}t}=m\frac{\mathrm{d}v_x}{\mathrm{d}t}\boldsymbol{i}+m\frac{\mathrm{d}v_y}{\mathrm{d}t}\boldsymbol{j}+m\frac{\mathrm{d}v_z}{\mathrm{d}t}\boldsymbol{k}$$

即

$$\boldsymbol{F}=ma_x\boldsymbol{i}+ma_y\boldsymbol{j}+ma_z\boldsymbol{k} \tag{2-3c}$$

式(2-3)是牛顿第二定律的数学表达式,又称牛顿力学的质点动力学方程.

应用牛顿第二定律解决问题时必须注意以下几点.

(1) 牛顿第二定律只适用于质点的运动.物体作平动时,物体上各质点的运动情况完全相同,所以物体的运动可看成是质点的运动,此时这个质点的质量就是整个物体的质量.以后如不特别指明,在论及物体的平动时,都是把物体当成质点来处理的.

(2) 牛顿第二定律所表示的合力与加速度之间是瞬时对应的关系,同时也

是因果对应关系. 牛顿第二定律表明,力是物体产生加速度的原因,而不是物体有具体速度的原因. 这也就是在研究质点运动时,要引入加速度的道理.

(3) 力的叠加原理. 当几个力同时作用于物体时,其合力 $\boldsymbol{F}$ 所产生的加速度 $\boldsymbol{a}$ 等于每个分力 $\boldsymbol{F}_i$ 所产生加速度 $\boldsymbol{a}_i$ 的矢量和,这就是力的叠加原理. 其数学表达式如下所示:

$$\boldsymbol{F}=\sum_{i=1}^{n}\boldsymbol{F}_i=\boldsymbol{F}_1+\boldsymbol{F}_2+\cdots+\boldsymbol{F}_n=m\boldsymbol{a}=m(\boldsymbol{a}_1+\boldsymbol{a}_2+\cdots+\boldsymbol{a}_n)$$

当质点在平面上作曲线运动时,我们可取如图 2-1 所示的自然坐标系,$\boldsymbol{e}_{\mathrm{n}}$ 为法向单位矢量,$\boldsymbol{e}_{\mathrm{t}}$ 为切向单位矢量. 于是质点在点 A 的加速度 $\boldsymbol{a}$ 在自然坐标系的两个相互垂直方向上的分矢量为 $\boldsymbol{a}_{\mathrm{t}}$ 和 $\boldsymbol{a}_{\mathrm{n}}$. 如果 A 处曲线的曲率半径为 ρ,则质点在平面上作曲线运动时,在自然坐标系中牛顿第二定律可写成

$$\boldsymbol{F}=m\boldsymbol{a}=m(\boldsymbol{a}_{\mathrm{t}}+\boldsymbol{a}_{\mathrm{n}})=m\frac{\mathrm{d}v}{\mathrm{d}t}\boldsymbol{e}_{\mathrm{t}}+m\frac{v^2}{\rho}\boldsymbol{e}_{\mathrm{n}} \tag{2-4}$$

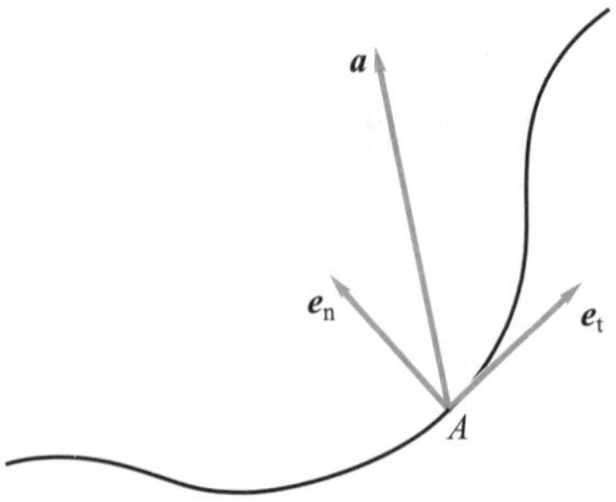

图 2-1　自然坐标系中的加速度

如以 $\boldsymbol{F}_{\mathrm{t}}$ 和 $\boldsymbol{F}_{\mathrm{n}}$ 代表合力 $\boldsymbol{F}$ 在切向和法向的分矢量,则有

$$\begin{cases}\boldsymbol{F}_{\mathrm{t}}=m\boldsymbol{a}_{\mathrm{t}}=m\dfrac{\mathrm{d}v}{\mathrm{d}t}\boldsymbol{e}_{\mathrm{t}}\\[2ex]\boldsymbol{F}_{\mathrm{n}}=m\boldsymbol{a}_{\mathrm{n}}=m\dfrac{v^2}{\rho}\boldsymbol{e}_{\mathrm{n}}\end{cases} \tag{2-5}$$

$\boldsymbol{F}_{\mathrm{t}}$ 称为切向力,$\boldsymbol{F}_{\mathrm{n}}$ 称为法向力(或向心力);$\boldsymbol{a}_{\mathrm{t}}$ 和 $\boldsymbol{a}_{\mathrm{n}}$ 相应地称为切向加速度和法向加速度.

(4) 牛顿第二定律只在惯性参考系中成立.

三、牛顿第三定律

作用在物体上的力都来自其他的物体. 但是,任何一个力还只是两个物体之间相互作用的一个方面. 我们发现,不论何时,一个物体若对第二个物体施力,则第二个物体就同时对第一个物体也施力. 一个单独的孤立的力实际上是不可能存在的. 牛顿第三定律就揭示了力的这种相互作用的性质.

两个物体之间的作用力 $\boldsymbol{F}$ 和反作用力 $\boldsymbol{F}'$,沿同一直线,大小相等,方向相反,分别作用在两个物体上. 这就是牛顿第三定律,其数学表达式为

$$\boldsymbol{F}=-\boldsymbol{F}' \tag{2-6}$$

运用牛顿第三定律分析物体受力情况时必须注意:作用力和反作用力是互以对方为自己存在的条件,同时产生,同时消失,任何一方都不能孤立地存在,并分别作用在两个物体上;它们属于同种性质的力. 例如作用力是万有引力,那么反作用力也一定是万有引力.

四、力学相对性原理

设有两个参考系 S($Oxyz$) 和 S′($O'x'y'z'$),它们对应的坐标轴都相互平行,

且 Ox 轴与 Ox'轴相重合(图 2-2). 其中 S 系是惯性参考系, S′系以恒定的速度 $\boldsymbol{u}$,沿 x 轴正向相对 S 系作匀速直线运动,所以 S′系也是惯性参考系. 若有一质点 P 相对 S′系的速度为 $\boldsymbol{v}'$,相对 S 系的速度为 $\boldsymbol{v}$,由第 1-3 节关于速度相对性的讨论可知,它们之间的关系为

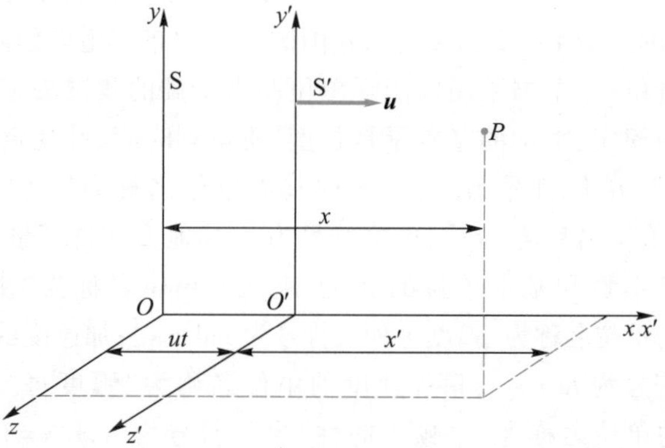

图 2-2 相互作匀速直线运动的两个参考系

$$\boldsymbol{v}=\boldsymbol{v}'+\boldsymbol{u}$$

将上式对时间 t 求导数,并考虑到 $\boldsymbol{u}$ 为常量,故可得

$$\frac{\mathrm{d}\boldsymbol{v}}{\mathrm{d}t}=\frac{\mathrm{d}\boldsymbol{v}'}{\mathrm{d}t}$$

即

$$\boldsymbol{a}=\boldsymbol{a}' \tag{2-7}$$

上式表明,当惯性参考系 S′以恒定的速度相对惯性参考系 S 作匀速直线运动时,质点在这两个惯性参考系中的加速度是相同的. 由于 S′系也是惯性参考系,质点所受的力为 $\boldsymbol{F}'=m\boldsymbol{a}'$. 考虑到 $\boldsymbol{a}'=\boldsymbol{a}$,所以有

$$\boldsymbol{F}=m\boldsymbol{a}=m\boldsymbol{a}'=\boldsymbol{F}'$$

这就是说,在这两个惯性系参考中,牛顿第二定律的数学表达式也具有相同形式,即

$$\boldsymbol{F}=m\boldsymbol{a}$$

注意:任何相对于惯性参考系作匀速直线运动的参考系都是惯性参考系. 地面或固定在地面上的物体可作为惯性参考系,相对地面作匀速直线运动的物体也可作为惯性参考系. 由上可知,在不同惯性参考系中观测同一质点的运动时,除了质点的位置、速度可能不同外,其加速度是相同的,质点的运动都遵从牛顿运动定律.

所以,我们可以得出:力学运动定律在所有惯性参考系中均成立且具有相同的形式,即一切惯性参考系在力学意义上是等价的、平权的. 换而言之,我们不可能通过惯性参考系内部进行任何形式的力学实验来确定该惯性参考系相对于其他惯性参考系的速度. 这个原理称为力学相对性原理或伽利略相对性原理.

牛顿与《自然哲学的数学原理》

牛顿力学的完善与分析力学的创立

2.2 物理量的单位和量纲

在历史上,物理量的单位制有很多种,这不仅不规范而且给工农业生产、人民生活带来诸多不便,1984 年 2 月 27 日,我国国务院颁布实施以国际单位制(SI)为基础的法定计量单位. 本书采用以国际单位制为基础的我国法定计量单位.

国际单位制规定,力学的基本量是长度、质量和时间,并规定:长度的基本单位的名称为“米”,单位符号为 m;质量的基本单位名称为“千克”,单位符号为 kg,时间的基本单位名称为“秒”,单位符号为 s. 其他力学物理量都是导出量.

按照上述基本量和基本单位的规定,速度的单位名称为“米每秒”,符号为 $\mathrm{m\cdot s^{-1}}$;角速度的单位名称为“弧度每秒”,符号为 $\mathrm{rad\cdot s^{-1}}$;加速度的单位名称为“米每二次方秒”,符号为 $\mathrm{m\cdot s^{-2}}$;角加速度的单位名称为“弧度每二次方秒”,符号为 $\mathrm{rad\cdot s^{-2}}$;力的单位名称为“牛顿”,简称“牛”,符号为 N,$1\ \mathrm{N}=1\ \mathrm{kg\cdot m\cdot s^{-2}}$. 其他物理量的名称、符号,以后将陆续介绍.

在物理学中,导出量与基本量之间的关系可以用量纲来表示. 我们用 L、M 和 T 分别表示长度、质量和时间三个基本的量纲,其他力学量 Q 的量纲与基本量量纲之间的关系可按下列形式表示出来:

$$\dim Q=\mathrm{L}^{p}\mathrm{M}^{q}\mathrm{T}^{s}$$

例如,速度的量纲是 $\mathrm{LT^{-1}}$,角速度的量纲是 $\mathrm{T^{-1}}$,加速度的量纲是 $\mathrm{LT^{-2}}$,角加速度的量纲是 $\mathrm{T^{-2}}$,力的量纲是 $\mathrm{MLT^{-2}}$等.

量纲的概念在物理学中很重要. 由于只有量纲相同的物理量才能进行加减和用等式连接,所以只要考察等式两端各项量纲是否相同,就可以初步校验等式的正确性. 如果得出一个结果是 $F=mv^2$,左边的量纲为 $\mathrm{MLT^{-2}}$,右边的量纲为 $\mathrm{ML^2T^{-2}}$,两者明显不符合,所以可以判定这一结论是错误的. 我们应当学会在求证、解题过程中使用量纲来检查所得结果.

2.3 几种常见的力

牛顿运动定律是质点动力学的基本规律,而其中核心问题是力. 力学中常见到的力有弹性力、摩擦力、万有引力等. 下面我们将分析这三种力的产生、规律和性质.

一、万有引力

万有引力是自然界的基本作用力之一. 17 世纪初,德国天文学家开普勒(J. Kepler,1571—1630)分析第谷(Tycho Brahe,1546—1601)观察行星所得的大量数据,提出了行星绕太阳作椭圆轨道运动的开普勒定律. 牛顿继承了前人的研究成果，通过深入研究，提出了著名的万有引力定律. 万有引力定律可表述为：在两个相距为 r，质量分别为 m_0、m 的质点间有万有引力，其大小与它们的质量成正比，与它们之间距离的二次方成反比，其方向沿着它们的连线，数学表达式为

$$F=G\frac{m_0 m}{r^2}$$

万有引力定律的建立

式中 G 为一普适常量，叫引力常量. 引力常量最早是由英国物理学家卡文迪许(H. Gavendish，1731—1810)于 1798 年由实验测出的. 在一般计算时取

$$G=6.67\times10^{-11}\ \mathrm{N\cdot m^2\cdot kg^{-2}}$$

用矢量形式表示，万有引力定律可写成

$$\boldsymbol{F}=-G\frac{m_0 m}{r^2}\boldsymbol{e}_r \tag{2-8}$$

如以由 m_0 指向 m 的有向线段为 m 的位矢 $\boldsymbol{r}$，那么沿位矢方向的单位矢量 $\boldsymbol{e}_r$ 等于 $\boldsymbol{r}/r$. 上式中的负号则表示 m_0 施于 m 的万有引力的方向始终与沿位矢的单位矢量 $\boldsymbol{e}_r$ 的方向相反. 在万有引力定律中引入的物体质量，称为引力质量，是物体自身的一种属性的量度，表征了物体间引力作用的强度. 它和反映物体惯性的质量在物理意义上是不同的，但通过精确的实验研究和理论分析表明，对于任何一物体来说，引力质量和惯性质量都是相等的，统称为质量.

1. 物理学中四种最基本的相互作用

人们认为，物质世界中存在着四种基本相互作用，即引力相互作用、电磁相互作用、强相互作用和弱相互作用. 表 2-1 是万有引力、电磁力、强力、弱力四种力的相对强度与作用力程的比较.

表 2-1 四种基本力的力程和强度的比较

力的种类	强力	电磁力	弱力	万有引力
相对强度	1	10^{-2}	10^{-12}	10^{-40}
作用力程	10^{-15} m	长程	$<10^{-17}$ m	长程

四者之中，最弱的是引力，但它是长程力，按距离的平方而衰减，且不受屏蔽与中和的影响，因而对天文学中巨大尺度的现象来说就非常重要. 而引力作用在微观世界中太弱，因此可以不考虑. 电磁力是处处都有的，是对凝聚态物理学中众多现象负责的唯一基本作用力. 当人们对物质结构的探索进入到比原子还小的亚微观领域中时，发现在核子之间存在一种强力. 正是这种力把原子内的一些质子以及中子紧紧地束缚在一起，形成原子核. 强力是比电磁力更强的基本力，两个相邻质子之间的强力比电磁力大 10^2 倍. 强力是一种短程力，其作用范围很短. 粒子之间距离超过 10^{-15} m 时，强力小得可以忽略不计；粒子间距离小于 10^{-15} m 时，强力占主要支配地位；而且直到距离减小到大约 0.4×10^{-15} m 时，它都表现为引力. 距离再减小，强力就表现为斥力. 在亚微观领域中，人们还发现一种短程力，称为弱力. 弱力可以引起粒子之间的某些过程，例如中子和原子的放射性衰变.

为了找到上述所讲的四种基本相互作用之间的联系,许多物理学家付出了不懈的努力. 1967—1968 年温伯格(S. Weinberg,1933—)、萨拉姆(A. Salam,1926—1996)在格拉肖(S. L. Glashow,1932—)工作的基础上,把弱相互作用与电磁相互作用统一为电弱相互作用. 后来这个电弱相互作用的理论为实验所证实. 这个发现把原先的四种基本相互作用统一为三个. 为此,他们三人于 1979 年共获诺贝尔物理学奖. 鲁比亚(C. Rubbia,1934—)和范德梅尔(Van Der Meer,1925—2011)两人因为电弱相互作用统一理论提供了确凿实验证据,于 1984 年获诺贝尔物理学奖. 由于受到发现电弱相互作用的鼓舞,许多物理学家正在进行电弱相互作用和强相互作用之间统一的研究,并企盼把万有引力作用也包括进去,以实现相互作用理论的"大统一".

2. **重力**

通常把地面附近物体受到地球的作用力称为重力,用符号 $\boldsymbol{P}$ 表示,其方向通常指向地球中心. 在重力 $\boldsymbol{P}$ 的作用下,物体具有的加速度称为重力加速度 g,根据牛顿第二定律有

$$\boldsymbol{g}=\frac{\boldsymbol{P}}{m}$$

由万有引力定律可知,地面上一个质量为 m 的物体与地球之间的万有引力的大小之间的关系可表示为

$$F=G\frac{m_{\mathrm{E}}m}{r^2}$$

由于地球的自转,地面上的物体绕地轴作圆周运动,作圆周运动的法向力(向心力)是由万有引力的分力提供,而重力则是地球对物体万有引力的另一个分力. 由于向心力较小,可以忽略,则:

$$mg\approx G\frac{m_{\mathrm{E}}m}{(R+h)^2}$$

上式中 h 为物体离地面的高度:

$$g=G\frac{m_{\mathrm{E}}}{(R+h)^2} \tag{2-9}$$

由式(2-9)可知,(1) 物体的重力加速度 g 在数值上与其本身的质量无关. (2) 重力加速度 g 的值随着离开地面高度的增加而减小. 由于地球半径很大,所以当高度不太大时,g 的数值变化甚微,可以忽略. 一般计算时,地球表面附近的重力加速度取 $g=9.80\ \mathrm{m\cdot s^{-2}}$. 但各地的重力加速度 g 略有不同,在实验上,可用单摆装置来测定各地的重力加速度.

通过查阅月球质量和半径的数据,计算出月球表面附近的重力加速度约为 $1.62\ \mathrm{m\cdot s^{-2}}$,即近似等于地球表面重力加速度的 1/6. 所以,习惯于在地面行走的人,到了月球以后,就显著地处于失重状态了.

二、弹性力

发生形变的物体,由于要恢复形变,会对与之相接触的物体产生力的作用,

这种力称为弹性力. 所以弹性力是产生于直接接触的物体之间并以物体的形变为先决条件的. 常见的弹性力有:弹簧被拉伸或压缩时产生的弹簧弹性力;重物放在支撑面上产生作用在支撑面上的正压力和作用在物体上的支持力;绳索被拉紧时所产生的张力等.

作为弹性理想模型的弹簧,当其被拉伸或压缩时,它就会对与其相连的物体有弹力作用,这种弹力总是试图使弹簧恢复原状,所以称为回复力.

胡克定律:在弹性限度内,弹性力的大小与弹簧的形变量成正比,方向总是指向弹簧要恢复它原长的方向,如图 2-3 所示. 其数学表达式为

$$\boldsymbol{F}=-kx\boldsymbol{i}$$

式中 k 为弹簧的劲度系数.

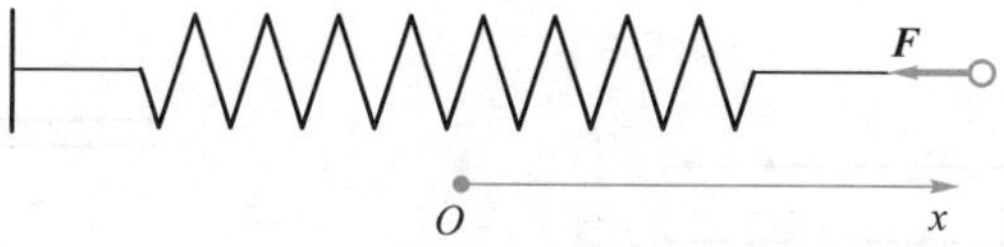

图 2-3

宏观物体间的接触力的产生都源于物体接触时所发生的微小形变. 比如,两个物体通过一定面积相互挤压的情形,这时两个物体都会发生形变,即便是形变小到难于观察,但它总是存在的,因而产生对对方的弹力作用. 如重物放置于桌面上,桌面受到挤压而发生形变,产生一个向上的弹力. 这类弹力通常称为正压力或支持力. 它们的大小取决于相互挤压产生形变的程度,方向总是垂直于接触面而指向对方.

当绳线受到拉伸作用时,在绳线任一截面两边的两段绳之间存在相互的弹性力的作用,这种弹力称为张力. 张力是因绳线发生了伸长形变而产生的,大小取决于绳线收紧的程度,方向总是沿着绳线且指向绳收紧的方向. 在许多实际问题中,绳线的质量很轻,通常可以忽略不计,这时可以认为绳上各点的张力都相等,而且就等于外力. 接下来的例题恰好说明了这一点.

例 2.1 绳中张力的计算. 质量为 m,长为 l 的柔软细绳,一端系着放在光滑桌面上质量为 m'的物体,如图 2-4(a)所示. 在绳的另一端加图中所示的力 $\boldsymbol{F}$. 绳被拉紧时会略有伸长(形变),一般伸长甚微,可略去不计. 现设绳的长度不变,质量分布是均匀的. 求:(1) 绳作用在物体上的力;(2) 绳上任意点的张力.

解: 如图 2-4(b)所示,设想在绳索上点 P 将绳索分为两段,它们之间有拉力 $\boldsymbol{F}_{\mathrm{T}}$ 和 $\boldsymbol{F}'_{\mathrm{T}}$作用,这一对拉力称为张力. 它们的大小相等、方向相反.

(1) 由题意知,绳和物体均被约束在 2-4(c)所示的 Ox 轴上运动,且绳的长度不变,故它们的加速度相等,均为 $\boldsymbol{a}$. 设绳作用在物体上的拉力为 $\boldsymbol{F}_{\mathrm{T0}}$,物体作用在绳端的力为 $\boldsymbol{F}'_{\mathrm{T0}}$,它们是作用力与反作用力,故 $\boldsymbol{F}_{\mathrm{T0}}=-\boldsymbol{F}'_{\mathrm{T0}}$. 由牛顿第二定律,对物体与绳分别有

$$F'_{\mathrm{T0}}=m'a$$

和
$$F-F'_{T0}=ma$$
由于 $F_{T0}=F'_{T0}$,所以,物体与绳的加速度为
$$a=\frac{F}{m'+m} \tag{1}$$
绳对物体的拉力为
$$F_{T0}=\frac{m'}{m'+m}F$$
从上式可以看出,由绳传递给物体的力 F_{T0} 小于作用在绳另一端的外力 F. 只有当绳的质量 m 远小于物体的质量 m' 时,即绳的质量可忽略不计时,F_{T0} 才与 F 近似相等. 在力学中,遇到有细而软的绳索问题时,如不特别指明,其质量均是略去不计的.

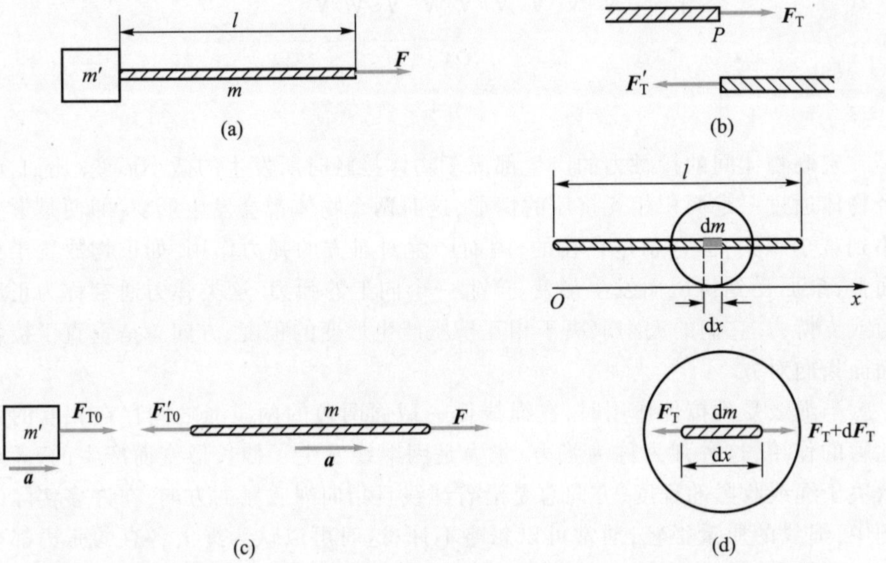

图 2-4

(2) 由于绳的长度不变,且质量分布均匀,故其单位长度的质量即质量线密度为 m/l. 在图 2-4(d)中,取物体与绳连接处为原点 O,在距原点 O 为 x 的绳上,取一线元 $\mathrm{d}x$,其质量元为 $\mathrm{d}m=m\mathrm{d}x/l$. 按图 2-4(d)所示的示意图,由牛顿第二定律,有
$$(F_T+\mathrm{d}F_T)-F_T=(\mathrm{d}m)a=\frac{m}{l}a\mathrm{d}x$$
利用式(1),上式可变为
$$\mathrm{d}F_T=\frac{mF}{(m'+m)l}\mathrm{d}x$$
从图 2-4(c)有 $x=l$ 时,$F_T=F$,所以上式的积分为
$$\int_{F_T}^{F}\mathrm{d}F_T=\frac{mF}{(m'+m)l}\int_{x}^{l}\mathrm{d}x$$

得

$$F_T = F - \frac{Fm}{l(m'+m)}(l-x)$$

化简得

$$F_T = \left(m'+m\frac{x}{l}\right)\frac{F}{(m'+m)} \tag{2}$$

从式(2)可以看出，绳中各点的张力是随位置而变的，即 $F_T = F_T(x)$. 只有当 $m' \gg m$ 时，$F_T \approx F$，即绳索的质量可以略去不计时，绳中各点的张力近似相等，均约等于外力 F. 这一点在求解问题时，尤应注意.

三、摩擦力

两个互相接触的物体间有相对滑动的趋势但尚未相对滑动时，在接触面之间便产生一对阻碍相对滑动趋势的力，称为静摩擦力，这是一对作用力与反作用力. 每一物体所受静摩擦力的方向与发生相对运动趋势方向相反. 实验证明，静摩擦力的大小随引起相对运动趋势的外力的大小而变化，介于零和最大静摩擦力之间. 如把物体放在一水平面上，有一外力 F 沿水平面作用在物体上，若外力 F 较小，物体尚未滑动，这时摩擦力 F_f 与外力 F 大小相等，方向则与 F 相反. 随着 F 的增大摩擦力 F_f 也相应增大，直到 F 增大到某一值时，物体即将滑动，静摩擦力达到最大值，这就是最大静摩擦力 F_{fs}. 实验表明，最大静摩擦力的大小与物体的正压力 F_N 成正比，即

$$F_{fs} = \mu_s F_N$$

μ_s 称为静摩擦因数，F_N 为两物体间正压力大小. 静摩擦因数与两接触物体的材料性质以及接触面的粗糙程度和干湿程度等因素有关.

当外力超过了最大静摩擦力时，物体间产生了相对运动，此时的摩擦力称为滑动摩擦力，数学表达式为

$$F_f = \mu F_N$$

其中，μ 为动摩擦因数. μ 与两接触物体的材料性质、接触表面的情况、温度、干湿度等有关，还与两接触物体的相对速度有关. 多数情况下，它先随相对速度的增加而减小，之后随相对速度的增大而增大. 在通常速率范围内，可认为 μ 与速率无关. 此外，动摩擦因数 μ 不仅与物体的相对运动速度有关，还与物体的温度有关. 例如汽车的制动系统，在经过长时间的摩擦后，很可能会失灵. 主要是因为制动盘温度升高到一定程度后，盘间的摩擦因数会变小. 因此，重型汽车在走山路时，尤其是长下坡，一般可用发动机制动或不间断地向制动盘淋水的办法使其降低温度，从而避免制动系统失灵带来安全隐患.

对于给定的接触面而言，$\mu_s > \mu$，且 μ_s 与 μ 都小于 1. 我们在一般问题的简要处理中，可以把 μ_s 和 μ 看成常量，不加以区分，即 μ_s 与 μ 近似相等. 摩擦力的性质及产生机理非常复杂. 通常可以通过减小物体表面凹凸程度、适当地清洁物体

表面、使用润滑油等方式来减小摩擦. 此外,摩擦也是生产和生活所必需的. 很难想象,没有摩擦的自然界会是什么情况,人的行走、汽车的制动、货物借助皮带输送等,都是依赖于摩擦才能进行的.

2.4 牛顿运动定律的应用举例

牛顿运动定律是物体作机械运动的基本定律,它在实践中有着广泛的应用. 本节将通过举例来说明如何应用牛顿定律分析问题和解决问题. 求解质点动力学问题一般分为两类,一类是已知物体的受力情况,由牛顿运动定律来求解其运动状态;另一类是已知物体的运动状态,求作用于物体上的力.

在应用牛顿第二定律时,首先要正确地分析运动物体的受力情况,并把它们图示出来;作受力图时,要把所研究的物体从与之相联系的其他物体中"隔离"出来,标明力的方向. 这种分析物体受力的方法,称为隔离体法. 隔离体法是分析物体受力的有效方法,应熟练掌握.

对隔离体画出受力图后,还要根据题意选择适当的坐标系,并按照所选定的坐标系列出每一隔离体的运动方程,然后对运动方程求解. 求解时最好先用文字符号得出结果,而后再代入已知数据进行运算. 这样既简单明了,还可避免数字重复运算.

例 2.2 如图 2-5(a)所示,m_1 和 m'之间的摩擦因数为 μ_1,m'与固定的水平桌面间的摩擦因数为 μ_2. 设滑轮、绳子的质量和滑轮轴承处的摩擦力均可忽略不计,绳子长度不变,试计算 m_1、m_2、m'的加速度和绳的张力 F_T.

解: 运用隔离体法求解如下:

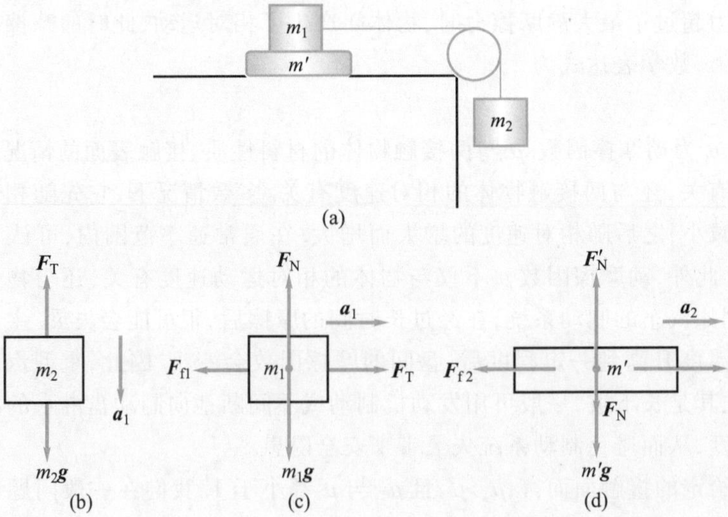

图 2-5

隔离物体,分析受力如图 2-5(b)(c)(d)所示.

选择坐标,列出方程.

对 m_2 而言,受到重力和绳子张力 F_T 的作用,将向下方作匀加速运动. 取向下方向为正方向,设 m_2 加速度为 a_1,有:

$$m_2g-F_T=m_2a_1 \tag{1}$$

对 m_1 而言,竖直方向受力平衡,水平方向受到绳子张力 F_T 的作用和 m_1 与物体 m'间的摩擦力 F_{f1}的作用,向右作匀加速运动,加速度与 m_2 相同,也为 a_1,则有:

$$\begin{cases} m_1g=F_N \\ F_T-F_{f1}=m_1a_1 \\ F_{f1}=\mu_1F_N \end{cases} \tag{2}$$

对 m'而言,水平方向受到与 m_1 间的摩擦力 F_{f1}和与桌面间的摩擦力 F_{f2}的作用,以 a_2 加速度向右运动,

$$\begin{cases} m'g+F_N=F'_N \\ F_{f1}-F_{f2}=m'a_2 \\ F_{f2}=\mu_2F'_N \end{cases} \tag{3}$$

整理方程(1)(2)(3)后得

$$\begin{cases} m_2g-F_T=m_2a_1 \\ F_T-\mu_1m_1g=m_1a_1 \\ \mu_1m_1g-\mu_2(m'g+m_1g)=m'a_2 \end{cases} \tag{4}$$

解联立方程(4)得

$$\begin{cases} a_1=\dfrac{m_2-\mu_1m_1}{m_1+m_2}g \\ a_2=\dfrac{\mu_1m_1-\mu_2(m'+m_1)}{m'}g \\ F_T=\dfrac{1+\mu_1}{m_1+m_2}m_1m_2g \end{cases} \tag{5}$$

例 2.3 如图 2-6 所示,将一条长为 l 的细链条静止地放在光滑的水平方形台面上,链条的一半从台面上下垂,另一半平直放在面上. 试求:链条刚滑离台面时的速度.

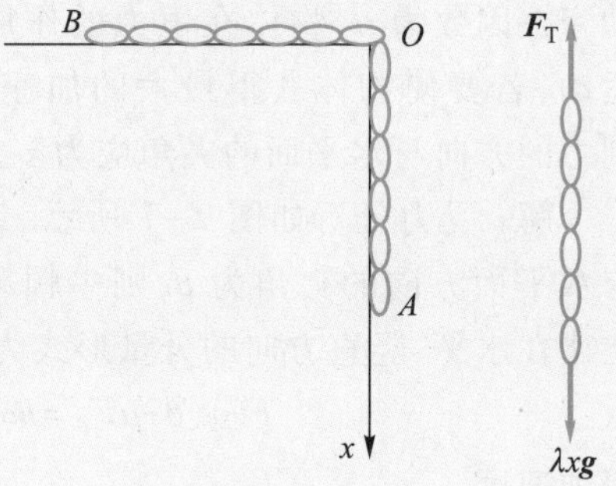

图 2-6

解: 建立如图 2-6 所示坐标系,以链条下垂部分为研究对象. 它受到两个力作用:重力和台面上链条的拉力. 显然,台面上的和下垂的链条的速度 v 相

同，加速度 a 也相同，设质量线密度为 λ，因而在任一时刻利用牛顿第二定律有

$$F_{\mathrm{T}}=\lambda(l-x)a=\lambda(l-x)\frac{\mathrm{d}v}{\mathrm{d}t}$$

链条下垂部分的牛顿方程为

$$\lambda xg-F_{\mathrm{T}}=\lambda xa=\lambda x\frac{\mathrm{d}v}{\mathrm{d}t}$$

整理得

$$\frac{\mathrm{d}v}{\mathrm{d}t}=\frac{g}{l}x$$

考虑到

$$\frac{\mathrm{d}v}{\mathrm{d}t}=\frac{\mathrm{d}v}{\mathrm{d}x}\frac{\mathrm{d}x}{\mathrm{d}t}=v\frac{\mathrm{d}v}{\mathrm{d}x}$$

则

$$v\mathrm{d}v=\frac{g}{l}x\mathrm{d}x$$

积分得

$$\int_0^v v\mathrm{d}v=\int_{\frac{l}{2}}^{l}\frac{g}{l}x\mathrm{d}x$$

即

$$v^2=\frac{g}{l}\left(l^2-\frac{l^2}{4}\right)=\frac{3}{4}gl$$

因此

$$v=\frac{1}{2}\sqrt{3gl}$$

当同学们学习了第三章的知识后，还可以利用动能定理和机械能守恒定律求解.

例 2.4　如图 2-7 所示，平面上放一质量为 m 的物体，已知物体与平面的动摩擦因数为 μ，物体在恒力的作用下运动，若要使物体获得最大的加速度，则力的方向与水平面的夹角应为多大？

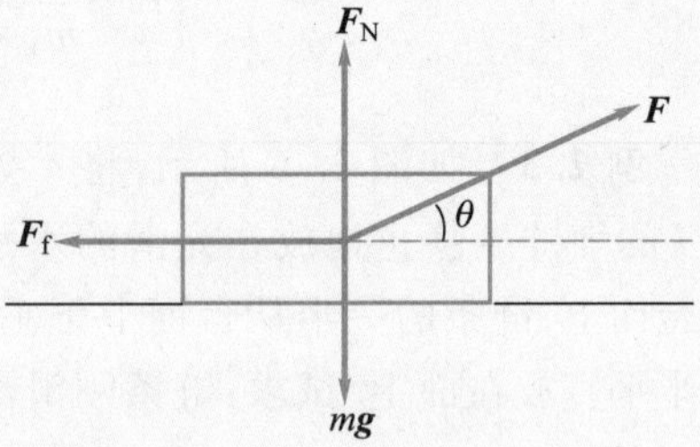

图 2-7

解：受力分析如图 2-7 所示. 设 F 与水平面方向的夹角为 θ，则牛顿第二定律在水平、竖直方向的分量形式为

$$F\cos\theta-\mu F_{\mathrm{N}}=ma,\quad F\sin\theta+F_{\mathrm{N}}-mg=0$$

得加速度

$$a=F\cos\theta+\mu F\sin\theta-\mu mg$$

要获得最大加速度，应满足：

$$\frac{da}{d\theta}=\frac{d}{d\theta}(F\cos\theta+\mu F\sin\theta-\mu mg)=0$$

因此有

$$\theta=\arctan\mu$$

例 2.5 如图 2-8 所示，一质量为 2 kg 的质点，在 Oxy 平面上运动，受到外力 $\boldsymbol{F}=4\boldsymbol{i}-24t^2\boldsymbol{j}$（SI 单位）作用，$t=0$ 时，它的初速度为 $\boldsymbol{v}_0=(3\boldsymbol{i}+4\boldsymbol{j})\ \text{m}\cdot\text{s}^{-1}$. 试求：(1) $t=1$ s 时，质点所受法向力的大小；(2) 此时法向力的方向.

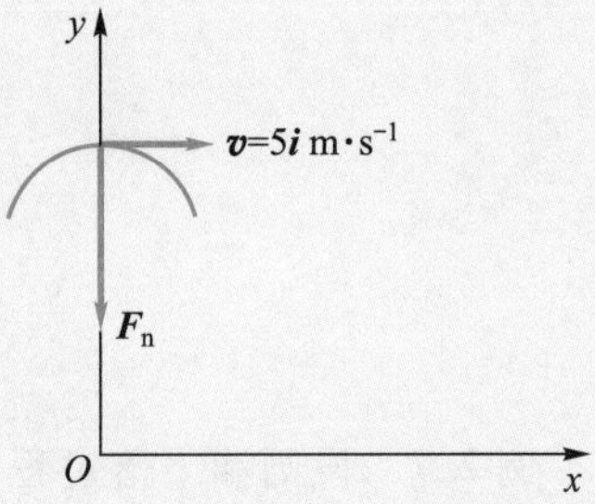

图 2-8

解：由题意知，质点运动的加速度为

$$\boldsymbol{a}=\frac{\boldsymbol{F}}{m}=2\boldsymbol{i}-12t^2\boldsymbol{j}$$

由 $\boldsymbol{a}=\frac{d\boldsymbol{v}}{dt}$，及初始条件可得

$$\int_{v_0}^{v}d\boldsymbol{v}=\int_0^t(2\boldsymbol{i}-12t^2\boldsymbol{j})\,dt$$

$$\boldsymbol{v}-\boldsymbol{v}_0=2t\boldsymbol{i}-4t^3\boldsymbol{j}$$

其中 $$\boldsymbol{v}_0=(3\boldsymbol{i}+4\boldsymbol{j})\ \text{m}\cdot\text{s}^{-1}$$

所以 $$\boldsymbol{v}=\boldsymbol{v}_0+2t\boldsymbol{i}-4t^3\boldsymbol{j}=(3+2t)\boldsymbol{i}-(4-4t^3)\boldsymbol{j}$$

当 $t=1$ s 时 $\boldsymbol{v}=5\boldsymbol{i}\ \text{m}\cdot\text{s}^{-1}$，即速度沿 $\boldsymbol{x}$ 轴方向（如图 2-8 所示），因此有

$$\boldsymbol{F}_n=-24\boldsymbol{j}\ \text{N}$$

即 $F_n=-24$ N，方向沿 y 轴负向.

例 2.6 质量为 m 的子弹以速度 v_0 水平射入沙土中. 子弹所受阻力与速度大小成正比，比例系数为 k，忽略子弹重力的影响，求：(1) 子弹射入沙土后，速度随时间的变化规律；(2) 子弹射入沙土的最大深度.

解：(1) 子弹只受阻力作用，由牛顿第二定律可得

$$F=-kv=m\frac{dv}{dt}$$

分离变量：

$$\frac{dv}{v}=-\frac{k}{m}dt$$

两边积分：

$$\int_{v_0}^{v}\frac{dv}{v}=\int_0^t-\frac{k}{m}dt$$

得子弹的速度变化规律：

$$v=v_0e^{-\frac{k}{m}t}$$

（2）子弹射入沙土的最大深度：

$$v=v_0\mathrm{e}^{-\frac{k}{m}t}=\frac{\mathrm{d}x}{\mathrm{d}t}$$

分离变量：
$$\mathrm{d}x=v_0\mathrm{e}^{-\frac{k}{m}t}\mathrm{d}t$$

两边积分：

$$\int_0^x \mathrm{d}x=\int_0^t v_0\mathrm{e}^{-\frac{k}{m}t}\mathrm{d}t$$

$$x=v_0\frac{m}{k}\left(1-\mathrm{e}^{-\frac{k}{m}t}\right)$$

$$\text{当 } t\to\infty \text{ 时，}\quad x_{\max}=v_0\frac{m}{k}$$

例 2.7 设雨滴下落过程中受到空气黏性力作用,受到空气的阻力为 $F_\mathrm{f}=kv$,试求雨滴下落时的运动规律.

解：设雨滴初始时刻($t=0$)静止于原点,如图 2-9 所示,即 $v_0=0$. 根据雨滴受力分析,列出牛顿动力学方程：

$$m\boldsymbol{g}+\boldsymbol{F}_\mathrm{f}=m\boldsymbol{a}$$

考虑到阻力与雨滴运动方向相反,则有

$$\boldsymbol{F}_\mathrm{f}=-k\boldsymbol{v}$$

对于一维运动,可以简化为

$$mg-kv=m\frac{\mathrm{d}v}{\mathrm{d}t}$$

分离速度变量 v 和时间变量 t,得

$$\frac{\mathrm{d}v}{g-\frac{k}{m}v}=\mathrm{d}t$$

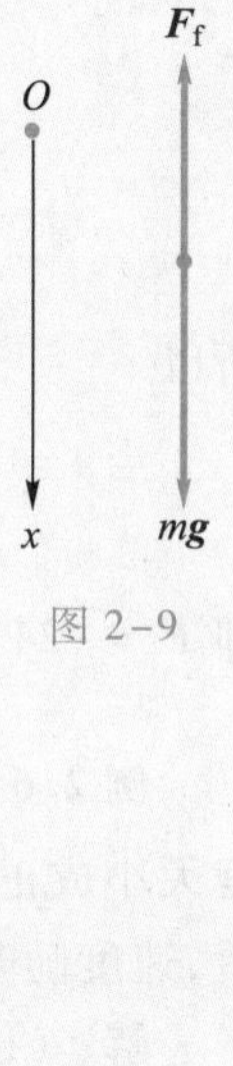

图 2-9

两边分别对速度及时间积分,得

$$\int_0^v \frac{\mathrm{d}v}{g-\frac{k}{m}v}=\int_0^t \mathrm{d}t$$

$$-\frac{m}{k}\ln\left(g-\frac{k}{m}v\right)\bigg|_0^v=t$$

则下落过程中,雨滴速度随时间的变化规律为

$$v=\frac{mg}{k}\left(1-\mathrm{e}^{-\frac{k}{m}t}\right)$$

从上式出发,我们用类似的办法也可以得出任意时刻雨滴的位置坐标. 按照速度的定义,我们有

$$v=\frac{\mathrm{d}x}{\mathrm{d}t}=\frac{mg}{k}\left(1-\mathrm{e}^{-\frac{k}{m}t}\right)$$

分离变量 x 和 t 后，得

$$\mathrm{d}x=\frac{mg}{k}\left(1-\mathrm{e}^{-\frac{k}{m}t}\right)\mathrm{d}t$$

两边分别对坐标变量及时间积分，得

$$\int_0^x \mathrm{d}x=\int_0^t \frac{mg}{k}\left(1-\mathrm{e}^{-\frac{k}{m}t}\right)\mathrm{d}t$$

即

$$x=\frac{mg}{k}\left[t-\frac{m}{k}\left(1-\mathrm{e}^{-\frac{k}{m}t}\right)\right]$$

讨论：

（1）当 $t\to\infty$ 时，雨滴的下落速度趋于 $v_\mathrm{T}=\dfrac{mg}{k}$，称为终极速度. 这里要说明的是，物理上的无穷大和数学上的无穷大的概念是不同的. 在雨滴下落过程中，有一特征时间常量 $\tau=\dfrac{m}{k}$，从物理上来讲，当雨滴下落所经历的时间 t 为数个特征时间常量，如 5 个特征时间常量时，指数 $\mathrm{e}^{-\frac{t}{\tau}}$ 已经从 1 下降到 0.006 7，此时，我们完全可以认为雨滴的下落速度已经达到极限速度.

（2）关于雨滴下落的终极速度，我们可以从另外一个角度很方便地求得. 雨滴达到终极速度条件时物体加速度为零，按照牛顿第二定律，此时雨滴所受合外力应该为零，即 $mg-kv_\mathrm{T}=0$. 由此可得雨滴的终极速度为 $v_\mathrm{T}=\dfrac{mg}{k}$.

（3）如果物体在流体中运动时受到的阻力满足 $F_\mathrm{f}=k'v^2$，物体运动规律以及终极速度也不相同. 此时物体速度随时间的变化规律为

$$v=v_\mathrm{T}\left(\frac{1-\mathrm{e}^{-\frac{2gt}{v_\mathrm{T}}}}{1+\mathrm{e}^{-\frac{2gt}{v_\mathrm{T}}}}\right)$$

其终极速度为

$$v_\mathrm{T}=\sqrt{\frac{mg}{k'}}$$

与前面结果明显不同. 要说明的是，物体在流体中运动时所受到的流体阻力不简单地正比于速度或速度的平方. 一般情况下，速度小时，阻力与速度的大小成正比，速度再大时，阻力可能与速度的平方甚至速度的三次方有关. 因此，物体在流体中的运动规律是相当复杂的.

例 2.8 如图 2-10 所示，一固定的光滑圆柱体上的小球，质量为 m，由静止开始从顶端下滑. 求小球沿柱面下滑到小球与 O 点连线与竖直方向成 θ 角度时小球对圆柱体的压力.

解：小球在 θ 处时，质点受力如图 2-10 所示，小球运动满足牛顿第二定律：

$$\boldsymbol{F}_\mathrm{N}+m\boldsymbol{g}=m\boldsymbol{a}$$

式中 $\boldsymbol{F}_\mathrm{N}$ 为圆柱对小球的支持力. 在自然坐标系中的分量形式为

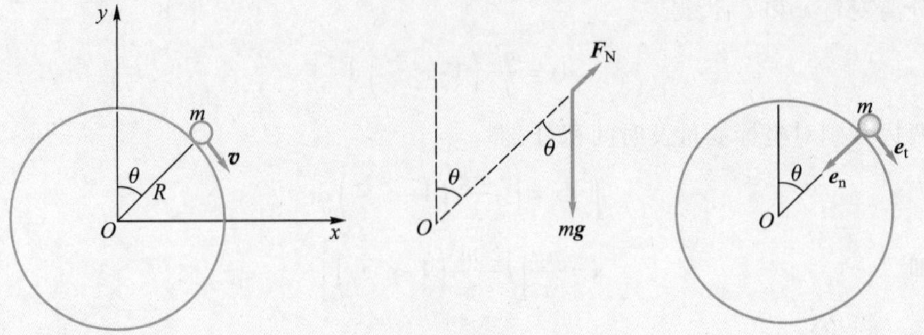

图 2-10

$$\begin{cases} mg\sin\theta = m\dfrac{\mathrm{d}v}{\mathrm{d}t} \\ mg\cos\theta - F_{\mathrm{N}} = m\dfrac{v^2}{R} \end{cases}$$

由此可得小球位于 θ 角度时对圆柱体的压力为

$$F'_{\mathrm{N}} = F_{\mathrm{N}} = mg\cos\theta - m\frac{v^2}{R}$$

式中小球在 θ 角度时的速度 v 是不知道的,如果我们能求得 v,小球对圆柱体的压力也就知道了. 利用以下数学上的变量替换:

$$\frac{\mathrm{d}v}{\mathrm{d}t} = \frac{\mathrm{d}v}{\mathrm{d}s}\frac{\mathrm{d}s}{\mathrm{d}t} = \frac{\mathrm{d}v}{\mathrm{d}s}v = v\frac{\mathrm{d}v}{R\mathrm{d}\theta}$$

得

$$\frac{\mathrm{d}v}{\mathrm{d}t} = g\sin\theta$$

即

$$v\frac{\mathrm{d}v}{R\mathrm{d}\theta} = g\sin\theta$$

分离变量,得

$$v\mathrm{d}v = gR\sin\theta\mathrm{d}\theta$$

两边分别积分,得

$$\int_0^v v\mathrm{d}v = gR\int_0^\theta \sin\theta\mathrm{d}\theta$$

$$\frac{1}{2}mv^2 = mg(R - R\cos\theta)$$

即

$$v^2 = 2g(R - R\cos\theta)$$

由此得小球对圆柱体的压力为

$$F'_{\mathrm{N}} = mg\cos\theta - m\frac{v^2}{R} = mg\cos\theta - 2mg(1-\cos\theta) = mg(3\cos\theta - 2)$$

即

$$F_{\mathrm{N}}' = mg(3\cos\theta - 2)$$

从上述结果可以看出：

（1）随着小球下滑，θ 从 0 开始增大，$\cos\theta$ 逐渐减小，F_{N}' 逐渐减小. 当 θ 继续增大时，结果会如何呢？

（2）当 $\cos\theta<2/3$ 时，$F_{\mathrm{N}}'<0$，这当然是不可能的. 为什么会有如此结果呢？这是因为：当 $\cos\theta=2/3$ 时，$F_{\mathrm{N}}'=0$. 此时，小球将离开圆柱体. 上述动力学方程将不再适用. 因为，此后小球将作抛体运动.

牛顿

牛顿（Issac Newton，1643—1727），杰出的英国物理学家，经典物理学的奠基人. 他在 1687 年出版了伟大的科学著作《自然哲学的数学原理》，这部著作中包含了三条牛顿运动定律和万有引力定律. 他把伽利略提出、笛卡儿完善的惯性定律写下来作为牛顿第一定律；他定义了力、质量和动量，提出了动量的改变与外力的关系并把它作为牛顿第二定律；他写下了作用与反作用的关系作为牛顿第三定律. 他还写下了力的独立作用原理、伽利略的相对性原理、动量守恒定律、绝对时间和绝对空间概念等. 在光学方面，他发现并研究了色散现象，为了避免透镜引起的色散现象，设计制造了反射式望远镜. 他还发现了色差及牛顿环，还提出了光的微粒说.

思考题

2-1 回答下列问题：

（1）物体的运动方向和合外力方向是否相同？

（2）物体受到几个力的作用，是否一定产生加速度？

（3）物体运动的速率不变，所受合外力是否为零？

（4）物体速度很大，所受的合外力是否也很大？

2-2 物体在力 F 作用下作匀加速直线运动，如果力 F 逐渐减小，那么，物体的速度和加速度将怎样改变？

2-3 物体所受摩擦力的方向是否一定和它的运动方向相反？试举例说明.

2-4 绳子的一端系着一金属小球，另一端用手握着使其在竖直平面内作匀速圆周运动，问：球在哪一点时绳子的张力最小？在哪一点时绳子的张力最大？为什么？

2-5 一探险者欲去往山涧对面，他将拴有绳子的锚钩掷到山涧对面一棵大树上，并使之固定. 探险者将绳的另一端拴在腰上并拉直，然后荡过山涧，落在山涧对面的地上. 你能说明探险者在荡过山涧的过程中绳的张力在什么位置最大吗？

2-6 一车辆沿弯曲公路运动. 试问:作用在车辆上的力的方向是指向道路外侧,还是指向道路内侧?

2-7 将一质量略去不计的轻绳,跨过无摩擦的定滑轮. 一只猴子抓住绳的一端,绳的另一端悬挂一个质量和高度均与猴子相等的镜子. 开始时,猴子与镜子在同一水平面上. 猴子为了不看到镜中的猴像,它作了下面三项尝试:(1) 向上爬;(2) 向下爬;(3) 松开绳子自由下落. 这样猴子是否就看不到它在镜中的像了?

2-8 在火车车厢中的光滑桌面上,放置一个钢制小球. 当火车的速率增加时,车厢内的观察者和铁轨上的观察者看到小球的运动状态将会发生怎样的变化? 如果火车的速率减小,情况又将怎样? 你能对上述现象加以说明吗?

习题

2-1 升降机内地板上放有一质量为 m 的物体,当升降机以加速度 a 向下加速运动时($a<g$),物体对升降机地板的压力在数值上等于(　　)

(A) mg.　　(B) $m(g+a)$.　　(C) $m(g-a)$.　　(D) ma.

2-2 如图所示,质量为 m 的物体用平行于斜面的细线连接并置于光滑的斜面上,若斜面向左方加速运动,当物体刚脱离斜面时,它的加速度的大小为(　　)

(A) $g\sin\theta$.　　(B) $g\cos\theta$.　　(C) $g\tan\theta$.　　(D) $g\cot\theta$.

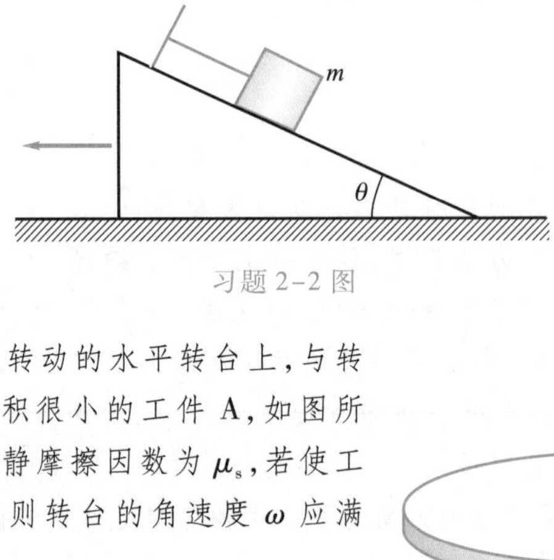

习题 2-2 图

2-3 在作匀速转动的水平转台上,与转轴相距 R 处有一体积很小的工件 A,如图所示. 设工件与转台间静摩擦因数为 μ_s,若使工件在转台上无滑动,则转台的角速度 ω 应满足(　　)

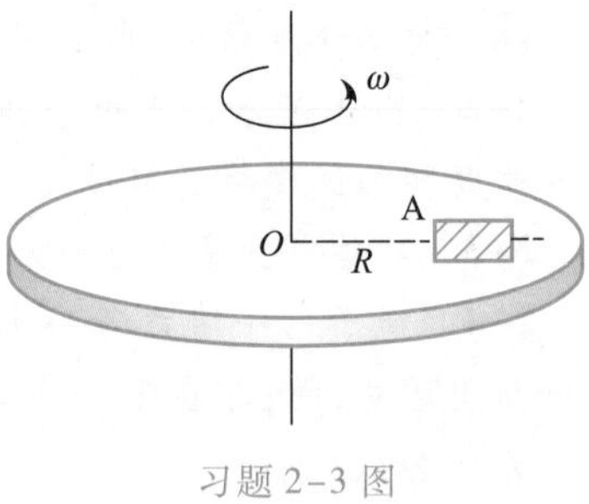

习题 2-3 图

(A) $\omega\leqslant\sqrt{\dfrac{\mu_s g}{R}}$.　　(B) $\omega\leqslant\sqrt{\dfrac{3\mu_s g}{2R}}$.

(C) $\omega\leqslant\sqrt{\dfrac{3\mu_s g}{R}}$.　　(D) $\omega\leqslant 2\sqrt{\dfrac{\mu_s g}{R}}$.

2-4 一段路面水平的公路,转弯处轨道半径为 R,汽车轮胎与路面间的摩擦因数为 μ,要使汽车不致发生侧向打滑,汽车在该处的行驶速率(　　)

(A) 不得小于$\sqrt{\mu g R}$.

(B) 必须等于$\sqrt{\mu g R}$.

(C) 不得大于$\sqrt{\mu g R}$.

(D) 还应由汽车的质量 m 决定.

2-5 如图所示,一轻绳跨过一个定滑轮,两端各系一质量分别为 m_1 和 m_2 的重物,且 $m_1>m_2$. 滑轮质量及转轴摩擦均不计,此时重物的加速度的大小为 a. 今用一竖直向下的恒力 $F=m_1g$ 代替质量为 m_1 的物体,可得质量为 m_2 的重物的加速度的大小为 a',则( )

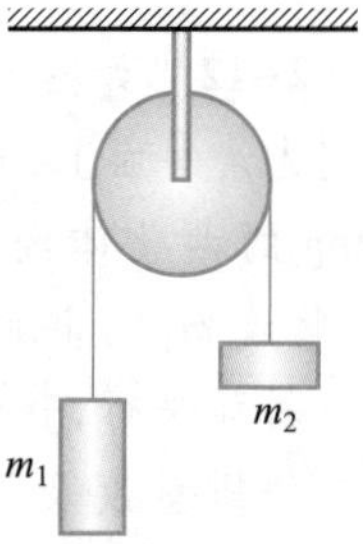

习题 2-5 图

(A) $a'=a$.　　(B) $a'>a$.

(C) $a'<a$.　　(D) 不能确定.

2-6 一物体沿固定圆弧光滑轨道静止下滑,在下滑过程中,则( )

(A) 它的加速度方向永远指向圆心,其速率保持不变.

(B) 它受到的轨道的作用力的大小不断增加.

(C) 它受到的合外力大小变化,方向永远指向圆心.

(D) 它受到的合外力大小不变,其速率不断增加.

2-7 用力 $\boldsymbol{F}$ 去推一个放置在水平地面上的质量为 m 的物体,如果力与水平面的夹角为 α,如图所示,物体与地面的摩擦因数为 μ,试问:(1) 为什么当 α 角过大时,无论 F 多大,物体都不能运动? (2) 要使物体匀速运动,F 应为多大? (3) 当物体刚好不能运动时,α 角的临界值为多大?

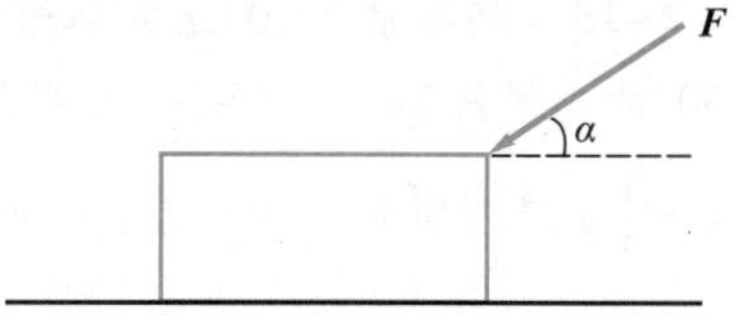

习题 2-7 图

2-8 以 200 N 水平推力推一个原来静止的小车,使它沿水平路面行驶了 5.0 m,若小车的质量为 100 kg,小车运动时的摩擦因数为 0.10,试用牛顿运动定律求小车的末速度.

2-9 图示一斜面,倾角为 α,底边 AB 长为 $l=2.1$ m,质量为 m 的物体从斜面顶端由静止开始向下滑动,斜面的摩擦因数为 $\mu=0.14$. 试问,当 α 为何值时,物体在斜面上下滑的时间最短? 其数值为多少?

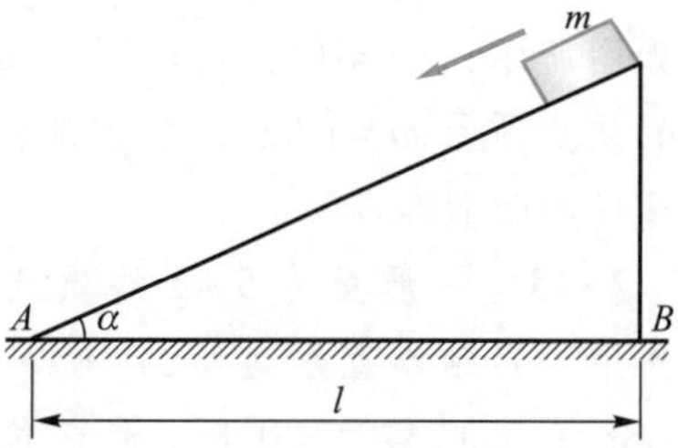

习题 2-9 图

2-10 一质量为 2 kg 的物体,作用于该物体的力 $F=6t$(SI 单位)(沿 x 正方向),设物体由静止从坐标原点出发沿 x 方向作直线运动,求:(1) 物体加速度;(2) 物体位移与时间的关系.

2-11 工地上有一吊车,将甲、乙两块混凝土预制板吊起送至高空. 甲混凝

土块质量为 $m_1=2.00\times10^2$ kg，乙混凝土块质量为 $m_2=1.00\times10^2$ kg. 设吊车、框架和钢丝绳的质量不计. 试求下述两种情况下，钢丝绳所受的张力以及乙混凝土块对甲混凝土块的作用力：(1) 两物块以 $10.0\ \mathrm{m\cdot s^{-2}}$ 的加速度上升；(2) 两物块以 $1.0\ \mathrm{m\cdot s^{-2}}$ 的加速度上升. 从本题的结果，你能体会到起吊重物时必须缓慢加速的道理吗？

2-12 如图所示，在一倾角 $\alpha=30°$ 的固定光滑斜面上，质量为 $m_1=400$ g 和 $m_2=200$ g 的两物体经动滑轮 Q、定滑轮 P 相连，物体 m_1 与斜面间无摩擦，斜面上的绳子与斜面平行，若绳子的长度不变，绳子、滑轮的质量以及滑轮轴承的摩擦力均可忽略不计，求 m_2 的加速度和各段绳子的张力.

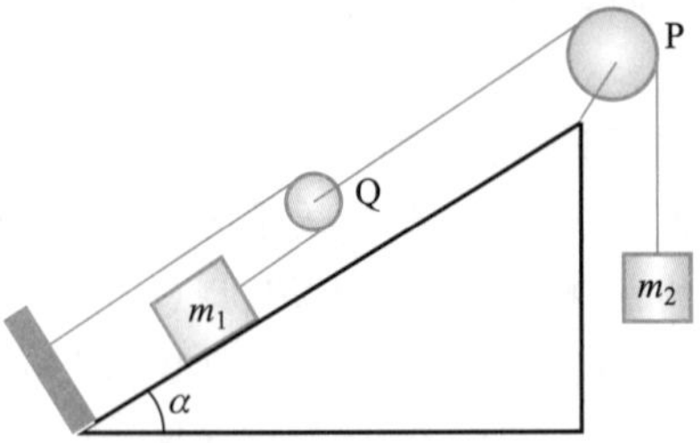

习题 2-12 图

2-13 质量为 m' 的长平板以速度 v' 在光滑平面上作直线运动，现将质量为 m 的木块轻轻平稳地放在长平板上，板与木块之间的滑动摩擦因数为 μ，求木块在长平板上滑行多远才能与板取得共同速度.

2-14 在一只半径为 R 的半球形碗内，有一粒质量为 m 的小钢球，当小球以角速度 ω 在水平面内沿碗内壁作匀速圆周运动时，它距碗底有多高？

2-15 将质量为 10 kg 的小球挂在倾角 α 为 30°的光滑斜面上，如图所示. 当斜面以加速度 $a=\dfrac{1}{3}g$ 沿图所示方向运动时，求：(1) 绳的张力及小球对斜面的压力；(2) 当斜面的加速度到多大时，小球对斜面的压力为零.

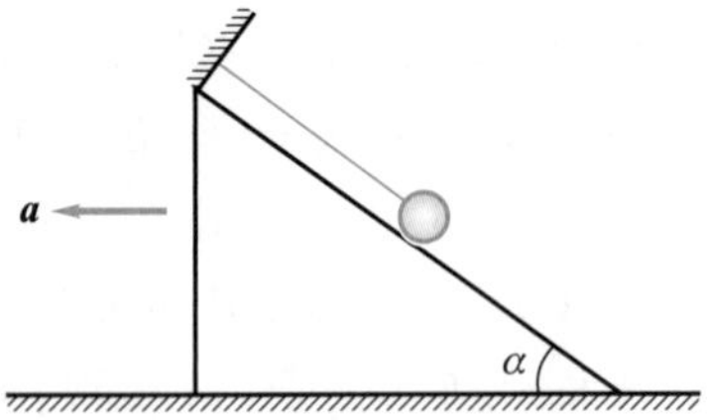

习题 2-15 图

2-16 一力作用在质量为 2 kg 的质点上，质点沿 x 方向运动. 已知质点的位置随时间的变化关系为 $x=3t-4t^2+t^3$ (SI 单位). 求：(1) 质点在该力作用下产生的加速度；(2) 该作用力随时间的函数关系.

2-17 一质点沿 x 轴运动，其所受的力如图所示，设 $t=0$ 时，$v_0=5\ \mathrm{m\cdot s^{-1}}$，$x_0=2$ m，质点质量 $m=1$ kg，试求该质点 7 s 末的速度和位置坐标.

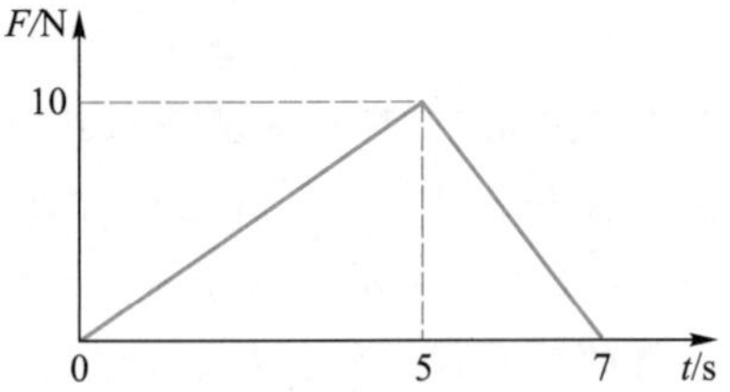

习题 2-17 图

2-18 一质量为 5 kg 的质点在力 F 的作用下沿轴作直线运动，已知 $F=100t+50$ (SI 单位)，在 $t=0$ 时，质点位于 $x=8.0$ m 处，其速度 $v_0=10.0\ \mathrm{m\cdot s^{-1}}$. 求质点在任意时刻的速度和位置.

2-19 轻型飞机连同驾驶员总质量为 1.00×10^3 kg. 飞机以 $55.0\ \mathrm{m\cdot s^{-1}}$ 的速率在水平跑道上着陆后，驾驶员开始制动，若阻力与时间成正比，比例系数 $\alpha=5.0\times10^2\ \mathrm{N\cdot s^{-1}}$，空气对飞机的升力不计，求：(1) 10 s 后飞机的速率；(2) 飞机着陆后 10 s 内滑行的距离.

2-20 一质量为 m 的物体静止在一水平平面上,物体与平面间存在摩擦.现将该平面一段慢慢抬起,形成一斜面.斜面与水平面成 θ 角,如图所示,分析物体受力,找出物体刚要开始滑动时斜面与水平面的夹角 θ_c(简称为临界角).

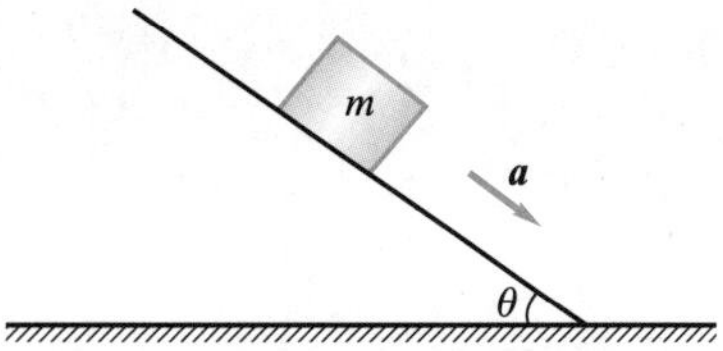

习题 2-20 图

2-21 一质量为 m 的小球从高为 h 的地方自由下落,落到一水池中,在水中除受浮力作用外,还受到水的阻力,该阻力的大小与速度成正比,即 $F_f=-kv$,k 为比例系数,假设小球的密度与水的密度大小相等,求:(1) 速度随时间变化的函数关系;(2) 小球落入水池的最大深度.

2-22 质量为 m 的物体,在 $F=F_0-kt$ 的外力作用下沿 x 轴运动,已知初始时刻物体处于坐标原点处,且初速度为零.求物体在任意时刻的加速度、速度、位移.

2-23 一质量为 m 的小球最初位于如图所示的 A 点,然后沿半径为 r 的光滑圆轨道 $ABCD$ 下滑.试求小球到达点 C 时的角速度和对圆轨道的作用力.

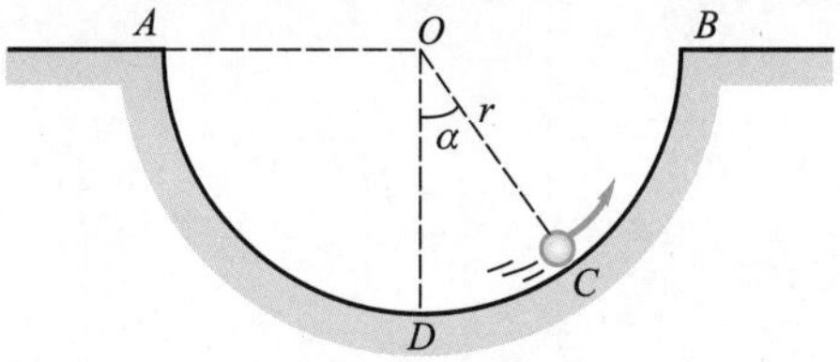

习题 2-23 图

2-24 光滑的水平桌面上放置一半径为 R 的固定圆环,物体紧贴环的内侧作圆周运动,其摩擦因数为 μ,开始时物体的速率为 v_0,求:(1) t 时刻物体的速率;(2) 当物体速率从 v_0 减少到 $\frac{1}{2}v_0$ 时,物体所经历的时间及经过的路程.

2-25 质量为 20.0 kg 的物体,由地面以初速度 80.0 m·s^{-1}竖直向上发射,物体受到空气的阻力为 $F_r=kv$,且 $k=0.04\ \mathrm{N/(m\cdot s^{-1})}$.求:(1) t 时刻物体的速度;(2) 物体发射到最大高度所需的时间;(3) 最大高度.

2-26 一物体自地球表面以速率 v_0 竖直上抛.假定空气对物体的阻力的值为 $F_r=kmv^2$,其中 m 为物体的质量,k 为常量.试求:(1) 该物体能上升的高度;(2) 物体返回地面时速度的值.(设重力加速度为常量.)

2-27 长为 L 的柔软链条,开始时静止于水平面 AB 上,其一端 D 至 B 的距离为 $L-d$,如图所示,余下部分放在倾角为 α 的光滑斜面上,水平面与链条之间的动摩擦因数为 μ,试求链条 D 端滑至 B 点时链条的速率.

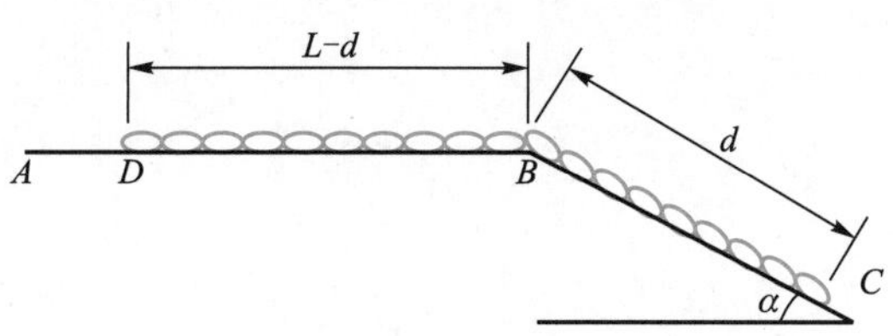

习题 2-27 图

第三章

动量守恒定律和能量守恒定律

在上一章中,牛顿第二定律表明,在外力作用下,质点获得加速度,运动状态要发生改变,这是力与作用效果之间的瞬时关系.然而力不仅作用于质点,更普遍的情况是作用于质点系. 此外,力作用于质点或者质点系往往会持续一段时间或者一段距离,这时候要考虑的重点不是力的瞬时作用,而是力对时间的累积作用和力对空间的累积作用. 在这两种累积作用下,质点或者质点系的动量、动能将发生变化或者转移.在一定条件下,质点系内的动量或者机械能将保持守恒.本章的主要讨论内容:质点和质点系的动量定理和动能定理,外力与内力、保守力与非保守力等概念,动量守恒定律、机械能守恒定律和能量守恒定律.

3.1 质点和质点系的动量定理

一、冲量 质点的动量定理

在上一章中,牛顿第二定律表述为

$$\boldsymbol{F}=\frac{\mathrm{d}\boldsymbol{p}}{\mathrm{d}t}=\frac{\mathrm{d}(m\boldsymbol{v})}{\mathrm{d}t}$$

上式可写为

$$\boldsymbol{F}\mathrm{d}t=\mathrm{d}\boldsymbol{p}=\mathrm{d}(m\boldsymbol{v})$$

在低速领域(物体运动速度 $v\ll c$)的牛顿力学范围内,质点的质量可以看成是不会改变的,故 $\mathrm{d}(m\boldsymbol{v})$ 可写成 $m\mathrm{d}\boldsymbol{v}$. 此外,一般说来,作用在质点上的力是随时间而改变的,即力是时间的函数,$\boldsymbol{F}=\boldsymbol{F}(t)$,于是对上式在时间间隔 $\Delta t=t_2-t_1$ 内积分:

$$\int_{t_1}^{t_2}\boldsymbol{F}(t)\,\mathrm{d}t=\boldsymbol{p}_2-\boldsymbol{p}_1=m\boldsymbol{v}_2-m\boldsymbol{v}_1 \tag{3-1}$$

式中 $\boldsymbol{v}_1$ 和 $\boldsymbol{p}_1$ 是质点在时刻 t_1 的速度和动量,$\boldsymbol{v}_2$ 和 $\boldsymbol{p}_2$ 是质点在时刻 t_2 的速度和动量. $\int_{t_1}^{t_2}\boldsymbol{F}(t)\mathrm{d}t$ 为力对时间的积分,称为力的冲量,用符号 $\boldsymbol{I}$ 表示. 式(3-1)表明,一段时间内,质点所受合外力的冲量等于这段时间内质点动量的增量. 这就是质点的动量定理.

冲量是矢量,是力持续作用一段时间的累积效果. 力越大,作用时间越长,冲量就越大,在国际单位制中,冲量的单位是 N · s(牛秒).

在碰撞、打击等过程中,两物体之间的相互作用力称为冲力. 因冲力作用时间很短,变化很大,很难知道 $\boldsymbol{F}(t)$ 的函数关系,因此常常引入平均冲力的概念. 令 $t=t_0+\Delta t$,则平均冲力的定义为

$$\overline{\boldsymbol{F}}=\frac{\int_{t_0}^{t}\boldsymbol{F}(t)\,\mathrm{d}t}{\Delta t}=\frac{\int_{t_0}^{t}\boldsymbol{F}(t)\,\mathrm{d}t}{t-t_0} \tag{3-2}$$

若一物体所受的冲力 $\boldsymbol{F}$ 方向恒定,其大小 F 与时间 t 的关系曲线如图 3-1

所示，则平均冲力 $\overline{F}$ 水平线下的矩形面积 $\overline{F}\Delta t$ 与实际冲力 $\boldsymbol{F}(t)$ 曲线下的面积 $\int_{t_2}^{t_2}\boldsymbol{F}(t)\,\mathrm{d}t$ 相等. 由式(3-2)知，力 $\boldsymbol{F}(t)$ 的冲量 $\boldsymbol{I}$，也可以表示为 $\boldsymbol{I}=\overline{\boldsymbol{F}}\Delta t$.

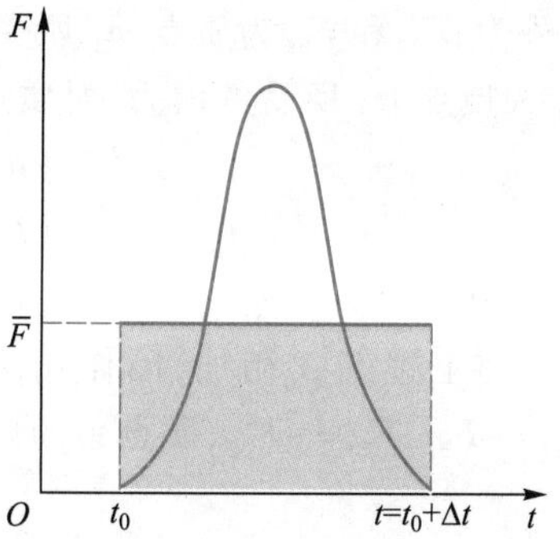

图 3-1　平均冲力

质点动量定理是矢量式，在直角坐标系中，其分量式为

$$\begin{cases} I_x=\int_{t_1}^{t_2}F_x\,\mathrm{d}t=mv_{2x}-mv_{1x} \\ I_y=\int_{t_1}^{t_2}F_y\,\mathrm{d}t=mv_{2y}-mv_{1y} \\ I_z=\int_{t_1}^{t_2}F_z\,\mathrm{d}t=mv_{2z}-mv_{1z} \end{cases} \tag{3-3}$$

质点在某一方向上的动量增量，仅与该质点沿该方向上所受外力的冲量有关.

例 3.1　如图 3-2 所示，质量为 m 的弹性小球与墙碰撞，碰撞前后小球速率均为 v，运动方向与墙的法线的夹角都为 α. 在碰撞时间内，小球所受重力可以忽略不计，求小球对墙的冲量.

解：以小球为研究对象，在碰撞过程中，小球受到墙的冲力作用. 设碰撞前后小球的速度分别为 v_1 和 v_2，选坐标系 Oxy 如图所示，按质点动量定理分量式：

$$I_x=mv_{2x}-mv_{1x}=mv\cos\alpha-m(-v\cos\alpha)=2mv\cos\alpha$$

$$I_y=mv_{2y}-mv_{1y}=mv\sin\alpha-mv\sin\alpha=0$$

墙对小球的冲量大小为 $2mv\cos\alpha$，方向沿 x 轴正方向，小球对墙的冲量与此大小相等，方向相反.

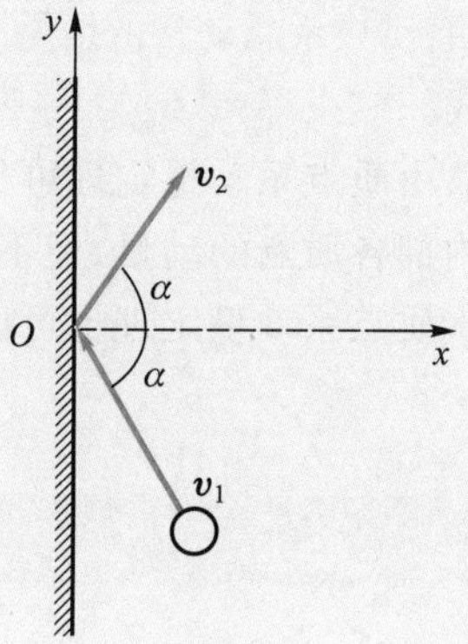

图 3-2

二、质点系的动量定理

上面我们讨论了质点的动量定理，然而在许多问题中还需要研究由多个质点构成的系统的动量变化与作用在这个系统的力之间的关系. 由若干个质点组成的系统，我们称为质点系，或简称为系统. 质点系外的物体对质点系内质点的作用力称为该质点系所受的外力. 质点系内部质点之间的相互作用力称为该质点系所受的内力. 如图 3-3 所示，设质点系由质量分别为 m_1、m_2 和 m_3 的三个质点系成，$\boldsymbol{F}_1$、$\boldsymbol{F}_2$ 和 $\boldsymbol{F}_3$ 分别为三个质点所受

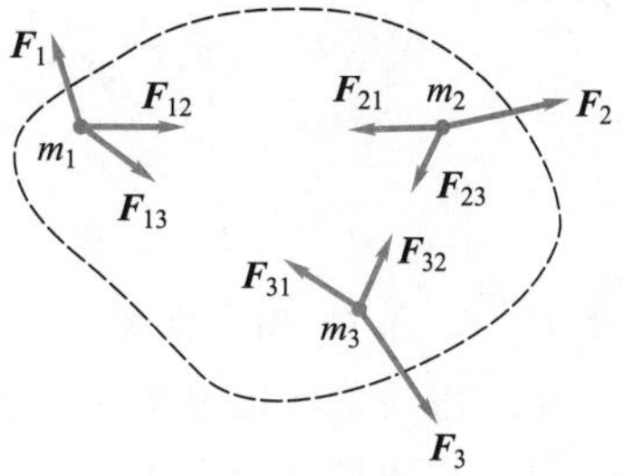

图 3-3

的外力;$\boldsymbol{F}_{12}$和$\boldsymbol{F}_{13}$为质点m_1所受的内力,$\boldsymbol{F}_{21}$和$\boldsymbol{F}_{23}$为质点m_2所受的内力,$\boldsymbol{F}_{31}$和$\boldsymbol{F}_{32}$为质点m_3所受的内力. 对质点系内每个质点应用质点动量定理:

$$(\boldsymbol{F}_1+\boldsymbol{F}_{12}+\boldsymbol{F}_{13})\mathrm{d}t=\mathrm{d}\boldsymbol{p}_1$$

$$(\boldsymbol{F}_2+\boldsymbol{F}_{21}+\boldsymbol{F}_{23})\mathrm{d}t=\mathrm{d}\boldsymbol{p}_2$$

$$(\boldsymbol{F}_3+\boldsymbol{F}_{31}+\boldsymbol{F}_{32})\mathrm{d}t=\mathrm{d}\boldsymbol{p}_3$$

将上述三式相加,因作用力与反作用力大小相等,方向相反,$\boldsymbol{F}_{12}=-\boldsymbol{F}_{21}$,$\boldsymbol{F}_{13}=-\boldsymbol{F}_{31}$,$\boldsymbol{F}_{23}=-\boldsymbol{F}_{32}$,质点系的内力相互抵消,故得

$$(\sum\boldsymbol{F}_i)\mathrm{d}t=\mathrm{d}(\sum\boldsymbol{p}_i)$$

以$\boldsymbol{F}$表示质点系所受的合外力$\sum\boldsymbol{F}_i$,以$\boldsymbol{p}$表示质点系的总动量$\sum\boldsymbol{p}_i$,上式可写为

$$\boldsymbol{F}\mathrm{d}t=\mathrm{d}\boldsymbol{p} \tag{3-4}$$

式(3-4)对t积分,得

$$\int_{t_0}^{t}\boldsymbol{F}\mathrm{d}t=\boldsymbol{p}-\boldsymbol{p}_0 \tag{3-5}$$

上式可以推广到任意多个质点组成的系统. 式(3-5)称为质点系动量定理,它表明:质点系总动量的增量等于合外力的冲量. 式(3-4)是质点系动量定理的微分形式.

由质点系动量定理可见,外力才能改变质点系的总动量,内力可以改变质点系内部各质点的动量,但不会改变质点系的总动量.

质点系动量定理也可以写成分量式,以便计算.

3.2 动量守恒定律

从式(3-5)可以看出,当系统所受合外力为零时,即$F^{\mathrm{ex}}=0$时,系统的总动量的增量亦为零,即$\boldsymbol{p}-\boldsymbol{p}_0=0$. 这时系统的总动量保持不变,即

$$\boldsymbol{p}=\sum_{i=1}^{n}m_i\boldsymbol{v}_i=\text{常矢量} \tag{3-6}$$

这就是动量守恒定律,它的表述为:当系统所受合外力为零时,系统的总动量将保持不变. 式(3-6)是动量守恒定律的矢量式,在直角坐标系中,其分量式为

$$p_x=\sum m_iv_{ix}=C_1 \quad (F_x^{\mathrm{ex}}=0)$$

$$p_y=\sum m_iv_{iy}=C_2 \quad (F_y^{\mathrm{ex}}=0)$$

$$p_z=\sum m_iv_{iz}=C_3 \quad (F_z^{\mathrm{ex}}=0)$$

式中C_1、C_2和C_3均为常量.

在应用动量守恒定律时应该注意以下几点:

(1) 在动量守恒定律中,系统的动量是守恒量或不变量. 由于动量是矢量,故系统的总动量不变是指系统内各物体动量的矢量和不变,而不是指其中某一

个物体的动量不变. 此外,各物体的动量还必须都相对于同一个惯性参考系.

(2) 系统的动量守恒定律是有条件的,这个条件就是系统所受的合外力必须为零. 然而,有时系统所受的合外力虽不为零,但与系统的内力相比较,外力远小于内力,这时可以忽略外力对系统的作用,认为系统的动量是守恒的. 像爆炸这类问题,一般都可以这样来处理,所以在爆炸过程的前后,系统的总动量可近似视为不变.

(3) 如果系统所受外力的矢量和并不为零,但合外力在某个坐标轴上的分矢量为零,此时,系统的总动量虽然不守恒,但在该坐标轴的分动量却是守恒的. 这一点对处理某些问题是很有用的.

(4) 动量守恒定律是物理学最普遍、最基本的定律之一. 动量守恒定律虽然是从表述宏观物体运动规律的牛顿运动定律导出的,但近代的科学实验和理论分析都表明:在自然界中,大到天体间的相互作用,小到质子、中子、电子等微观粒子间的相互作用都遵守动量守恒定律;而在原子、原子核等微观领域中,牛顿运动定律却是不适用的. 因此,动量守恒定律比牛顿运动定律更加基本,它与能量守恒定律一样,是自然界中最普遍、最基本的定律之一.

例 3.2 如图 3-4 所示,质量为 m、速度大小为 $v=200$ m/s 的导弹在空中爆炸,分裂为两块. 已知质量为 $\frac{m}{4}$ 的一块速度大小为 $v_1=400$ m/s,与导弹原飞行方向所成角度 $\alpha=\frac{\pi}{3}$. 求另一块的速度.

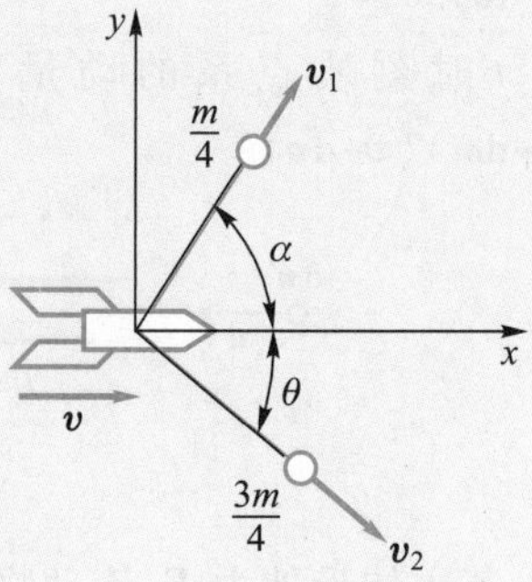

图 3-4

解: 以导弹为质点系,以地面为参考系,选坐标轴方向如图 3-4 所示. 质点系所受的外力只有重力,但因爆炸过程时间极短,内力(爆炸力)远大于重力,重力可忽略不计,因此,爆炸过程中质点系动量守恒. 设另一块的速度为 v_2,与导弹原飞行方向成 θ 角,

则:

$$\frac{m}{4}v_1\cos\alpha+\frac{3m}{4}v_2\cos\theta=mv$$

$$\frac{m}{4}v_1\sin\alpha-\frac{3m}{4}v_2\sin\theta=0$$

解得

$$v_2=\frac{1}{3}\sqrt{(4v-v_1\cos\alpha)^2+(v_1\sin\alpha)^2}$$

$$=\frac{1}{3}\sqrt{(4\times200-400\cos60^\circ)^2+(400\sin60^\circ)^2}\ \text{m/s}=231\ \text{m/s}$$

$$\theta=\arctan\left(\frac{v_1\sin\alpha}{4v-v_1\cos\alpha}\right)$$

$$=\arctan\left(\frac{400\sin60^\circ}{4\times200-400\cos60^\circ}\right)=30^\circ$$

*3.3 系统内质量移动问题 密歇尔斯基公式

一、密歇尔斯基公式

在有些问题中，由于质量的流动，我们所关心的研究对象（称为主体），其质量在不断变化. 例如，火箭在飞行中，不断向后喷出燃气，火箭的质量在不断减小；雨滴在过饱和水汽中降落时，水汽不断凝结到雨滴上，雨滴的质量在不断增大；握住静止于桌面上的一卷绳子的一端向上提起时，运动部分绳子的质量在不断增加. 上述事例都属于这类问题.

为了寻找主体的运动规律，我们先取主体和流动物一起所组成的质点系作为研究对象，在惯性系中对此质点系应用质点系动量定理.

如图 3-5 所示，设 t 时刻主体的质量为 m，速度为 $\boldsymbol{v}$，$\mathrm{d}t$ 时间内有质量为 $\mathrm{d}m$、速度为 $\boldsymbol{u}$ 的流动物加到主体上. $(t+\mathrm{d}t)$ 时刻主体的质量变为 $(m+\mathrm{d}m)$，速度变为 $(\boldsymbol{v}+\mathrm{d}\boldsymbol{v})$.

t 时刻质点系的动量为 $(m\boldsymbol{v}+\boldsymbol{u}\mathrm{d}m)$，$(t+\mathrm{d}t)$ 时刻质点系的动量为 $(m+\mathrm{d}m)(\boldsymbol{v}+\mathrm{d}\boldsymbol{v})$.

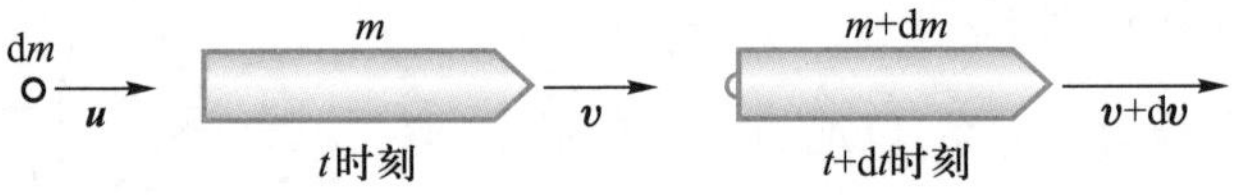

图 3-5 质量流动的质点系

若主体受外力 $\boldsymbol{F}$，流动物受外力 $\boldsymbol{F}'$，则根据质点系动量定理的微分形式有

$$\boldsymbol{F}+\boldsymbol{F}'=\frac{\mathrm{d}\boldsymbol{p}}{\mathrm{d}t}=\frac{(m+\mathrm{d}m)(\boldsymbol{v}+\mathrm{d}\boldsymbol{v})-(m\boldsymbol{v}+\boldsymbol{u}\mathrm{d}m)}{\mathrm{d}t} \tag{3-7}$$

在这一类问题中，流动物所受外力往往远小于主体所受外力，即 $F'\ll F$，F' 可以忽略. 上式经整理，并略去二阶无限小量后，可得

$$m\frac{\mathrm{d}\boldsymbol{v}}{\mathrm{d}t}=\boldsymbol{F}+\boldsymbol{v}'\frac{\mathrm{d}m}{\mathrm{d}t} \tag{3-8}$$

式(3-7)或式(3-8)就是主体运动方程，也称为密歇尔斯基公式. 公式中 m 为 t 时刻主体的质量，$\frac{\mathrm{d}\boldsymbol{v}}{\mathrm{d}t}$ 为 t 时刻主体的加速度，$\boldsymbol{v}'$ 为流动物即将加到主体上时相对主体的速度，$\boldsymbol{v}'=\boldsymbol{u}-\boldsymbol{v}$，$\frac{\mathrm{d}m}{\mathrm{d}t}$ 为主体质量随时间而增大的速度，$\boldsymbol{F}$ 为 t 时刻主体所受的合外力. 如果主体不断流出质量（如火箭），密歇尔斯基公式同样是适用的，只是公式中的 $\frac{\mathrm{d}m}{\mathrm{d}t}<0$，$\boldsymbol{v}'$ 表示流动物刚刚离开主体时相对主体的速度.

与牛顿第二定律比较，密歇尔斯基公式多了一项 $\boldsymbol{v}'\frac{\mathrm{d}m}{\mathrm{d}t}$. 这一项的物理意义是什么呢？现分析如下：

若以流动物 $\mathrm{d}m$ 为研究对象，$\mathrm{d}t$ 时间内它的动量增量为

$$\begin{aligned}\mathrm{d}\boldsymbol{p} &= (\boldsymbol{v}+\mathrm{d}\boldsymbol{v})\mathrm{d}m-\boldsymbol{u}\mathrm{d}m \\ &= (\boldsymbol{v}+\mathrm{d}\boldsymbol{v})\mathrm{d}m-(\boldsymbol{v}'+\boldsymbol{v})\mathrm{d}m=-\boldsymbol{v}'\mathrm{d}m\end{aligned}$$

按牛顿第二定律，主体对流动物 $\mathrm{d}m$ 的作用力为

$$\frac{\mathrm{d}\boldsymbol{p}}{\mathrm{d}t}=-\boldsymbol{v}'\frac{\mathrm{d}m}{\mathrm{d}t}$$

这个力的反作用力 $\boldsymbol{v}'\frac{\mathrm{d}m}{\mathrm{d}t}$就是流动物 $\mathrm{d}m$ 对主体的作用力. 当$\frac{\mathrm{d}m}{\mathrm{d}t}>0$，$\boldsymbol{v}'$方向与主体前进方向相同时，$\boldsymbol{v}'\frac{\mathrm{d}m}{\mathrm{d}t}$的方向与主体前进方向相同. 它是流动物对主体的推进力. 在火箭飞行中，$\frac{\mathrm{d}m}{\mathrm{d}t}<0$，$\boldsymbol{v}'$方向与主体前进方向相反，$\boldsymbol{v}'\frac{\mathrm{d}m}{\mathrm{d}t}$的方向与主体前进方向相同，它是喷气对火箭的反冲力，也就是火箭发动机的推力. 雨滴在饱和水汽中落下时，$\frac{\mathrm{d}m}{\mathrm{d}t}>0$，$\boldsymbol{v}'$方向与雨滴前进方向相反，故 $\boldsymbol{v}'\frac{\mathrm{d}m}{\mathrm{d}t}$的方向与雨滴的前进方向相反，它是水汽对雨滴的阻力.

二、火箭运动

现在分两种情况来讨论火箭的运动.

1. 在重力场中垂直发射

设初始质量为 m_0 的火箭在重力场中竖直发射，喷气速率（相对火箭）为 $\boldsymbol{v}'$，方向向下，如图 3-6 所示. 若空气阻力不计，火箭所受外力只有重力 mg，方向向下. 按密歇尔斯基公式：

$$m\frac{\mathrm{d}\boldsymbol{v}}{\mathrm{d}t}=m\boldsymbol{g}+\boldsymbol{v}'\frac{\mathrm{d}m}{\mathrm{d}t}$$

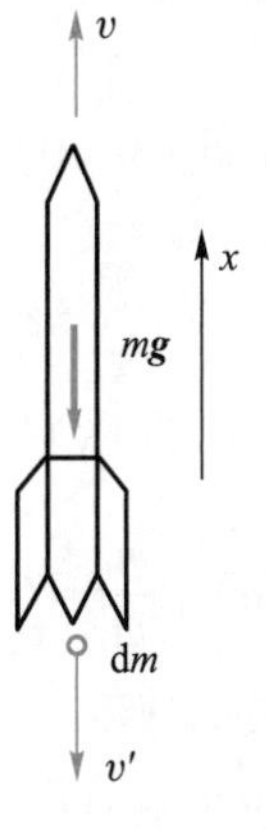

图 3-6　火箭飞行

以竖直向上为 x 轴的正方向，其分量式为

$$m\frac{\mathrm{d}v}{\mathrm{d}t}=(-mg)+(-v')\frac{\mathrm{d}m}{\mathrm{d}t}$$

分离变量然后积分，并代入初始条件：$t=0$ 时初速度为零，初始质量为 m_0，得任意时刻火箭的速度

$$v=v'\ln\frac{m_0}{m}-gt \tag{3-9}$$

2. 在不受外力情况下发射

当反冲力远大于重力时，重力可忽略不计. 由式(3-9)可知，这种情况下，在任意时刻 t，火箭的速度为

$$v=v'\ln\frac{m_0}{m} \tag{3-10}$$

飞行距离为

$$L=\int_0^t v\mathrm{d}t=\int_0^t v'\ln\frac{m_0}{m}\mathrm{d}t \tag{3-11}$$

上述两式说明,必须知道火箭质量 $m(t)$ 的函数关系,才能求出飞行速度 v 和飞行距离 L 随时间 t 而变化的规律,下面两种质量变化方式在实际和理论中应用较多:

第一种,每秒钟放出的质量为常量,m 可表示为

$$m=m_0(1-\alpha t) \tag{3-12}$$

式中,α 为常量,且 $\alpha t<1$. 将式(3-12)代入式(3-10),得

$$v=-v'\ln(1-\alpha t)$$

将式(3-12)代入式(3-11)并积分,得

$$L=\frac{v'}{\alpha}[(1-\alpha t)\ln(1-\alpha t)+\alpha t]$$

第二种,质量按指数规律变化,可表示为

$$m=m_0\mathrm{e}^{-\alpha t} \tag{3-13}$$

将式(3-13)代入式(3-10)和式(3-11)并积分,得

$$v=\alpha v't$$

$$L=\frac{\alpha v'}{2}t^2$$

知道了飞行速度和飞行距离随时间的变化规律,也就掌握了火箭的运动规律.

由式(3-10)可知,单级火箭的最后速度 v_f 为

$$v_\mathrm{f}=v'\ln\frac{m_0}{m_\mathrm{f}}$$

式中,m_f 为燃料烧完后的质量. 按目前的技术水平,v' 和 $\frac{m_0}{m_\mathrm{f}}$ 最大只有 $v'\approx$ 2 500 m/s,$\frac{m_0}{m_\mathrm{f}}\approx 6$,故最后只能达到 $v_\mathrm{f}\approx 4\ 500$ m/s,还达不到第一宇宙速度,要提高火箭的速度,可采用多级火箭.

几支火箭连接在一起就成为一支多级火箭. 若三级火箭从地面发射,忽略重力和空气阻力的影响. 设 $t=0$ 时,火箭速度为零,质量为 m_{10},第一级火箭点火,当第一级火箭的燃料烧尽时,火箭质量为 m_1,火箭速度为

$$v_1=v'\ln\frac{m_{10}}{m_1}$$

此时第一级火箭外壳自动脱落,火箭质量为 m_{20},第二级火箭点火,当第二级火箭的燃料烧尽时,火箭质量为 m_2,火箭速度为

$$v_2=v_1+v'\ln\frac{m_{20}}{m_2}$$

此时第二级火箭外壳自动脱落,火箭质量为 m_{30},第三级火箭点火,当第三

级火箭的燃料烧尽时,火箭质量为 m_3,火箭速度为

$$\begin{aligned} v_3 &= v_2 + v'\ln\frac{m_{30}}{m_3} \\ &= v'\ln\frac{m_{10}}{m_1} + v'\ln\frac{m_{20}}{m_2} + v'\ln\frac{m_{30}}{m_3} \\ &= v'\ln\left[\left(\frac{m_{10}}{m_1}\right)\left(\frac{m_{20}}{m_2}\right)\left(\frac{m_{30}}{m_3}\right)\right] \end{aligned}$$

若 $v'=2.5\times10^3$ m/s,$\frac{m_{10}}{m_1}=\frac{m_{20}}{m_2}=\frac{m_{30}}{m_3}=5$,则

$$v_3 = 12.1\times10^3 \text{ m/s}$$

即使考虑重力和空气阻力的影响,实际速度也可以超过第一宇宙速度.

3.4 功能定理

一、功

一质点在力的作用下沿路径 AB 运动,如图 3-7 所示,在力 $\boldsymbol{F}$ 的作用下质点发生位移元 $\mathrm{d}\boldsymbol{r}$,$\boldsymbol{F}$ 与 $\mathrm{d}\boldsymbol{r}$ 之间的夹角为 θ. 功定义为:力在位移方向的分量与该位移大小的乘积. 按此定义,力 $\boldsymbol{F}$ 所做的元功为

$$\mathrm{d}W = F\,|\mathrm{d}\boldsymbol{r}|\cos\theta \tag{3-13a}$$

如用 $\mathrm{d}s$ 表示 $|\mathrm{d}\boldsymbol{r}|$,即 $\mathrm{d}s=|\mathrm{d}\boldsymbol{r}|$,则上式也可以写成

$$\mathrm{d}W = F\mathrm{d}s\cos\theta \tag{3-13b}$$

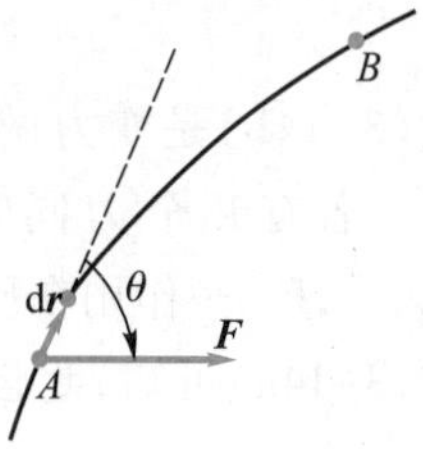

图 3-7　功的定义

从上式可以看出,当 $0°<\theta<90°$ 时,功为正值,即力对质点做正功;当 $90°<\theta<180°$ 时,功为负值,即力对质点做负功.

由于力 $\boldsymbol{F}$ 和位移 $\mathrm{d}\boldsymbol{r}$ 均为矢量,从矢量的标积定义,式(3-13a)等号右边为 $\boldsymbol{F}$ 与 $\mathrm{d}\boldsymbol{r}$ 的标积,即

$$\mathrm{d}W = F\,|\mathrm{d}\boldsymbol{r}|\cos\theta \tag{3-13c}$$

上式表明,虽然力和位移都是矢量,但它们的标积——功却是标量.

如果把式(3-13a)写成 $\mathrm{d}W=F(|\mathrm{d}\boldsymbol{r}|\cos\theta)$,那么功的定义也可以说成是:质点的位移在力的方向上的分量与力的大小的乘积. 这个叙述显然与前述功的定义是等效的. 在具体问题中采用哪一种叙述,视情况而定.

若有一质点沿如图 3-8(a)所示的路径由点 A 运动到点 B,而在这过程中作用于质点上的力的大小和方向都在改变. 为求得在这过程中变力所做的功,我们把路径分成很多段的多个位移元,使得在这些位移元里,力可近似看成是不变的. 于是,质点从点 A 移到点 B 的过程中,变力所做的功应等于力在每段位移元上所做元功的代数和,即

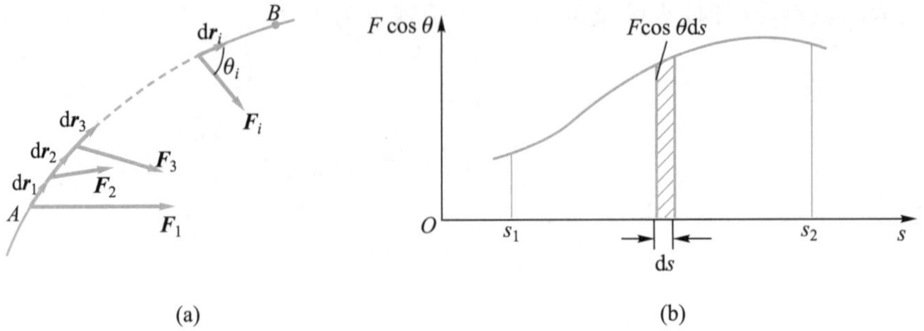

图 3-8 变力的功

$$W=\int dW=\int_A^B \boldsymbol{F}\cdot d\boldsymbol{r}=\int_A^B F\cos\theta ds \tag{3-14a}$$

上式是变力做功的表达式.

功常用图示法来计算,如图 3-8(b)所示,图中的曲线表示 $F\cos\theta$ 随路径变化的函数关系,曲线下面的面积等于变力所做功的代数值.

在直角坐标系中,$\boldsymbol{F}$ 和 $d\boldsymbol{r}$ 都是坐标 x、y、z 的函数,即

$$\boldsymbol{F}=F_x\boldsymbol{i}+F_y\boldsymbol{j}+F_z\boldsymbol{k}$$

$$d\boldsymbol{r}=dx\boldsymbol{i}+dy\boldsymbol{j}+dz\boldsymbol{k}$$

因此式(3-14a)亦可写为

$$W=\int_A^B \boldsymbol{F}\cdot d\boldsymbol{r}=\int_A^B (F_x dx+F_y dy+F_z dz) \tag{3-14b}$$

式(3-14b)是变力做功的另一数学表达式,它与式(3-14a)是等同的.

若有几个力同时作用在质点上,它们所做的功是多少呢?设有 $\boldsymbol{F}_1$,$\boldsymbol{F}_2$,$\boldsymbol{F}_3$,…,$\boldsymbol{F}_i$,…作用在质点上,它们的合力为 $\boldsymbol{F}=\boldsymbol{F}_1+\boldsymbol{F}_2+\boldsymbol{F}_3+\cdots+\boldsymbol{F}_i+\cdots$. 由功的定义式(3-14a)可知,此合力所做的功为

$$W=\int \boldsymbol{F}\cdot d\boldsymbol{r}=\int(\boldsymbol{F}_1+\boldsymbol{F}_2+\boldsymbol{F}_3+\cdots+\boldsymbol{F}_i+\cdots)\cdot d\boldsymbol{r}$$

由矢量标积的分配率,上式为

$$W=\int \boldsymbol{F}\cdot d\boldsymbol{r}=\int \boldsymbol{F}_1\cdot d\boldsymbol{r}+\int \boldsymbol{F}_2\cdot d\boldsymbol{r}+\int \boldsymbol{F}_3\cdot d\boldsymbol{r}+\cdots+\int \boldsymbol{F}_i\cdot d\boldsymbol{r}+\cdots$$

即

$$W=W_1+W_2+W_3+\cdots+W_i+\cdots \tag{3-15}$$

式(3-15)表明,合力对质点所做的功,等于每个分力所做功的代数和.

在国际单位制中,力的单位是 N,位移的单位是 m,所以功的单位是 N · m,我们把这个单位称为焦耳(Joule),简称焦,符号为 J.

功随时间的变化率称为功率,用 P 表示,则

$$P=\frac{dW}{dt}$$

利用式(3-13a),可得

$$P=\frac{dW}{dt}=\boldsymbol{F}\cdot\frac{d\boldsymbol{r}}{dt}=\boldsymbol{F}\cdot\boldsymbol{v} \tag{3-16}$$

在国际单位制中,功率的单位名称为瓦特(Watt),简称瓦,符号为 W,1 kW = 10^3 W.

例 3.3 一质量为 m 的小球竖直落入水中,刚接触水面时其速率为 v_0,设此球在水中所受的浮力与重力相等,水的阻力为 $F_r=-bv$,b 为一常量,求阻力对球做功与时间的函数关系.

解: 由于阻力随球的速率而变化,故本题属变力做功问题. 取水面上某点为坐标原点 O,竖直向下的轴为 Ox 轴正向. 由功的定义可知

$$W=\int \boldsymbol{F}\cdot \mathrm{d}\boldsymbol{r}=\int -bv\mathrm{d}x=-\int bv\frac{\mathrm{d}x}{\mathrm{d}t}\mathrm{d}t$$

即

$$W=-\int bv^2\mathrm{d}t \tag{1}$$

又由于仅在阻力下,物体下落速度和时间的关系为

$$v=v_0\mathrm{e}^{-\frac{b}{m}t} \tag{2}$$

m 是下落物体的质量,在这里就是球的质量. 将式(2)代入式(1),有

$$W=-bv_0^2\int \mathrm{e}^{-\frac{2b}{m}t}\mathrm{d}t$$

如以小球刚落入水面时为计时起点,即 $t_0=0$,那么上式的积分为

$$W=-bv_0^2\int_0^t \mathrm{e}^{-\frac{2b}{m}t}\mathrm{d}t=-bv_0^2\left(-\frac{m}{2b}\right)\left(\mathrm{e}^{-\frac{2b}{m}t}-1\right)$$

即

$$W=-bv_0^2\int_0^t \mathrm{e}^{-\frac{2b}{m}t}\mathrm{d}t=\frac{1}{2}mv_0^2\left(\mathrm{e}^{-\frac{2b}{m}t}-1\right)$$

二、质点的动能定理

下面我们讨论力对空间累积作用的效果,从而得出力对质点做功与其动能变化之间的联系.

如图 3-9 所示,一质量为 m 的质点在合力 $\boldsymbol{F}$ 作用下,自点 A 沿曲线移动到点 B,它在点 A 和点 B 的速率分别为 v_1 和 v_2. 设作用在位移元 $\mathrm{d}\boldsymbol{r}$ 上的合力 $\boldsymbol{F}$ 与 $\mathrm{d}\boldsymbol{r}$ 之间的夹角为 θ,由式(3-13)可得,合力 $\boldsymbol{F}$ 对质点所做的元功为

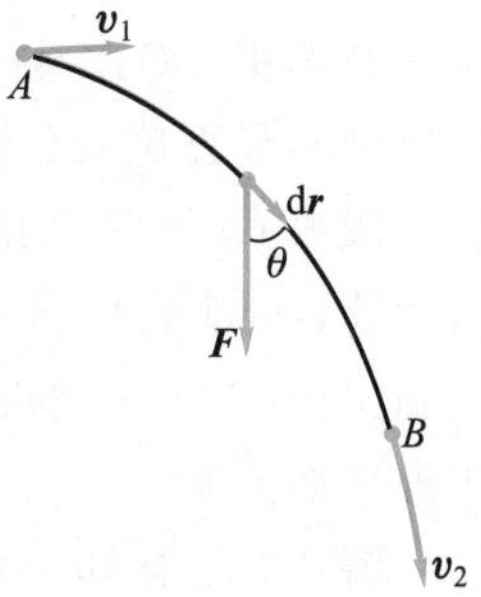

图 3-9 动能定理

$$\mathrm{d}W=\boldsymbol{F}\cdot \mathrm{d}\boldsymbol{r}=F\cos\theta\,|\mathrm{d}\boldsymbol{r}|$$

由牛顿第二定律及切向加速度 a_t 的定义,有

$$F\cos\theta=ma_t=m\frac{\mathrm{d}v}{\mathrm{d}t}$$

考虑到 $|\mathrm{d}r|=\mathrm{d}s$,而 $\mathrm{d}s=v\mathrm{d}t$,可得

$$\mathrm{d}W=m\frac{\mathrm{d}v}{\mathrm{d}t}\mathrm{d}s=mv\mathrm{d}v$$

于是,质点自点 A 移动到点 B 这一过程中,合力所做的功为

$$W=\int_{v_1}^{v_2} mv\mathrm{d}v=\frac{1}{2}mv_2^2-\frac{1}{2}mv_1^2 \tag{3-17a}$$

上式表明合力对质点做功的结果,使得$\frac{1}{2}mv^2$ 这个量获得了增量,而$\frac{1}{2}mv^2$ 是与质点的运动状态有关的参量,称为质点的动能,用 E_k 表示,即

$$E_k=\frac{1}{2}mv^2$$

这样,$E_{k1}=\frac{1}{2}mv_1^2$ 和 $E_{k2}=\frac{1}{2}mv_2^2$ 分别表示质点在起始和末位置时的动能,式(3-17a)可以写成

$$W=E_{k2}-E_{k1} \tag{3-17b}$$

上式表明,合力对质点所做的功,等于质点动能的增量.这个结论就称为质点的动能定理.E_{k1}称为初动能,E_{k2}称为末动能.

关于质点的动能定理还应说明以下两点.

(1) 功与动能之间的联系和区别:只有力对质点做功,才能使质点的动能发生变化,功是能量变化的量度.由于功是在力作用下质点的位置移动过程相联系的,故功是一个过程量.而动能则是取决于质点的运动状态的,故它是运动状态的函数.

(2) 与牛顿第二定律一样,动能定理也适用于惯性系.此外,在不同的惯性系中,质点的位移和速度都是不同的,因此,功和动能依赖于惯性系的选取.但对于不同的惯性系,动能定理的形式相同.

动能的单位和量纲与功的单位和量纲相同.

一般情况下,应用动能定理时需要计算力的积分,必须知道质点的运动路径,然而在大多情况下,这往往是很困难的.我们发现,有些力的积分结果与积分路径无关,只与质点的始末位置有关,这些力就是我们下一节要介绍的保守力.

例 3.4 如图 3-10 所示,水平外力 P 把单摆从竖直位置(平衡位置)O 点拉到与竖直线成 θ_0 角的位置.试计算力对摆球所做的功(摆球的质量 m 与摆线的长度 l 为已知,且在拉小球的过程中每一位置都处于准平衡态).

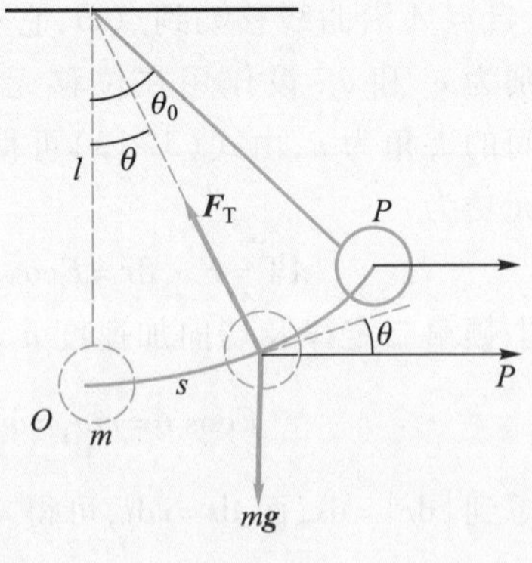

图 3-10

解: 由题意知小球在任一位置都处于准平衡态,其平衡方程可表示为

水平方向 $P-F_T\sin\theta=0$

竖直方向 $F_T\cos\theta-mg=0$

可得 $P=mg\tan\theta$ (变力)

当小球在 θ 位置处沿圆弧作位移元 $\mathrm{d}\boldsymbol{r}$ 时,力 P 所作的元功为

$$dW = \boldsymbol{P} \cdot d\boldsymbol{r} = P dr\cos\theta = P\cos\theta l d\theta = mgl\sin\theta d\theta$$

单摆在 θ 从 0 到 θ_0 的过程中拉力 P 所做的功为

$$W = \int dW = \int_0^{\theta_0} mgl\sin\theta d\theta = mgl(1-\cos\theta_0)$$

3.5 保守力与非保守力　势能

上一节我们介绍了机械运动中的动能. 本节将介绍机械运动中的另一种能量——势能. 我们将从万有引力、弹性力以及摩擦力等力做功的特点出发,引出保守力和非保守力的概念以及相应的势能.

一、万有引力和弹性力做功的特点

1. 万有引力做功

如图 3-11 所示,有两个质量为 m 和 m' 的质点,其中质点 m' 固定不动,m 沿任一路径由点 A 运动到点 B. 如果取 m' 的位置作为坐标原点 O,那么 A、B 两点对 m' 的距离分别为 r_A 和 r_B,设在某一时刻质点 m 距质点 m' 的距离为 r,其位矢为 $\boldsymbol{r}$,这时质点 m 受到质点 m' 的万有引力为

$$F = -G\frac{m'm}{r^2}\boldsymbol{e}_r$$

$\boldsymbol{e}_r$ 为沿位矢 $\boldsymbol{r}$ 的单位矢量,当 m 沿路径移动位移元 $d\boldsymbol{r}$ 时,万有引力做的功为

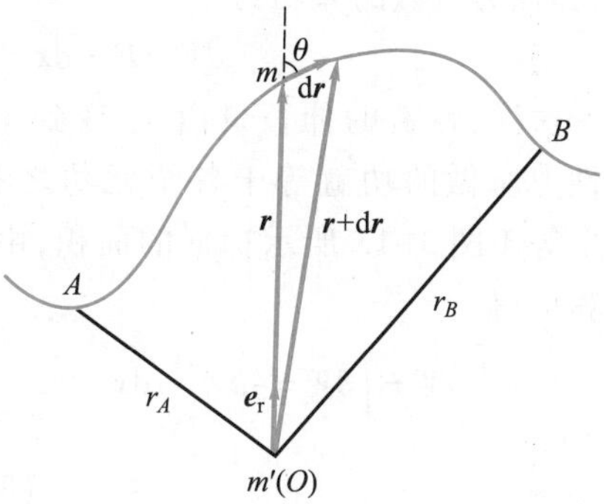

图 3-11　万有引力做功

$$dW = \boldsymbol{F} \cdot d\boldsymbol{r} = -G\frac{m'm}{r^2}\boldsymbol{e}_r \cdot d\boldsymbol{r}$$

从图 3-11 可以看出

$$\boldsymbol{e}_r \cdot d\boldsymbol{r} = |\boldsymbol{e}_r||d\boldsymbol{r}|\cos\theta = |d\boldsymbol{r}|\cos\theta = dr$$

于是

$$dW = -G\frac{m'm}{r^2}dr$$

所以,质点 m 从点 A 沿任一路径到达点 B 的过程中,万有引力所做的功:

$$W = \int_A^B dW = -Gm'm\int_{r_A}^{r_B}\frac{1}{r^2}dr$$

即

$$W = Gm'm\left(\frac{1}{r_A} - \frac{1}{r_B}\right) \tag{3-18}$$

上式表明,质点的质量 m' 和 m 给定时,万有引力做的功只取决于质点 m 的始末

位置(r_A 和 r_B),而与所经过的路径无关. 这是万有引力做功的一个重要特点.

2. 弹性力做功

图 3-12 所示是一放置在光滑平面上的弹簧,弹簧的一端固定,另一端与质量为 m 的物体相连接. 当弹簧在水平方向不受外力作用时,它将不发生形变,此时物体位于点 O(即位于 $x=0$ 处),这个位置称为平衡位置. 现以平衡位置 O 为坐标原点,向右为 Ox 轴正向.

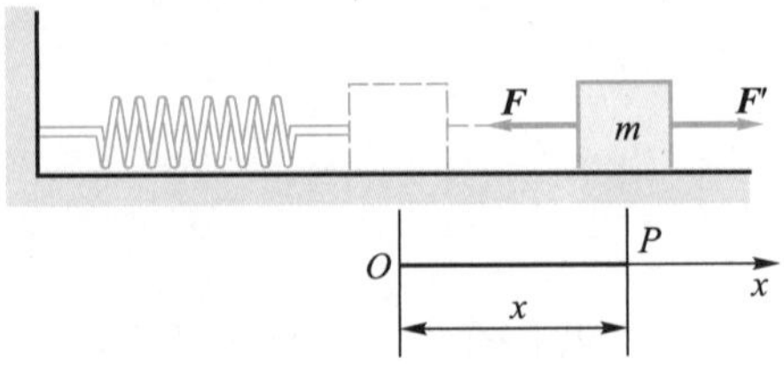

图 3-12 弹簧的伸长

若物体受到沿 Ox 轴正向的外力 $\boldsymbol{F}'$作用,弹簧将沿着 Ox 轴正向被拉长,弹簧的伸长量为 x. 根据胡克定律,在弹性范围内,弹簧的弹性力 $\boldsymbol{F}$ 与弹簧的伸长量 x 之间的关系为

$$\boldsymbol{F}=-k\boldsymbol{x}$$

式中 k 称为弹簧的劲度系数. 在弹簧被拉长的过程中,弹性力是变力(图 3-13). 但弹簧的位移为 $\mathrm{d}\boldsymbol{x}$ 时的弹性力 $\boldsymbol{F}$ 可近似看成是不变的. 于是,弹簧位移为 $\mathrm{d}\boldsymbol{x}$ 时,弹性力所做的元功为

$$\mathrm{d}W=\boldsymbol{F}\cdot\mathrm{d}\boldsymbol{x}=-kx\boldsymbol{i}\cdot\mathrm{d}x\boldsymbol{i}=-kx\mathrm{d}x$$

这样,弹簧的伸长量由 x_1 变到 x_2 时,弹性力所做的功就等于各个元功之和,数值上等于图 3-13 所示梯形的面积,由积分计算可得

$$W=\int\mathrm{d}W=-k\int_{x_1}^{x_2}x\mathrm{d}x$$

$$W=-\left(\frac{1}{2}kx_2^2-\frac{1}{2}kx_1^2\right) \qquad (3-19)$$

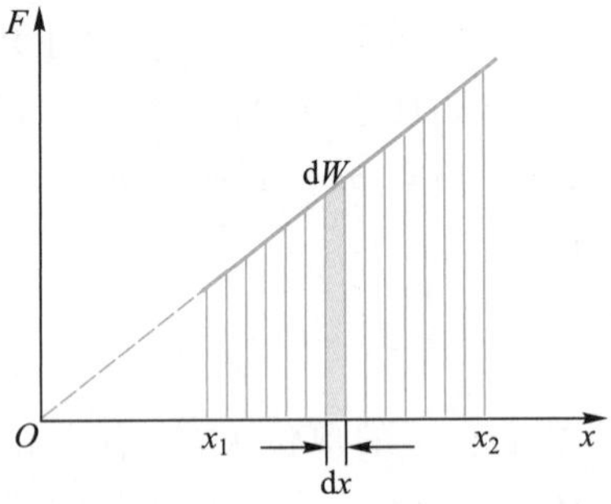

图 3-13 弹性力做的功

从式(3-19)可以看出,对在弹性限度内具有给定劲度系数的弹簧而言,弹性力所做的功只由弹簧的始末位置(x_1 和 x_2)决定,与弹性形变的过程无关. 这一特点与万有引力做功的特点是相同的.

这里所用的弹簧弹性系统,虽然是弹性系统当中的特例,但上述结论适用于各种弹性力作用的系统.

二、保守力与非保守力

从上述对万有引力和弹性力做功的讨论中我们可以看出,它们所做的功仅与受力质点的始末位置有关,而与质点所经过的路径无关. 我们把具有这种特点的力称为保守力. 除了上面讨论过的万有引力和弹性力以外,电荷间相互作用的库仑力也是保守力.

如图 3-14(a)所示,设一质点在保守力 $\boldsymbol{F}$ 的作用下自点 A 沿路径 ACB 到达

点 B,或沿路径 ADB 到达点 B. 根据保守力做功与路径无关的特点,有

$$W_{ACB}=W_{ADB}=\int_{ACB}\boldsymbol{F}\cdot\mathrm{d}\boldsymbol{r}=\int_{ADB}\boldsymbol{F}\cdot\mathrm{d}\boldsymbol{r}$$

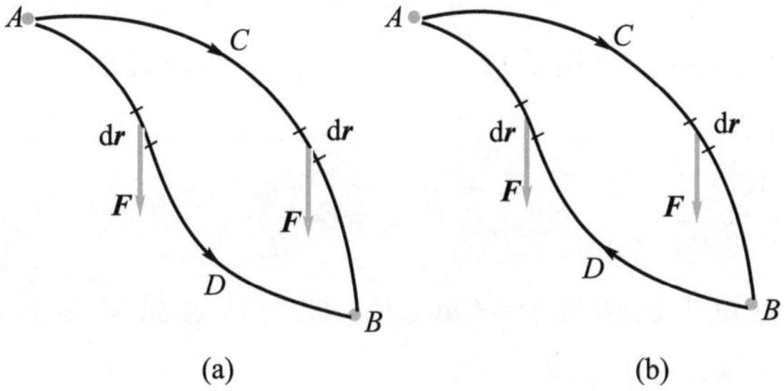

图 3-14 保守力做功

显然,此积分结果只是 A、B 两点位置的函数,如果质点沿如图 3-12(b)的 $ACBDA$ 闭合路径运动一周时,保守力对质点做的功为

$$W=\oint_{l}\boldsymbol{F}\cdot\mathrm{d}\boldsymbol{r}=\int_{ACB}\boldsymbol{F}\cdot\mathrm{d}\boldsymbol{r}+\int_{BDA}\boldsymbol{F}\cdot\mathrm{d}\boldsymbol{r}$$

由于

$$\int_{BDA}\boldsymbol{F}\cdot\mathrm{d}\boldsymbol{r}=-\int_{ADB}\boldsymbol{F}\cdot\mathrm{d}\boldsymbol{r}$$

所以

$$W=\oint_{l}\boldsymbol{F}\cdot\mathrm{d}\boldsymbol{r}=\int_{ACB}\boldsymbol{F}\cdot\mathrm{d}\boldsymbol{r}-\int_{ADB}\boldsymbol{F}\cdot\mathrm{d}\boldsymbol{r}=0$$

上式表明,质点沿任意闭合路径运动一周时,保守力对它所做的功为零.

$W=\oint_{l}\boldsymbol{F}\cdot\mathrm{d}\boldsymbol{r}=0$ 是反映保守力做功特点的数学表达式. 也可作为保守力的判别条件.

然而,在物理学中并非所有的力都具有做功与路径无关这一特点,例如常见的摩擦力,它所做的功就与路径有关,路径越长,摩擦力所做的功也就越大. 显然摩擦力不具备保守力做功的特点. 这类型的力还有很多,比如磁场对电流作用的安培力做功就与路径有关,我们把这种做功与路径有关的力称为非保守力. 摩擦力就是一种非保守力.

三、势能

从上面的讨论中,我们知道这些保守力做功均只与质点的始末位置有关,为此,可以引入势能概念. 我们把与质点位置相关的能量称为质点的势能,用符号 E_{p} 表示. 万有引力和弹性力的势能分别为

引力势能 $$E_{\mathrm{p}}=-G\frac{m'm}{r} \tag{3-20a}$$

弹性势能 $$E_{\mathrm{p}}=\frac{1}{2}kx^{2} \tag{3-20b}$$

质点在地球表面附近距离地面高度为 y 时,具有的引力势能称为重力势能,

其值为 $E_p=mgy$. 它可由式(3-20a)求得. 由(3-20a)可知,质点在距离地球表面为 y 处的引力势能与在地球表面上的引力势能之差为

$$E_{p,R_E+y}-E_{p,R_E}=-Gmm_E\left(\frac{1}{R_E+y}-\frac{1}{R_E}\right)=-Gmm_E\frac{y}{R_E(R_E+y)}$$

式中 R_E 和 m_E 为地球的半径和质量. 由于质点位于地球表面附近,有 $R_E(R_E+y)\approx R_E^2$,上式可近似写为

$$E_{p,R_E+y}-E_{p,R_E}=G\frac{mm_E}{R_E^2}y$$

由于地球表面附近重力加速度 $g=Gm_E/R_E^2$,取地球表面作为重力势能为零的参考点,即 $E_{p,R_E+y}=mgy$,一般写成

$$E_p=mgy \tag{3-20c}$$

因此,对重力做功,一般也可写为

$$W=-(mgy_2-mgy_1)$$

式中 y_1 和 y_2 分别为初位置点和末位置点距离地面的高度.

对于上述保守力做功与相应势能变化,可统一写为

$$W=-(E_{p2}-E_{p1})=-\Delta E_p$$

即保守力对质点所做的功等于质点势能增量的负值.

为了加深对势能的理解,我们再作一些讨论.

(1) 势能是状态的函数. 在保守力作用下,只要质点的始末位置确定,保守力所做的功也就确定了,与所经过的路径无关. 所以说,势能是坐标的函数,亦即是状态的函数,即 $E_p=E_p(x,y,z)$.

(2) 势能的相对性. 势能的值与势能的零点选取有关. 一般选地面的重力势能为零,引力势能的零点取在无穷远处,水平放置的弹簧处于平衡位置时,其弹性势能为零. 当然,势能零点也可以任意选取,选取不同的势能零点,物体的势能就将具有不同的值. 所以,通常说势能具有相对意义,但也应当注意,任意两点间的势能之差却是具有绝对性的.

(3) 势能是属于系统的. 势能是由于系统内各个物体间具有保守力作用而产生的,因而它是属于系统的,单独谈单个质点的势能是没有意义的. 应当注意,在平常叙述时,常将地球与质点系统的重力势能说成是质点的,这只是为了叙述上的简便,其实它是属于地球和质点系统的. 至于质点的引力势能和弹性势能,也都是这样.

四、势能曲线

从上述讨论可以看出,当坐标系和势能零点一旦确定后,质点的势能便仅仅是坐标的函数,即 $E_p=E_p(x,y,z)$,按此函数画出的势能随坐标变化的曲线,称为势能曲线. 图 3-15 是重力势能的势能曲线,该曲线是一条直线,图 3-16 是弹性势能的势能曲

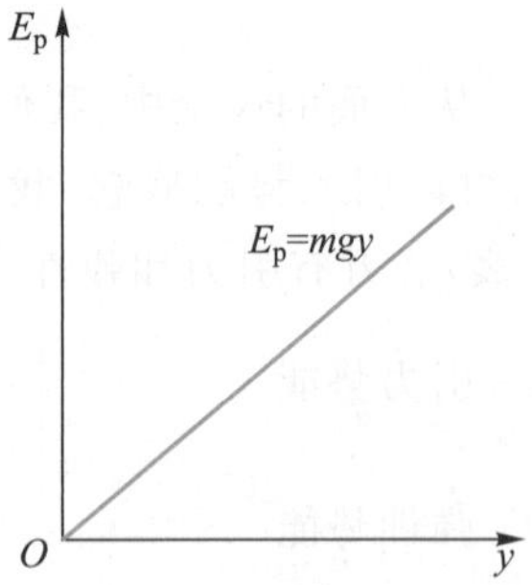

图 3-15 重力势能曲线

线,该曲线是一条通过原点的抛物线,原点为平衡位置,其势能为零,它是弹性势能的最小值. 图 3-17 是万有引力势能的势能曲线,是一条双曲线. 从图中可见,当 $r\to\infty$ 时,引力势能趋于零,这与前面规定在无限远处万有引力势能为零是一致的.

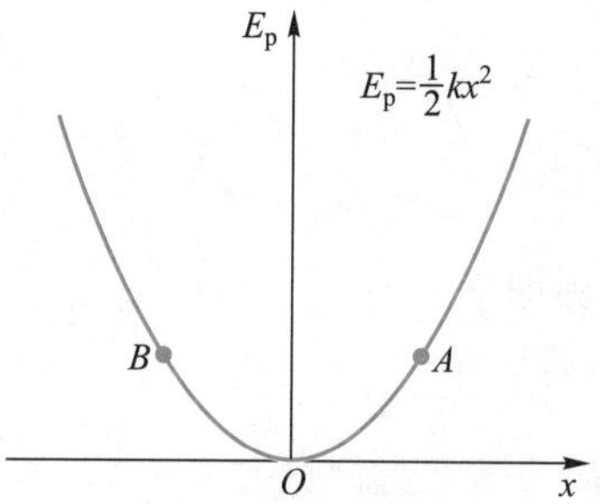

图 3-16 弹性势能曲线

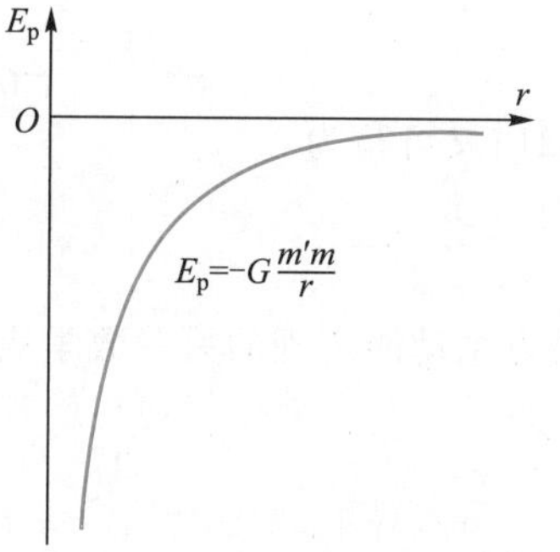

图 3-17 万有引力势能曲线

3.6 功能原理 机械能守恒定律

前面我们讨论了质点机械运动的能量——动能和势能,以及合力对质点做功引起质点动能改变的动能定理. 可是,在许多实际问题中,我们需要研究由许多质点构成的系统. 这时系统内的质点,既受到系统内各质点之间相互作用的内力,又可能受到系统外的质点对系统内质点作用的外力.

一、质点系的动能定理

设一系统内有 n 个质点,作用于各个质点的力所做的功分别为:W_1,W_2,W_3,…,使各质点由初动能 E_{k10},E_{k20},E_{k30},…改变为末动能 E_{k1},E_{k2},E_{k3},…,由质点的动能定理可得

$$W_1=E_{k1}-E_{k10}$$
$$W_2=E_{k2}-E_{k20}$$
$$W_3=E_{k3}-E_{k30}$$
$$\cdots\cdots\cdots\cdots$$

将以上各式相加,有

$$\sum_{i=1}^{n}W_i=\sum_{i=1}^{n}E_{ki}-\sum_{i=1}^{n}E_{ki0} \tag{3-21}$$

式中 $\sum_{i=1}^{n}E_{ki0}$ 是系统内 n 个质点的初动能之和,$\sum_{i=1}^{n}E_{ki}$ 是这些质点的末动能之和,$\sum_{i=1}^{n}W_i$ 则是作用在 n 个质点上的力所做的功之和. 因此,上式的物理意义是:作用于质点系的力所做的功,等于该质点系的动能增量. 这称为质点系的动量定理.

系统内的质点所受的力，既有来自系统外的外力，也有来自系统内各质点间相互作用的内力，因此，作用于质点系的力所做的功 $\sum_{i=1}^{n} W_i$ 是所有外力对质点系所做的功 $\sum W_i^{\mathrm{ex}} = W^{\mathrm{ex}}$ 与质点系内所有内力所做的功 $\sum W_i^{\mathrm{in}} = W^{\mathrm{in}}$ 之和，即

$$\sum_{i=1}^{n} W_i = \sum_{i=1}^{n} W_i^{\mathrm{ex}} + \sum_{i=1}^{n} W_i^{\mathrm{in}} = W^{\mathrm{ex}} + W^{\mathrm{in}}$$

式(3-21)又可写为

$$W^{\mathrm{ex}} + W^{\mathrm{in}} = \sum_{i=1}^{n} E_{\mathrm{k}i} - \sum_{i=1}^{n} E_{\mathrm{k}i0} \tag{3-22}$$

这是质点系动能定理的另一数学表达式，它表明质点系的动能的增量等于作用于质点系的所有外力做的功与所有内力做的功之和.

二、质点系的功能原理

前面已经指出，作用于质点系的力，有保守力与非保守力. 因此，若以 $W_{\mathrm{c}}^{\mathrm{in}}$ 表示质点系内各保守内力做功之和，$W_{\mathrm{nc}}^{\mathrm{in}}$ 表示质点系内各非保守内力做功之和，那么，质点系内所有内力所做的功则应为

$$W^{\mathrm{in}} = W_{\mathrm{c}}^{\mathrm{in}} + W_{\mathrm{nc}}^{\mathrm{in}}$$

根据前面的讨论可知，系统内保守力所做的功等于相应势能增量的负值，于是有

$$W_{\mathrm{c}}^{\mathrm{in}} = -\left(\sum_{i=1}^{n} E_{\mathrm{p}i} - \sum_{i=1}^{n} E_{\mathrm{p}i0}\right)$$

考虑了以上两点，式(3-22)可以写为

$$W^{\mathrm{ex}} + W_{\mathrm{nc}}^{\mathrm{in}} = \left(\sum_{i=1}^{n} E_{\mathrm{k}i} + \sum_{i=1}^{n} E_{\mathrm{p}i}\right) - \left(\sum_{i=1}^{n} E_{\mathrm{k}i0} + \sum_{i=1}^{n} E_{\mathrm{p}i0}\right) \tag{3-23}$$

在力学中，动能和势能统称为机械能. 若以 E_0 和 E 分别代表质点系的初机械能和末机械能，那么式(3-23)可以写成

$$W^{\mathrm{ex}} + W_{\mathrm{nc}}^{\mathrm{in}} = E - E_0 \tag{3-24}$$

上式表明，质点系的机械能的增量等于外力与非保守内力做功之和. 这就是质点系的功能原理.

功和能量有联系又有区别，功总是和能量的变化与转化过程相联系，功是能量变化与转化的一种量度. 而能量是代表质点系统在一定状态下所具有的做功本领，它和质点系统的状态有关，对机械能而言，它与质点系统的机械运动状态(即位置和速度)有关.

三、机械能守恒定律

从质点系的功能原理式(3-24)可以看出，当 $W^{\mathrm{ex}} = 0$ 且 $W_{\mathrm{nc}}^{\mathrm{in}} = 0$，或者 $W^{\mathrm{ex}} + W_{\mathrm{nc}}^{\mathrm{in}} = 0$ 时，有

$$E = E_0 \tag{3-25a}$$

即

$$\sum E_{\mathrm{k}i} + \sum E_{\mathrm{p}i} = \sum E_{\mathrm{k}i0} + \sum E_{\mathrm{p}i0} \tag{3-25b}$$

它的物理意义是：当作用于质点系的外力和非保守内力均不做功，或外力和非保守内力对质点系做功的代数和为零时，质点系的总机械能是守恒的，这就是机械能守恒定律.

机械能守恒定律的数学表达式(3-25)还可以写成

$$\sum E_{ki}-\sum E_{ki0}+=-(\sum E_{pi}-\sum E_{pi0})$$

即

$$\Delta E_k=-\Delta E_p$$

可见，在满足机械能守恒的条件下，质点系内的动能和势能可以相互转化，但动能和势能之和却是不变的，所以说，在机械能守恒定律中，机械能是不变量或者守恒量. 而质点系内的动能和势能之间的转化则是通过质点系内的保守力做功(W_c^{in})来实现的.

例 3.5 如图 3-18 所示，有一质量略去不计的轻弹簧，其一端系在竖直放置的圆环的顶点 P，另一端系一质量为 m 的小球，小球穿过圆环并在圆环上作摩擦可忽略不计的运动. 设开始时小球静止于点 A，弹簧处于自然状态，其长度为圆环的半径 R；当小球运动到圆环的底端点 B 时，小球对圆环没有压力. 求此弹簧的劲度系数.

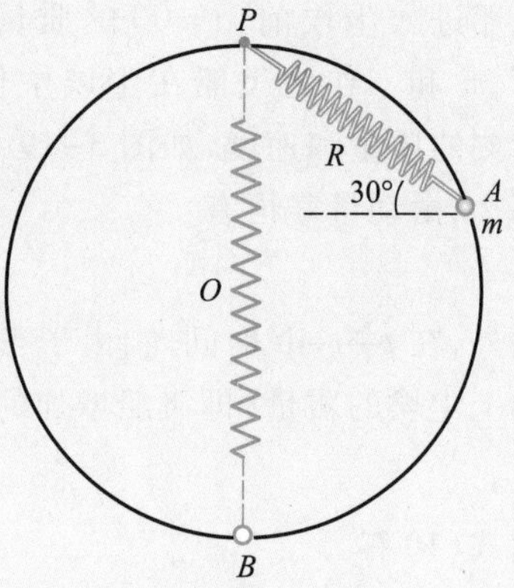

图 3-18

解： 取弹簧、小球和地球作为一个系统，小球和地球间的重力、小球与弹簧间的弹力均为保守内力. 而圆环对小球的支持力和点 P 对弹簧的拉力虽然都是外力，但是没有位移从而不做功. 所以，小球从 A 运动到 B 的过程中，系统的机械能是不变量，机械能应守恒. 因小球在点 A 时弹簧为自然状态，故取点 A 的弹性势能为零；另取点 B 时小球的重力势能为零. 由机械能守恒定律可得

$$\frac{1}{2}mv^2+\frac{1}{2}kR^2=mgR(2-\sin 30°)$$

式中 v 是小球在点 B 的速率，小球在点 B 时的牛顿第二定律方程为

$$kR-mg=m\frac{v^2}{R}$$

解上述两式，可得弹簧的劲度系数为

$$k=\frac{2mg}{R}$$

3.7 碰撞

若两物体在碰撞过程中，它们之间相互作用的内力较之其他物体对它们作

用的外力要大很多，在研究两物体间的碰撞问题时，可将其他物体对它们作用的外力忽略不计. 如果在碰撞后，两物体的动能之和完全没有损失，那么这种碰撞我们称之为完全弹性碰撞. 实际上，在两物体碰撞时，由于非保守力作用，致使机械能转化为热能、声能、化学能等其他形式的能量，或者其他形式的能量转化为机械能，这种碰撞称为非弹性碰撞. 若两物体在非弹性碰撞后以同一速度运动，这种碰撞称为完全非弹性碰撞. 下面我们通过举例来讨论完全非弹性碰撞和完全弹性碰撞.

例 3.6 设在宇宙中有密度为 ρ 的尘埃，这些尘埃相对惯性参考系是静止的. 有一质量为 m_0 的宇宙飞船以初速度 v_0 穿过宇宙尘埃，由于尘埃沾到飞船上，致使飞船的速度发生改变. 求飞船的速度与其在尘埃中飞行时间的关系. 为便于计算，设想飞船的外形是截面积为 S 的圆柱体.

解： 按题设条件，可认为尘埃与飞船作完全非弹性碰撞，把尘埃与飞船作为一个系统. 考虑到飞船在自由空间飞行，无外力作用在这个系统上，因此系统的动量守恒，如以 m_0 和 v_0 为飞船进入尘埃前（$t=0$）的质量和速度，m 和 v 作为飞船在尘埃中任意 t 时刻的质量和速度，如图 3-19 所示. 那么，由动量守恒有

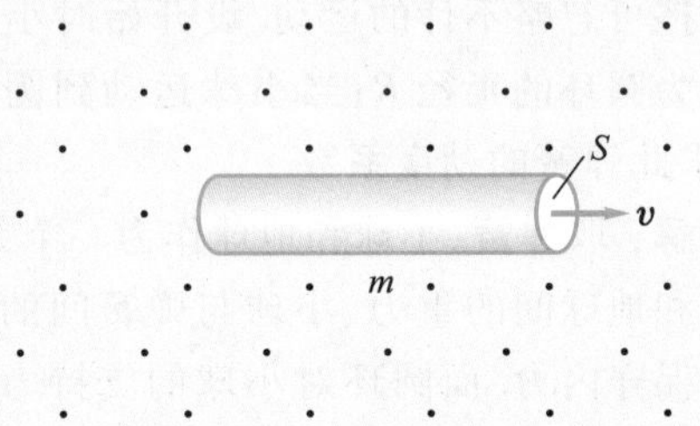

图 3-19

$$m_0 v_0 = mv \tag{1}$$

此外，在 $t \to t+\mathrm{d}t$ 时间内，由于飞船与尘埃间作完全非弹性碰撞，而沾到宇宙飞船上尘埃的质量（即飞船增加的质量）为

$$\mathrm{d}m = \rho S v \mathrm{d}t \tag{2}$$

由式(1)有

$$\mathrm{d}m = -\frac{m_0 v_0}{v^2}\mathrm{d}v$$

从而有

$$\rho S v \mathrm{d}t = -\frac{m_0 v_0}{v^2}\mathrm{d}v$$

由已知条件，上式积分为

$$-\int_{v_0}^{v}\frac{\mathrm{d}v}{v^3} = \frac{\rho S}{m_0 v_0}\int_0^t \mathrm{d}t$$

得

$$\frac{1}{2}\left(\frac{1}{v^2}-\frac{1}{v_0^2}\right) = \frac{\rho S}{m_0 v_0}t$$

于是

$$v=\left(\frac{m_0}{2\rho S v_0 t+m_0}\right)^{\frac{1}{2}} v_0$$

飞船在尘埃中飞行的时间越长,其速度也就越低.

3.8 能量守恒定律

在机械能守恒定律这一节里,我们知道如果外力和非保守内力都不做功,系统内的动能和势能之间是可以相互转化的,其和是守恒的. 但是,如果系统内部除了重力和弹性力之类的保守内力做功以外,还有摩擦力等非保守内力做功,那么系统的机械能就要与其他形式的能量发生转化.

亥姆霍兹

赫尔曼·路德维希·斐迪南德·冯·亥姆霍兹(Hermann Ludwig Ferdinand von Helmholtz, 1821—1894),德国物理学家、数学家、生理学家、心理学家. 亥姆霍兹1821年8月31日生于柏林波茨坦,中学毕业后由于经济原因未能进入大学,以毕业后需在军队服役8年的条件取得公费进了在柏林的王家医学科学院. 学习期间,自修了P. S. M. 拉普拉斯、J. -B. 毕奥和D. 伯努利等人的数学著作和I. 康德的哲学著作. 1847年他在德国物理学会发表了关于力的守恒讲演,他演讲的主要论点是:① 一切科学都可以归结到力学. ② 强调了牛顿力学和拉格朗日力学在数学上是等价的,因而可以用拉氏方法以力所传递的能量或它所做的功来量度力. ③ 所有这种能量是守恒的. 亥姆霍兹在这次讲演中,第一次以数学方式提出能量守恒定律,阐述了自然界各种运动形式之间都遵守能量守恒这条规律,这对近代物理学的发展起了很大作用. 所以说亥姆霍兹是能量守恒定律的创立者之一.

在长期的生产生活和科学实验中,人们总结出一条重要的结论:对于一个与自然界无任何联系的系统而言,系统内各种形式的能量是可以相互转化的. 但是不论如何转化,能量既不能产生,也不能消失. 这个结论称为能量守恒定律,它是自然界的基本定律之一. 能量是这一守恒定律的不变量或者守恒量,在能量守恒定律中,系统的能量是不变的,但能量的各种形式之间却可以相互转化. 应当指出,在能量转化的过程中,能量的变化常用功来量度. 在机械运动范围内,功是机械能变化的唯一量度. 但是不能把功和能量等同起来,功是和能量转化过程联系在一起的,而能量只和系统的状态有关,是系统状态的函数.

思考题

3-1 摩擦力是否一定做负功？举例说明.

3-2 功是否与参考系有关？动能是否与参考系有关？动能定理是否与参考系有关？请说明为什么.

3-3 质点系的动量守恒时,是否机械能也一定守恒？质点系的机械能守恒,是否动量也一定守恒？为什么？

3-4 从同一点以同样的速率分别竖直上抛一球和斜抛一球.两球质量相等.问到达最高点时两球的动能是否相同？势能是否相同？

3-5 物体的动量发生变化,它的动能是否也一定发生变化？

习题

3-1 对动量和冲量,正确的是( )

(A) 动量和冲量的方向均与物体运动速度方向相同.

(B) 质点系总动量的改变与内力无关.

(C) 动量是过程量,冲量是状态量.

(D) 质点系动量守恒的必要条件是每个质点所受到的力均为0.

3-2 如图所示,子弹入射到水平光滑地面上静止的木块中后穿出,以地面为参考系,下列说法中正确的是( )

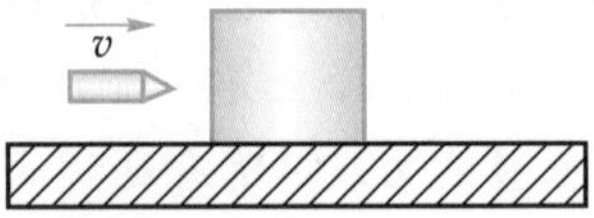

习题 3-2 图

(A) 子弹减少的动能转化成木块的动能.

(B) 子弹-木块系统的机械能守恒.

(C) 子弹动能的减少等于子弹克服木块阻力所做的功.

(D) 子弹克服木块阻力所做的功等于这一过程中产生的热.

3-3 对质点系有下列几种说法:

(1) 质点系总动量的改变与内力无关;

(2) 质点系总动能的改变与内力无关;

(3) 质点系机械能的改变与内力无关;

(4) 质点系机械能的改变与保守内力无关.

上述说法中( )

(A) (1)和(3)正确.　　(B) (2)和(3)正确.

(C) (1)和(4)正确.　　(D) (2)和(4)正确.

3-4 对于保守力,下列说法错误的是( )

(A) 保守力做功与路径无关.

(B) 保守力沿一闭合路径做功为零.

(C) 保守力做正功,其相应的势能增加.

(D) 只有保守力才有势能,非保守力没有势能.

3-5 对功的概念有以下几种说法:

(1) 保守力做正功时系统内相应的势能增加.

(2) 质点运动经一闭合路径,保守力对质点做的功为零.

(3) 作用力与反作用力大小相等、方向相反,所以两者所做的功的代数合必为零.

(4) 摩擦力一定做负功.

在上述说法中(　　)

(A) (1)(2)(4)是正确的.　　(B) (2)(3)(4)是正确的.

(C) 只有(2)是正确的.　　(D) 只有(3)是正确的.

3-6 当重物减速下降时,合外力对它做的功(　　)

(A) 为正值.　(B) 为负值.　(C) 为零.　(D) 无法确定.

3-7 考虑下列四个实例,你认为哪一个实例中物体和地球构成的系统的机械能不守恒?(　　)

(A) 物体在拉力作用下沿光滑斜面匀速上升.

(B) 物体作圆锥摆运动.

(C) 抛出的铁饼作斜抛运动(不计空气阻力).

(D) 物体在光滑斜面上自由滑下.

3-8 如图所示,圆锥摆的小球在水平面内作匀速率圆周运动,下列说法中正确的是(　　)

(A) 重力和绳子的张力对小球都不做功.

(B) 重力和绳子的张力对小球都做功.

(C) 重力对小球做功,绳子张力对小球不做功.

(D) 重力对小球不做功,绳子张力对小球做功.

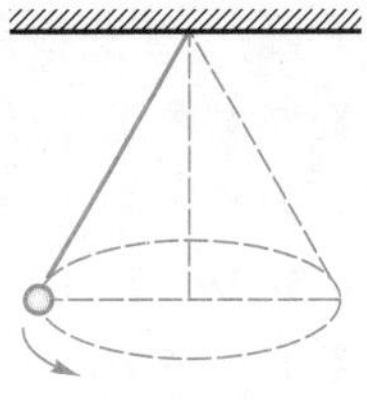

习题 3-8 图

3-9 一物体与斜面间的摩擦因数 $\mu=0.20$,斜面固定,倾角 $\alpha=45°$. 现给予物体以初速率 $v_0=10\ \mathrm{m/s}$,使它沿斜面向上滑,求:(1) 物体能够上升的最大高度 h;(2) 该物体达到最高点后,沿斜面返回到原出发点时的速率 v.(取重力加速度 $g=10\ \mathrm{m/s^2}$.)

3-10 质量为 m 的质点,在外力 F 作用下,沿 x 轴运动,已知 $t=0$,质点位于原点,这时速度为 0,力 F 随着距离线性减小,且 $x=0$ 时,$F=F_0$,$x=L$ 时,$F=0$,求质点在 $x=L$ 处的速率.

3-11 一沿 x 轴正方向的力作用在一质量为 2.0 kg 的物体上,已知物体的运动学方程为 $x=4t-2t^2+t^3$(SI 单位),求:(1) 力在最初 2.0 s 内做的功;(2) $t=1\ \mathrm{s}$ 时力的瞬时功率.

3-12 有一保守力 $F=(-Ax+Bx^2)\boldsymbol{i}$(SI 单位),沿 x 轴作用于质点上,式中 A、B 为常量.(1) 取 $x=0$ 时 $E_p=0$,试计算与此力相应的势能;(2) 求质点从 $x=$

2 m 运动到 $x=3$ m 时势能的变化.

3-13 一物体在介质中按规律 $x=ct^3$ 做直线运动, c 为常量, 设介质对物体的阻力正比于速度的平方 $F_f=-kv^2$ (k 为常量). 试求物体由 $x_0=0$ 运动到 $x=l$ 时, 阻力所做的功.

3-14 一个质量为 m 的质点作平面运动, 其位矢为 $\boldsymbol{r}=a\cos\omega t\boldsymbol{i}+b\sin\omega t\boldsymbol{j}$, 式中 a、b 为正值常量, 且 $a>b$. 问: (1) 此质点作的是什么运动? 其轨迹方程怎样? (2) 质点所受作用力 F 是怎样的? 当质点从 A 点 $(a,0)$ 运动到 B 点 $(0,b)$ 时, 求 F 的分力 $F_x\boldsymbol{i}$ 和 $F_y\boldsymbol{i}$ 所做的功; (3) F 是保守力吗? 为什么?

3-15 如图所示, 质量为 m 的物体从一个半径为 R 的 1/4 圆弧形表面滑下, 到达底部时的速度为 v, 求 A 到 B 过程中摩擦力所做的功 (请分别利用牛顿第二定律、动能定理和功能原理求解).

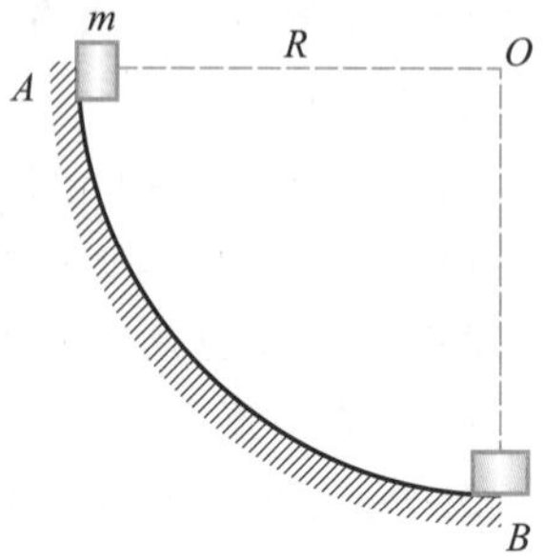

习题 3-15 图

3-16 质量均为 m' 的两辆小车沿一直线停在光滑的地面上. 质量为 m 的人从 A 车跳入 B 车, 又以相同的速率 (相对于地面) 跳回 A 车, 求两车的速度之比.

3-17 物体以初速 4.0 m/s 沿倾角为 $\alpha=15°$ 的斜面向上滑. 已知物体与斜面间的摩擦因数为 $\mu=0.20$, 问: (1) 物体能冲上斜面多远? (2) 物体下滑回到斜面底部时速度多大?

3-18 轻弹簧的一端固定, 另一端系一质量 $m=0.3$ kg 的小球, 放在光滑的水平面上. 弹簧回复力 $F=-6x-4x^3$ (SI 单位), 式中 x 为弹簧的伸长量. (1) 证明此回复力为保守力; (2) 以平衡位置为势能零点, 求 $x=0.1$ m 时, 这一系统的势能; (3) 先拉长到 $x=0.2$ m, 然后由静止放手, 求小球回到 $x=0.1$ m 时的速度.

3-19 5×10^3 kg 的陨石从天外落到地球上, 求万有引力所做的功. 已知地球质量 $m_E=6.0\times10^{24}$ kg, 半径 $R=6.4\times10^6$ m.

3-20 硼离子的摩尔质量为 $M_1=10.0\times10^{-3}$ kg, 硅原子的摩尔质量为 $M_2=28.0\times10^{-3}$ kg. 动能为 2.00×10^5 eV 的硼离子与静止的硅原子发生完全弹性正碰撞, 求碰撞中硼离子失去的动能 (在制造半导体材料时, 这一动能称为最大传输能量).

3-21 一架以 3.0×10^2 m·s^{-1} 的速率水平飞行的飞机, 与一只身长为 0.20 m, 质量为 0.50 kg 的飞鸟相撞, 设碰撞后飞鸟的尸体与飞机具有同样的速度, 而原来飞鸟相对于地面的速率很小, 可以忽略不计. 试估计飞鸟对飞机的冲击力 (碰撞时间可以用飞鸟身长除以飞机速率来估算).

3-22 质量为 m 的物体, 由水平面上点 O 以初速为 v_0 抛出, v_0 与水平面成仰角 α. 不计空气阻力, 求: (1) 物体从抛出点 O 到最高点的过程中, 重力的冲量; (2) 物体从发射点到落回至同一水平面的过程中, 重力的冲量.

3-23 $F_x=30+4t$ (SI 单位) 的合外力作用在质量 $m=10$ kg 的物体上, 求: (1) 在开始 2s 内此力的冲量; (2) 若冲量 $I=300$ N·s, 求力的作用时间; (3) 若

物体的初速度 $v_1=10\ \text{m}\cdot\text{s}^{-1}$,方向与 F_x 相同,在 $t=6.86$ s 时,此物体的速度 v_2.

3-24 洗车时,喷水管中的水以恒定速率 $v_0=20\ \text{m}\cdot\text{s}^{-1}$ 从喷口喷出,喷出的水射在汽车的表面上后,速率降为零,设单位时间内从喷口喷出水的质量为 $\frac{\mathrm{d}m}{\mathrm{d}t}=1.5\ \text{kg}\cdot\text{s}^{-1}$,求喷射出的水施加在车身上的作用力 F 的大小.

3-25 高空作业时系安全带是非常有必要的,假如一质量为 51.0 kg 的人,在操作时不慎从高空竖直跌落下来,由于安全带的保护,最终使他被悬挂起来,已知此时人离原处的距离为 2.0 m,安全带弹性缓冲作用时间为 0.50 s. 求安全带对人的平均冲力.

3-26 一质量为 m 的质点,系在细绳的一端,绳的另一端固定在平面上,此质点在粗糙水平面上作半径为 r 的圆周运动. 设质点的最初速率为 v_0,当它运动一周时,其速率为 $v_0/2$,求:(1) 摩擦力做的功;(2) 动摩擦因数 μ;(3) 在静止以前质点运动的圈数.

3-27 用铁锤把钉子敲入墙面木板. 设木板对钉子的阻力与钉子进入木板的深度成正比. 若第一次敲击,能把钉子钉入木板 1.00×10^{-2} m. 第二次敲击时,保持第一次敲击钉子的速度,那么第二次能把钉子钉入木板多深?

第四章

刚　体

前三章研究了质点和质点系的运动规律.然而在许多实际问题中,必须把所研究的物体视为由无限多质点组成的连续体,物质的三种聚集状态——固体、流体和气体都是连续体.

刚体和理想流体是连续体的两种理想模型.本章主要讨论刚体力学基础.

4.1 刚体运动的描述

很多情况下,不少固体在外力作用和运动过程中形变非常小,形状和体积基本上保持不变.由此抽象出一种理想模型——刚体.刚体是在任何情况下形状和体积都严格保持不变的物体.一般情况下,木块、钢球、滑轮等都可近似视为刚体.

一、平动和转动

平动和转动是刚体运动最基本的两种形式.

1. 刚体的平动

如果在运动过程中,刚体上任意两点的连线始终保持平行,那么,这种运动称为刚体的平动,如图 4-1 所示.电梯的升降,活塞的往返等都是刚体的平动.

在平动过程中,刚体上各质点的运动轨道相同,任何时刻各质点的速度、加速度也都相同,因此,刚体上任一质点的运动都可以代表整个刚体的平动.通常,以刚体质心的运动代表刚体的平动.于是,对于刚体平动的描述就归结为对质点运动的描述,这在前面已经讨论过.

2. 刚体的转动

若刚体中各个质点都绕某一直线作圆周运动,则这种运动称为刚体的转动.这一直线称为转轴.转轴固定的运动称为定轴转动,如图 4-2 所示.例如,电动机转子、时钟指针、砂轮、门窗的运动等都是定轴转动.

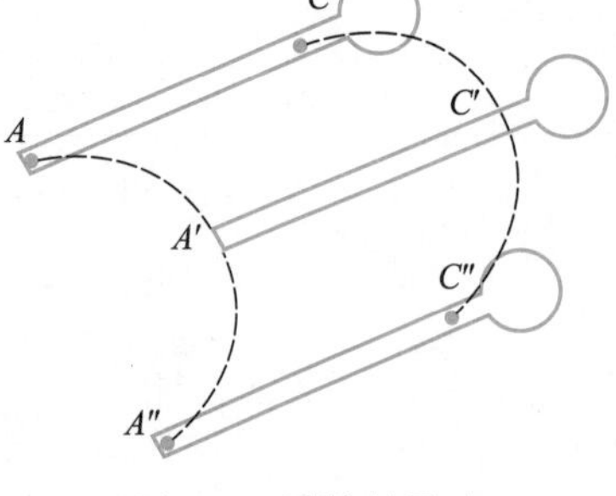

图 4-1 刚体的平动

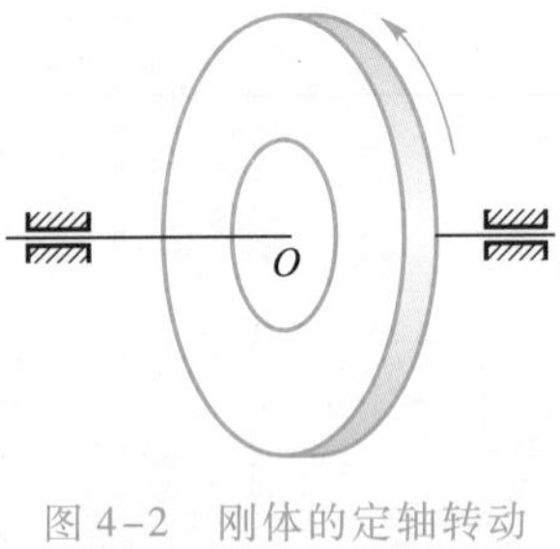

图 4-2 刚体的定轴转动

如果转轴上只有一点固定不动,而转轴的方向在不断变化,这种运动称为刚体的定点转动.例如,雷达天线、陀螺的运动等都是刚体的定点转动,如图 4-3 所示.

刚体的一般运动可以看成平动和转动的叠加.例如,圆盘沿直线无滑动地滚动,可分解为圆盘质心的平动和圆盘绕通过质心且垂直盘面的轴的转动.比如拧螺钉时,可将螺钉的运动分解为:(1)沿轴线方向的平动,(2)绕轴线的转动,如图4-4所示.

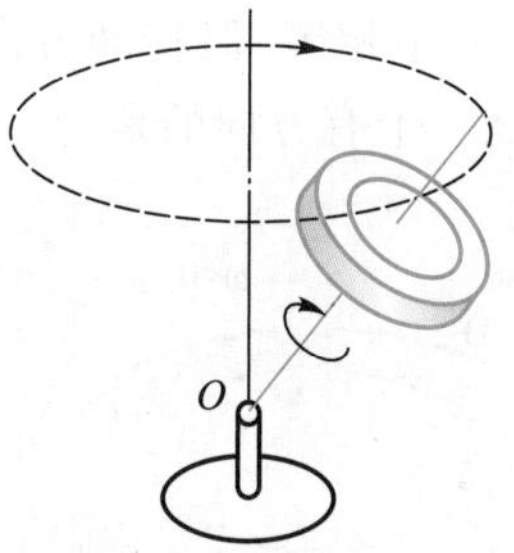

图 4-3 刚体的定点转动

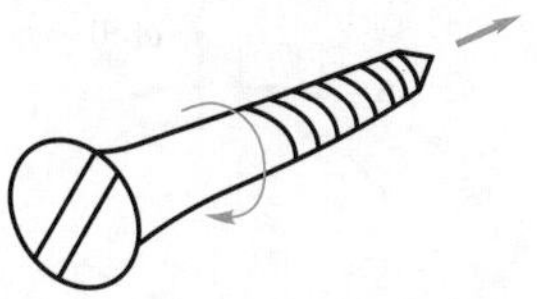
图 4-4 螺钉的运动

二、刚体定轴转动的描述

为了描述刚体的定轴转动,在刚体内任取一质点 P,P 对固定转轴 Oz 的垂线为 OP,通过 OP 并与转轴垂直的平面,称为参考平面,OP 称为参考线.如图4-5所示.这样,刚体的方位可由参考线 OP 所对应的位矢 $\boldsymbol{r}$ 与 Ox 轴的夹角 θ 确定,角 θ 也称为角坐标.当刚体绕固定转轴 Oz 轴转动时,角坐标 θ 要随时间 t 改变.也就是说,角坐标 θ 是时间 t 的函数,即 $\theta=\theta(t)$.

刚体绕固定轴 Oz 转动有两种情况:从上向下看,不是顺时针转动就是逆时针转动.因此,为了区分这两种转动,我们规定:当位矢 $\boldsymbol{r}$ 从 Ox 轴开始沿逆时针方向转动时,角坐标 θ 为正;当位矢 $\boldsymbol{r}$ 从 Ox 轴开始沿顺时针方向转动时,角坐标 θ 为负.依照此规定,转动正方向为逆时针转向.于是对于绕定轴转动的刚体,可由角坐标 θ 的正负和大小来表示其位置.

如图4-6所示,有一刚体绕固定轴 Oz 转动.在 t 时刻,刚体上点 P 的位矢 $\boldsymbol{r}$ 对 Ox 轴的角坐标为 θ.经过时间间隔 $\mathrm{d}t$,点 P 的角坐标为 $\theta+\mathrm{d}\theta$. $\mathrm{d}\theta$ 为刚体在 $\mathrm{d}t$ 时间内的角位移.于是,刚体对转轴的角速度为

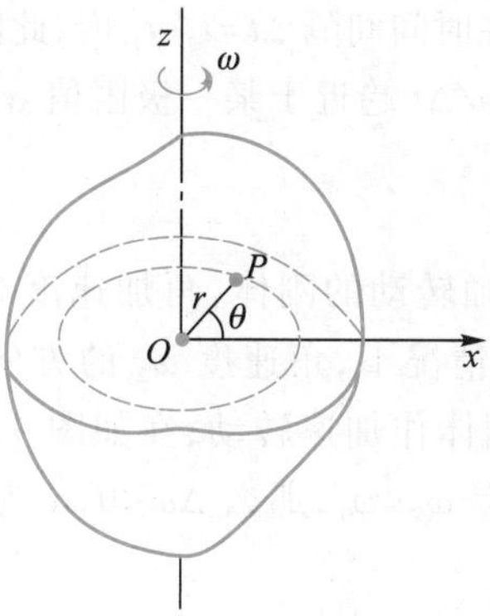

图 4-5 刚体定轴转动的描述

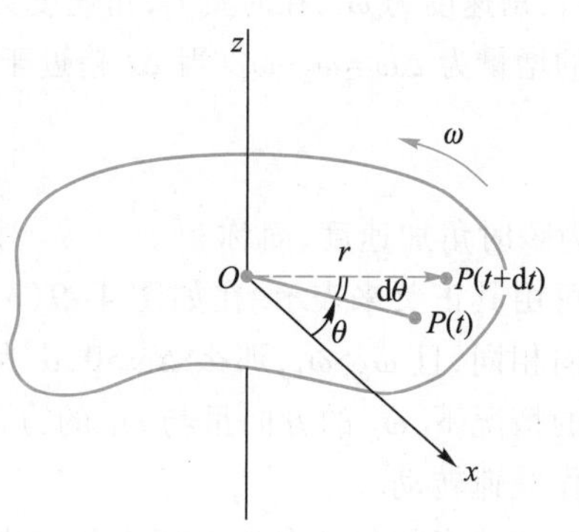

图 4-6 角速度

$$\omega=\frac{d\theta}{dt} \tag{4-1}$$

按照上面关于角坐标 θ 正、负的规定，如果 $d\theta>0$，有 $\omega>0$，这时刚体绕定轴作逆时针转动；如果 $d\theta<0$，有 $\omega<0$，这时刚体绕定轴作顺时针转动. 图 4-7 是两个绕定轴转动的相同的圆盘，它们的角速度 ω 大小相等，但转动方向相反，轮 A 逆时针转动，轮 B 顺时针转动. 这表明角速度是一个有方向的量.

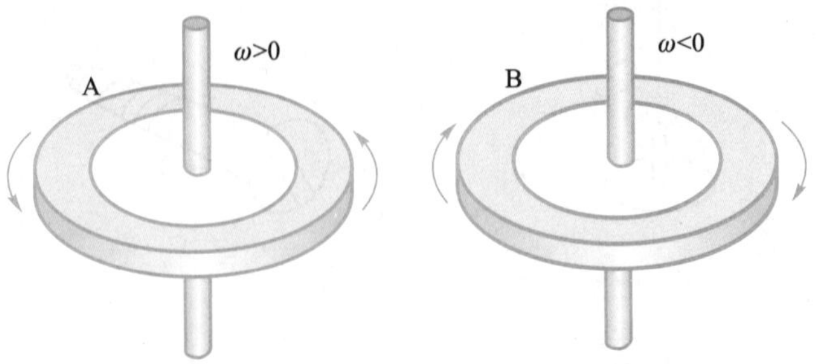

图 4-7 绕定轴转动的刚体用角速度 ω 的正负来表示其转动方向

应当指出，刚体仅在绕固定轴转动的情况下，其转动方向才可以用角速度 ω 的正负来表示. 一般情况下，刚体的转轴在空间的方位是随时间改变的（比如旋转陀螺），这时刚体的转动方向就不能用 ω 的正负来表示，而需要用角速度矢量 $\boldsymbol{\omega}$ 来表示. $\boldsymbol{\omega}$ 的方向可由右手定则确定：如图 4-8 所示，把右手的拇指伸直，并使其余四指的弯曲方向与刚体的转动方向一致，这时拇指的指向就是 $\boldsymbol{\omega}$ 的方向.

图 4-8 角速度矢量

角速度的单位名称为弧度每秒，单位符号为 $rad\cdot s^{-1}$.

刚体绕定轴转动时，如果其角速度发生了变化，刚体就具有了角加速度. 设在时刻 t_1，角速度为 ω_1，在时刻 t_2，角速度为 ω_2，则在时间间隔 $\Delta t=t_2-t_1$ 内，此刚体角速度的增量为 $\Delta\omega=\omega_2-\omega_1$. 当 Δt 趋近于零时，$\Delta\omega/\Delta t$ 趋近于某一极限值 α，即

$$\alpha=\lim_{\Delta t\to 0}\frac{\Delta\omega}{\Delta t}=\frac{d\omega}{dt} \tag{4-2}$$

α 称为瞬时角加速度，简称角加速度. 对于绕定轴转动的刚体，角加速度 α 的方向也可由其正负来表示. 在如图 4-9(a) 所示的情况下，角速度 ω_2 的方向与 ω_1 的方向相同，且 $\omega_2>\omega_1$，那么 $\Delta\omega>0$，α 为正值，刚体作加速转动；在如图 4-9(b) 所示的情况下，ω_2 的方向虽与 ω_1 的方向相同，但 $\omega_2<\omega_1$，那么 $\Delta\omega<0$，α 为负值，刚体作减速转动.

角加速度的单位名称为弧度每二次方秒，单位符号为 $rad\cdot s^{-2}$.

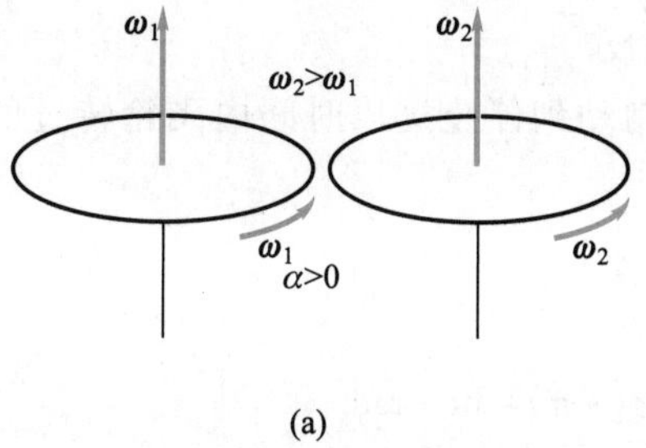

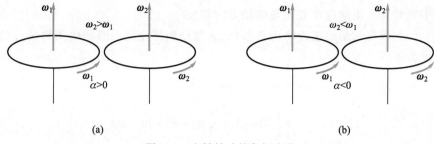

图 4-9 定轴转动的角加速度

三、角量与线量的关系

当刚体绕定轴转动时，组成刚体的所有质点都绕定轴作圆周运动. 因此，描述刚体运动状态的角量和线量之间的关系，可以用第一章有关圆周运动中相应的角量和线量关系来表述.

如图 4-10 所示，有一刚体以角速度 ω 绕定轴 OO' 转动. 设刚体内点有一点 P，它距转轴的垂直距离为 r，则点 P 的线速度与角速度之间的关系为

$$v=r\omega \tag{4-3}$$

显然刚体上各点的线速度 v 与各点到转轴的垂直距离 r 成正比，距轴越远，线速度越大.

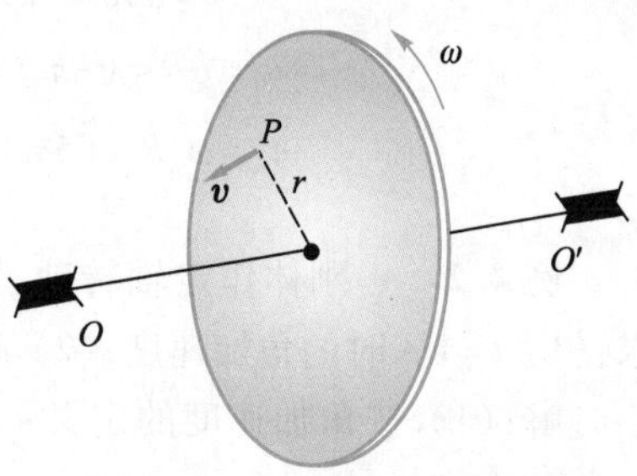

图 4-10 角量和线量的关系

点 P 的切向加速度和法向加速度分别为

$$a_t=r\alpha \tag{4-4}$$

$$a_n=r\omega^2 \tag{4-5}$$

由以上两式，同样可以看出，对一绕定轴转动的刚体，距轴越远处，其切向加速度和法向加速度也越大.

例 4.1 半径为 0.4 m，转速为 900 r/min 的飞轮被制动后均匀减速，经 30 s 后停止转动. 求：(1) 在制动过程中，飞轮的角加速度；(2) 从制动到停止转动这段时间内，飞轮转过的角度；(3) 开始制动后 25 s 时，飞轮边缘质点的速度、切向加速度和法向加速度.

解：(1) 以转动方向为正方向，由题意知，飞轮的末角速度为 $\omega=0$，初角速度为

$$\omega_0=900\times\frac{2\pi}{60}\ \mathrm{rad/s}=30\pi\ \mathrm{rad/s}$$

按匀角加速转动的角速度公式：

$$\omega=\omega_0+\alpha t$$

故制动过程中，飞轮的角加速度为

$$\alpha=\frac{\omega-\omega_0}{t}=\frac{0-30\pi}{30}\ \mathrm{rad/s^2}=-\pi\ \mathrm{rad/s^2}$$

其中负号表示角加速度方向与转动方向相反.

(2) 根据匀角加速转动运动方程,从制动到停止这段时间内飞轮转过的角度为

$$\Delta\theta=\theta-\theta_0=\omega_0 t+\frac{1}{2}\alpha t^2$$

$$=\left[30\pi\times30+\frac{1}{2}\times(-\pi)\times30^2\right]\text{ rad}$$

$$=450\pi\text{ rad}$$

(3) 开始制动后 25 s 时飞轮的角速度为

$$\omega=\omega_0+\alpha t$$

$$=[30\pi+(-\pi)\times25]\text{ rad/s}=5\pi\text{ rad/s}$$

飞轮边缘质点的速度、切向加速度和法向加速度分别为

$$v=\omega R=5\pi\times0.40\text{ m/s}=6.28\text{ m/s}$$

$$a_t=\alpha R=(-\pi)\times0.40\text{ m/s}^2=-1.26\text{ m/s}^2$$

$$a_n=\omega^2 R=(5\pi)^2\times0.40\text{ m/s}^2=98.7\text{ m/s}^2$$

例 4.2 一刚体作定轴转动,角速度与时刻 t 的关系为 $\omega=6t^2$(SI 单位).求:(1) $t=1$ s 时的角加速度;(2) $t=1$ s 到 $t=2$ s 这段时间内,刚体转过的角度.

解:(1) 按角加速度的定义:

$$\alpha=\frac{d\omega}{dt}=12t$$

$t=1$ s 时:

$$\alpha=12\text{ rad/s}^2$$

(2) 按角速度定义:

$$\omega=\frac{d\theta}{dt}=6t^2$$

分离变量,代入初始条件积分:

$$\int_{\theta_0}^{\theta}d\theta=\int_1^2 6t^2\,dt$$

解得在这段时间内转过的角度为

$$\theta-\theta_0=14\text{ rad}$$

注意:因为本题目中的刚体不是作匀角加速转动,所以不能套用匀角加速转动公式,需根据角速度和角加速度的定义,积分求解.

4.2 力矩 转动定律 转动惯量

在上一节中,只讨论了刚体转动的运动学问题,这一节将讨论刚体定轴转动

的动力学问题,即研究刚体绕定轴转动时所遵守的定律. 为此,先引入力矩这个物理量.

一、力矩

经验告诉我们,对于有固定转轴的刚体,由于轴的约束,平行于转轴的力,或者作用线通过转轴的力,都不能使刚体转动. 例如,平行于门轴或与门轴相交的力,无论多大,都无法使门转动. 只有在垂直于转轴的平面内,而且与转轴不相交的力,才会使刚体转动. 也就是说,外力对刚体转动的影响,不仅与力的大小有关,而且还与力的作用点的位置和力的方向有关. 我们用力矩这个物理量来描述力对刚体转动的作用.

设力 $\boldsymbol{F}$ 作用于刚体中的质点 P,而且在转动平面内,转动平面与转轴相交于 O 点,如图 4-11 所示. 转轴与力作用线之间的垂直距离 d 称为力对转轴的力臂. 力的大小与力臂的乘积称为力对转轴的力矩,用符号 M 表示,即

$$M=Fd \tag{4-6}$$

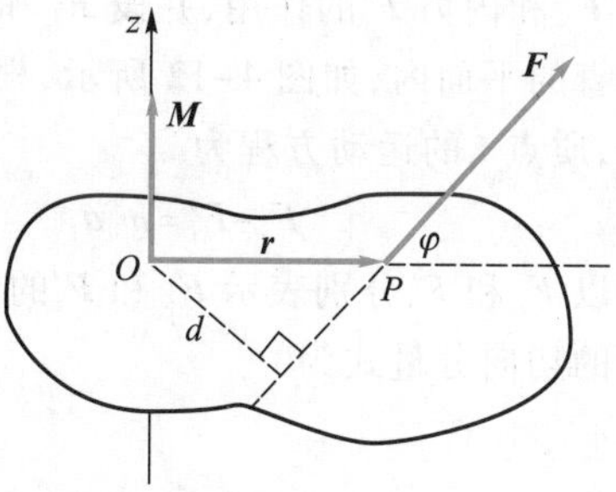

图 4-11 力矩

若以 $\boldsymbol{r}$ 表示 P 点对 O 点的位矢,以 φ 表示 $\boldsymbol{r}$ 与 $\boldsymbol{F}$ 之间的夹角,由图 4-11 可以看出,$d=r\sin\varphi$,故 4-6 也可写为

$$M=Fr\sin\varphi=F_t r \tag{4-7}$$

式中 $F_t=F\sin\varphi$ 为 $\boldsymbol{F}$ 的切向分量,故对转轴的力矩 M 也等于力的切向分量 F_t 乘以力的作用点到转轴的垂直距离 r. 当 $\varphi=0$ 或 π 时,$M=0$,力的作用线通过转轴,对转轴不产生力矩.

力矩不仅有大小,而且有方向. 刚体定轴转动时,可以用正、负号来表示力矩的方向. 若设逆时针为正方向,则使刚体逆时针转动的力矩 $M>0$,使刚体顺时针转动的力矩 $M<0$. 对于绕定轴转动的刚体,力矩的正负反映了力矩的矢量性.

由矢量的矢积定义,力矩矢量 $\boldsymbol{M}$ 可用 $\boldsymbol{r}$ 和 $\boldsymbol{F}$ 的矢积表示,即

$$\boldsymbol{M}=\boldsymbol{r}\times\boldsymbol{F} \tag{4-8}$$

$\boldsymbol{M}$ 的大小为

$$M=Fr\sin\varphi$$

$\boldsymbol{M}$ 的方向垂直于 $\boldsymbol{r}$ 与 $\boldsymbol{F}$ 所构成的平面,也可由右手定则确定:把右手拇指伸直,其余四指弯曲,弯曲的方向是由 $\boldsymbol{r}$ 通过小于 180°的角 φ 转向 $\boldsymbol{F}$ 的方向,这时拇指所指的方向就是力矩的方向.

对于定轴转动而言,用矢积表示力矩的方向,与先规定转动正方向,再按力矩的正负来确定力矩方向是一致的.

如果力不在垂直于转轴的平面内,可将力分解为一个与转轴垂直的分力和一个与转轴平行的分力. 而与转轴平行的分力对转轴不产生力矩,所以式(4-6)

和式(4-7)中的 F 是力在转动平面内的分力.

如果几个力同时作用在有固定转轴的刚体上,刚体所受的合力矩等于各个力对转轴力矩的代数和,即

$$M=\sum F_i d_i=\sum F_i r_i \sin\varphi_i$$

在国际单位制中,力矩的单位名称为牛[顿]米,符号为 N · m.

二、刚体定轴转动的转动定律

刚体可看成是由无限多质点组成的连续体,刚体作定轴转动时,刚体上各质点均绕转轴作圆周运动. 在刚体上任取一个质点 i,其质量为 m_i,离转轴的垂直距离为 r_i,受到外力 $\boldsymbol{F}_i$ 和内力 $\boldsymbol{F}_i'$ 的作用,并设 $\boldsymbol{F}_i$ 和 $\boldsymbol{F}_i'$ 均在与转轴垂直的平面内,如图 4-12 所示,根据牛顿第二定律,质点 i 的运动方程为

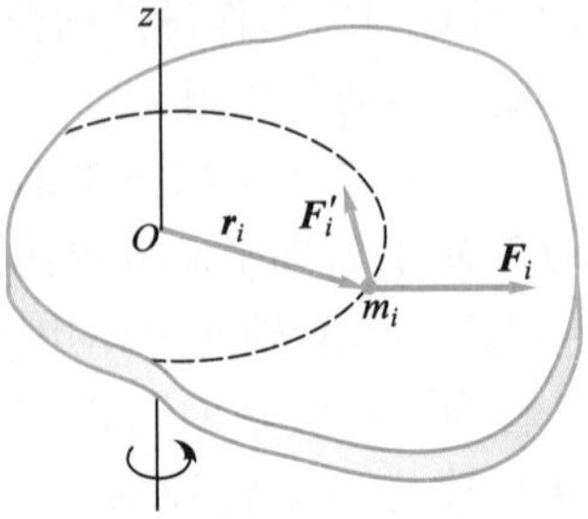

图 4-12 刚体转动定律

$$\boldsymbol{F}_i+\boldsymbol{F}_i'=m_i\boldsymbol{a}_i$$

若以 F_{it} 和 F_{it}' 分别表示 $\boldsymbol{F}_i$ 和 $\boldsymbol{F}_i'$ 的切向分量,则上式的切向分量式为

$$F_{it}+F_{it}'=m_i a_{it}$$

式中 a_{it} 为质点 i 的切向加速度. 根据线量与角量之间的关系,$a_n=r\alpha$,故上式可写为

$$F_{it}+F_{it}'=m_i r_i \alpha$$

等式两边同时乘以 r_i,得

$$F_{it}r_i+F_{it}'r_i=m_i r_i^2\alpha$$

因为法向分力 F_{in} 和 F_{in}' 均通过转轴,不产生力矩,故上式等号左边 $F_{it}r_i$ 和 $F_{it}'r_i$ 分别为外力 $\boldsymbol{F}_i$ 和内力 $\boldsymbol{F}_i'$ 对转轴的力矩.

若对刚体中所有的质点都应用牛顿第二定律,列出与上式相应的式子,把所有的这些等式相加,有

$$\sum F_{it}r_i+\sum F_{it}'r_i=\left(\sum m_i r_i^2\right)\alpha$$

上式等号左边第二项 $\sum F_{it}'r_i$ 是内力矩的代数和,但因内力总是成对出现的,而成对作用力与反作用力大小相等、方向相反,在同一直线上,对转轴的力矩相互抵消,所以内力距之和必等于零,即 $\sum F_{it}'r_i=0$. 上式等号左边第一项 $\sum F_{it}r_i$ 为所有外力对转轴力矩之和,用符号 M 表示. 上式等号右边的 $\sum m_i r_i^2$ 是刚体本身的性质,和转轴的位置有关,一定的刚体对一定的转轴,$\sum m_i r_i^2$ 是一个常量,称为刚体对该转轴的转动惯量,用符号 J 表示. 于是,上式可表示为

$$M=J\alpha \tag{4-9}$$

式(4-9)表明,刚体定轴转动时,角加速度 α 与外力矩之和 M 成正比,与转动惯量 J 成反比. 这一关系称为刚体定轴转动的转动定律,简称转动定律. 转动定律是刚体定轴转动的基本定律,其重要性与质点动力学中的牛顿第二定律相当.

三、转动惯量

由于刚体是一个形状、大小不会改变的质点系，刚体平动时，刚体中各点的速度、加速度都相同，所以，可以用刚体质心的运动代表整个刚体的平动，质心运动定律反映了刚体平动的规律.

将转动定律与质心运动定律比较：

$$M=J\alpha$$

$$\boldsymbol{F}=m\boldsymbol{a}$$

可以看出，两个式子非常相似. 外力矩之和 M 与合外力 $\boldsymbol{F}$ 对应，角加速度 α 与质心加速度 $\boldsymbol{a}$ 对应，转动惯量 J 与质量 m 对应，质量 m 是刚体平动惯性大小的量度，与此相当，转动惯量 J 是刚体转动惯性大小的量度.

根据转动定律，在相同的外力矩 M 作用下，转动惯量 J 较大的刚体角速度 α 较小，转动惯量较小的刚体角加速度较大. 也就是说，转动惯量较大的刚体转动惯性较大，转动惯量较小的刚体转动惯性较小.

由刚体对定轴的转动惯量定义可知，刚体对转轴的转动惯量 J 等于刚体上各质点的质量 m_i 与各质点到转轴垂直距离二次方 r_i^2 乘积之和，即

$$J=\sum m_i r_i^2 \tag{4-10}$$

如果刚体的质量是连续分布的，那么，其转动惯量可用积分计算：

$$J=\int r^2\,\mathrm{d}m \tag{4-11}$$

式中，$\mathrm{d}m$ 为质量元，r 为质量元 $\mathrm{d}m$ 到转轴的垂直距离.

在国际单位制中，转动惯量的单位名称为千克二次方米，符号为 $\mathrm{kg\cdot m^2}$.

四、平行轴定理和垂直轴定理

1. 平行轴定理

如图 4-13 所示，刚体对任一转轴的转动惯量 J 等于对通过质心的平行轴的转动惯量 J_C 加上刚体质量 m 与两平行轴间距离二次方 h^2 的乘积，即

$$J=J_C+mh^2$$

这一关系称为平行轴定理.

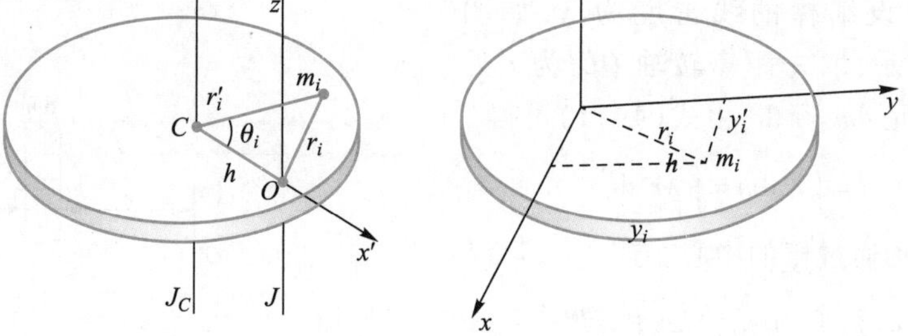

图 4-13 平行轴定理和垂直轴定理

2. **垂直轴定理**

若刚体薄板在 Oxy 平面内，对 x 轴和 y 轴的转动惯量分别为 J_x 和 J_y，则薄板对 z 轴的转动惯量为

$$J_z = J_x + J_y$$

这一关系称为垂直轴定理.

由以上讨论可见，刚体的转动惯量与三个因素有关：(1) 刚体的总质量；(2) 质量分布；(3) 转轴的位置. 实际上，只有几何形状和质量分布简单规则的刚体，才能用积分法求其转动惯量. 形状和质量分布无规则的刚体，可用实验测定其转动惯量. 表 4-1 列出了一些刚体的转动惯量，这些刚体都是形状规则、密度均匀的.

表 4-1 几种刚体的转动惯量

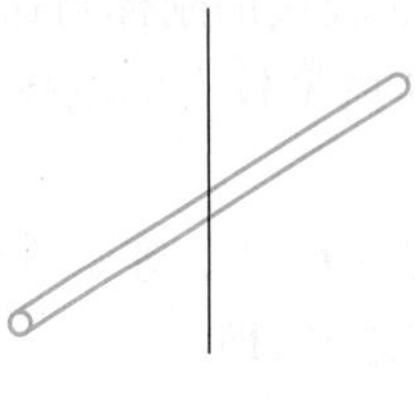 $J=\frac{1}{12}ml^2$ 细杆 转轴通过中心与杆垂直	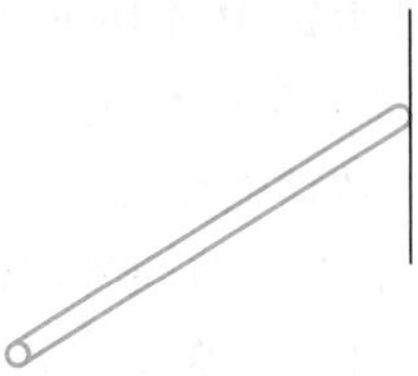 $J=\frac{1}{3}ml^2$ 细杆 转轴通过杆的一端与杆垂直	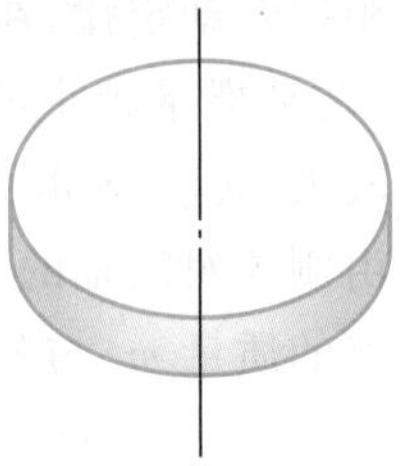 $J=\frac{1}{2}mR^2$ 圆柱体 转轴沿几何轴
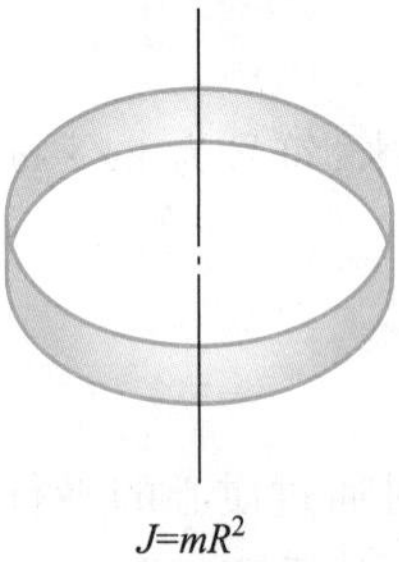 $J=mR^2$ 圆环 转轴沿几何轴	 $J=\frac{2}{5}mR^2$ 球体 转轴沿直径	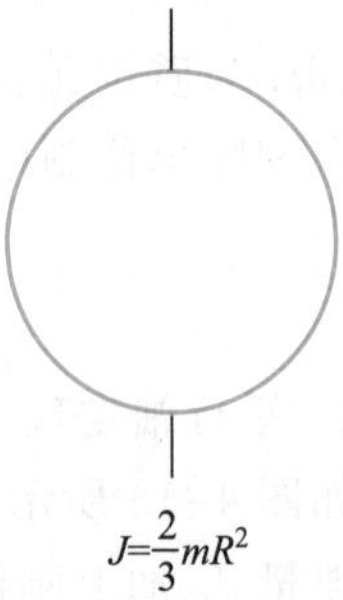 $J=\frac{2}{3}mR^2$ 球壳 转轴沿直径

例 4.3 有一质量为 m、长为 l 的均匀长棒，求通过棒中心并与棒垂直的轴的转动惯量.

解：设细棒的线密度为 λ，如图 4-14 所示，取一距离转轴 OO' 为 r 处的质量元 $dm=\lambda dr$，由式(4-11)可得

$$J=\int r^2 dm=\int \lambda r^2 dr$$

由于转轴通过棒的中心，有

$$J_C=2\lambda\int_0^{l/2} r^2 dr=\frac{1}{12}\lambda l^3=\frac{ml^2}{12}$$

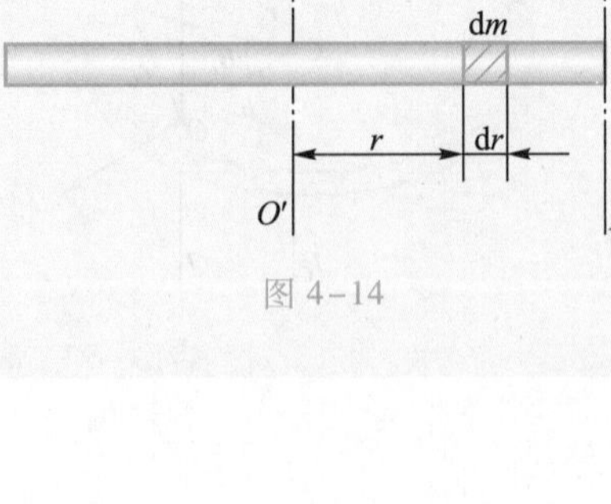

图 4-14

利用平行轴定理，我们可以求得通过细棒端点且与棒垂直的轴线 AA' 的转动惯量为

$$J=J_C+mh^2=\frac{1}{12}ml^2+m\left(\frac{l}{2}\right)^2=\frac{1}{3}ml^2$$

例 4.4 如图 4-15 所示，质量为 m_A 的物体 A 静止在光滑水平面上，它和一质量不计的绳索相连接，此绳索跨过一半径为 R、质量为 m_C 的圆柱形滑轮 C，并系在另一质量为 m_B 的物体 B 上，B 竖直悬挂. 圆柱形滑轮可绕其几何中心轴转动，当滑轮转动时，它与绳索间没有滑动，且滑轮与轴承间的摩擦力可以忽略不计. 问：(1) 这两个物体的线加速度为多少？水平和竖直两段绳索的张力各为多少？(2) 物体 B 从静止落下距离 y 时，其速率为多少？

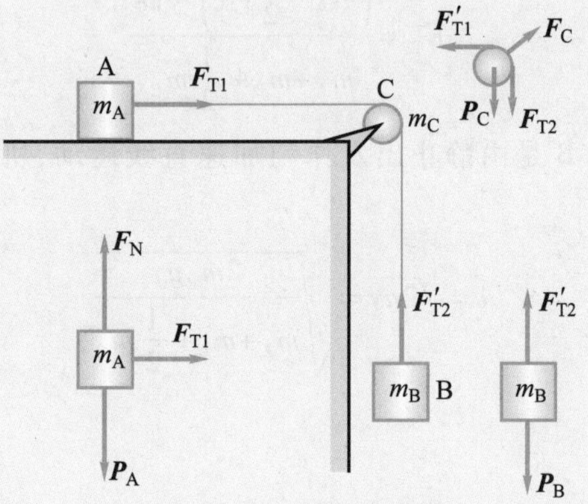

图 4-15

解：(1) 在之前讨论中，滑轮的质量通常忽略不计，然而，在很多实际问题中，滑轮的质量是不能忽略的. 在考虑滑轮的质量时，就应考虑它的转动. 物体 A 和 B 是作平动，它们加速度 $\boldsymbol{a}$ 的大小取决于每个物体质量的合力，滑轮 C 转动，它们的角加速度 α 取决于作用在它上面的合外力矩. 首先将三个物体隔离出来，并作如图 4-14 所示的受力图. 张力 $\boldsymbol{F}_{T1}$ 和 $\boldsymbol{F}_{T2}$ 的大小是不能假定相等的，但 $\boldsymbol{F}_{T1}=\boldsymbol{F}'_{T1}$，$\boldsymbol{F}_{T2}=\boldsymbol{F}'_{T2}$.

应用牛顿第二定律，并考虑到绳索不伸长，故对 A 和 B 两物体，有

$$F_{T1}=m_A a \tag{1}$$

$$m_B g-F_{T2}=m_B a \tag{2}$$

滑轮 C 受到重力 P_C、张力 $\boldsymbol{F}'_{T1}$ 和 $\boldsymbol{F}_{T2}$ 以及轴对它的力 $\boldsymbol{F}_C$ 等的作用. 由于 $\boldsymbol{P}_C$ 及 $\boldsymbol{F}_C$ 通过滑轮的中心轴，所以仅有张力 $\boldsymbol{F}'_{T1}$ 和 $\boldsymbol{F}_{T2}$ 对它有力矩作用. 因为 $\boldsymbol{F}_{T1}=\boldsymbol{F}'_{T1}$，由转动定律有

$$RF_{T2}-RF_{T1}=J\alpha \tag{3}$$

滑轮 C 以其中心为轴的转动惯量是 $J=\frac{1}{2}m_C R^2$. 因为绳索在滑轮上无滑

动,在滑轮边缘上一点的切向加速度与绳索和物体的加速度大小相等,它与滑轮转动的角加速度的关系为 $a=R\alpha$. 把上述各量代入式(3),有

$$F_{T2}-F_{T1}=\frac{1}{2}m_C a \tag{4}$$

解式(1)、式(2)和式(4),得

$$a=\frac{m_B g}{m_A+m_B+\frac{1}{2}m_C}$$

$$F_{T1}=\frac{m_A m_B g}{m_A+m_B+\frac{1}{2}m_C}$$

$$F_{T2}=\frac{\left(m_A+\frac{1}{2}m_C\right)m_B g}{m_A+m_B+\frac{1}{2}m_C}$$

(2) 因为物体 B 是由静止出发作匀加速直线运动,所以它下落距离 y 时的速率为

$$v=\sqrt{2ay}=\sqrt{\frac{2m_B gy}{m_A+m_B+\frac{1}{2}m_C}}$$

4.3 角动量 角动量守恒定律

在第三章中,我们讨论了力对质点运动状态改变所起的作用. 我们从力在时间上的累积作用出发,引出动量定理,从而得到动量守恒定律;还从力在空间上的累积作用出发,引出动能定理,从而得到机械能守恒和能量守恒定律. 对于刚体,力矩作用于刚体总是在一定的时间和空间里进行的. 因此,这一节将讨论力矩在时间上的累积作用,可以得出角动量定理和角动量守恒定律. 下一节将讨论力矩在空间上的累积作用,得出刚体的转动动能定理.

一、质点的角动量定理和角动量守恒定律

1. 质点的角动量

如图 4-16 所示,设有一个质量为 m 的质点位于直角坐标系中点 A,该点相对原点的位矢为 $\boldsymbol{r}$,并具有速度 $\boldsymbol{v}$. 我们定义,质点 m 对原点 O 的角动量为

$$\boldsymbol{L}=\boldsymbol{r}\times\boldsymbol{p}=m\boldsymbol{r}\times\boldsymbol{v}$$

质点的角动量 $\boldsymbol{L}$ 是一个矢量,它的方向垂直于 $\boldsymbol{r}$ 和 $\boldsymbol{v}$ 的平面,并遵守右手定则:右手拇指伸直,当四指由 $\boldsymbol{r}$ 经小于 180°的角 θ 转向 $\boldsymbol{v}$ 时,拇指的指向就是 $\boldsymbol{L}$ 的方向. 至于质点角动量 $\boldsymbol{L}$ 的数值,由矢量的矢积运算法则可得

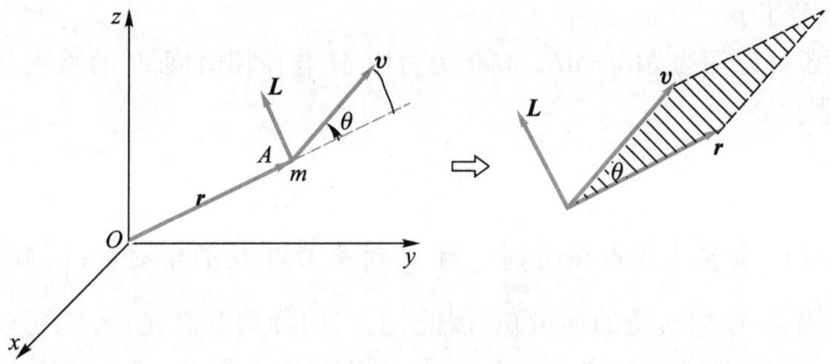

图 4-16 质点的角动量

$$L = rmv\sin\theta \tag{4-12}$$

式中 θ 为 $\boldsymbol{r}$ 与 $\boldsymbol{v}$ 之间的夹角.

应当指出,质点的角动量是与位矢 $\boldsymbol{r}$ 和动量 $\boldsymbol{p}$ 有关的,也就是与参考点 O 的选择有关. 因此在讨论质点的角动量时,必须指明是对哪一点的角动量.

若质点在半径为 r 的圆周上运动时,以圆心 O 为参考点,那么 $\boldsymbol{r}$ 与 $\boldsymbol{v}$ 总是相互垂直,于是质点对圆心 O 的角动量 L 的大小为

$$L = rmv = mr^2\omega \tag{4-13}$$

2. 质点的角动量定理

设质量为 m 的质点,在合力 $\boldsymbol{F}$ 的作用下,其运动方程为

$$\boldsymbol{F} = \frac{\mathrm{d}(m\boldsymbol{v})}{\mathrm{d}t}$$

由于质点对参考点 O 的位矢为 $\boldsymbol{r}$,故以 $\boldsymbol{r}$ 叉乘上式两边,有

$$\boldsymbol{r}\times\boldsymbol{F} = \boldsymbol{r}\times\frac{\mathrm{d}}{\mathrm{d}t}(m\boldsymbol{v})$$

考虑到

$$\frac{\mathrm{d}}{\mathrm{d}t}(\boldsymbol{r}\times m\boldsymbol{v}) = \boldsymbol{r}\times\frac{\mathrm{d}}{\mathrm{d}t}(m\boldsymbol{v}) + \frac{\mathrm{d}\boldsymbol{r}}{\mathrm{d}t}\times m\boldsymbol{v} \tag{4-14}$$

而且

$$\frac{\mathrm{d}\boldsymbol{r}}{\mathrm{d}t}\times\boldsymbol{v} = \boldsymbol{v}\times\boldsymbol{v} = 0$$

于是式(4-14)可写为

$$\boldsymbol{r}\times\boldsymbol{F} = \frac{\mathrm{d}}{\mathrm{d}t}(\boldsymbol{r}\times m\boldsymbol{v})$$

式中 $\boldsymbol{r}\times\boldsymbol{F}$ 称为合力 $\boldsymbol{F}$ 对参考点 O 的合力矩 $\boldsymbol{M}$. 于是上式可以变为

$$\boldsymbol{M} = \frac{\mathrm{d}}{\mathrm{d}t}(\boldsymbol{r}\times m\boldsymbol{v}) = \frac{\mathrm{d}\boldsymbol{L}}{\mathrm{d}t} \tag{4-15}$$

上式表明,作用于质点的合力对参考点 O 的力矩,等于质点对该点 O 的角动量随时间的变化率. 这与牛顿第二定律 $\boldsymbol{F} = \frac{\mathrm{d}\boldsymbol{p}}{\mathrm{d}t}$ 在形式上是相似的,只是用 $\boldsymbol{M}$ 代替了

$\boldsymbol{F}$,用 $\boldsymbol{L}$ 代替了 $\boldsymbol{p}$.

上式还可以写为 $\boldsymbol{M}\mathrm{d}t=\mathrm{d}\boldsymbol{L}$, $\boldsymbol{M}\mathrm{d}t$ 为力矩 $\boldsymbol{M}$ 与作用时间 $\mathrm{d}t$ 的乘积,称为冲量矩. 取积分有

$$\int_{t_1}^{t_2}\boldsymbol{M}\mathrm{d}t=\boldsymbol{L}_2-\boldsymbol{L}_1 \tag{4-16}$$

式中,$\boldsymbol{L}_1$ 和 $\boldsymbol{L}_2$ 分别为质点在时刻 t_1 和 t_2 对参考点 O 的角动量,$\int_{t_1}^{t_2}\boldsymbol{M}\mathrm{d}t$ 为质点在时间间隔 t_2-t_1 内所受的冲量矩. 因此,上式的物理意义是:对同一参考点 O,质点所受的冲量矩等于质点角动量的增量. 这就是质点的角动量定理.

3. 质点的角动量守恒定律

由式(4-16)可以看出,若子弹所受合力矩为零,即 $\boldsymbol{M}=0$,则有

$$\boldsymbol{L}=\boldsymbol{r}\times m\boldsymbol{v}=常矢量$$

上式表明,当质点所受对参考点 O 的合力矩为零时,质点对该参考点 O 的角动量为一常矢量. 这就是质点的角动量守恒定律.

在国际单位制里,角动量的单位名称为千克二次方米每秒,符号为 $\mathrm{kg}\cdot\mathrm{m}^2\cdot\mathrm{s}^{-1}$.

例 4.5 我国第一颗东方红人造地球卫星的椭圆轨道长半轴为 $a=7.79\times10^6$ m,短半轴为 $b=7.72\times10^6$ m,周期 $T=114$ min,近地点和远地点距地心分别为 $r_1=6.82\times10^6$ m 和 $r_2=8.76\times10^6$ m. (1) 证明单位时间内卫星对地心位矢扫过的面积为常量;(2) 求卫星经近地点和远地点时的速度 v_1 和 v_2.

解:(1) 因为卫星所受地球引力始终指向地心(其他星体对卫星的引力可以忽略),故相对地心 O,卫星所受合外力矩为零,卫星对地心的角动量守恒:

$$\boldsymbol{L}=\boldsymbol{r}\times m\boldsymbol{v}=常矢量$$

由于卫星角动量方向保持不变,因此,卫星轨道必然在一个平面内. 由于卫星角动量的大小 $L=rmv\sin\varphi$ 保持不变,可以证明卫星对地心位矢在单位时间内扫过的面积 $\dfrac{\mathrm{d}S}{\mathrm{d}t}$ 为常量. 因为

$$\frac{\mathrm{d}S}{\mathrm{d}t}=\frac{\frac{1}{2}r\left|\mathrm{d}r\right|\sin\varphi}{\mathrm{d}t}=\frac{1}{2}rv\sin\varphi=\frac{L}{2m}=常量$$

这就是开普勒第二定律.

(2) 因为在近地点和远地点,卫星的速度与位矢垂直,$\varphi=\dfrac{\pi}{2}$,故

$$\frac{\mathrm{d}S}{\mathrm{d}t}=\frac{1}{2}r_1v_1=\frac{1}{2}r_2v_2$$

因卫星经过一个周期 T,绕椭圆轨道运动一周,其位矢扫过整个椭圆的面积,于是有

$$T\frac{\mathrm{d}S}{\mathrm{d}t}=\pi ab$$

解得

$$v_1=\frac{2\pi ab}{Tr_1}=\left(\frac{2\pi\times7.79\times10^6\times7.72\times10^6}{114\times60\times6.82\times10^6}\right)\ \mathrm{m/s}=8.1\times10^3\ \mathrm{m/s}$$

$$v_1=\frac{2\pi ab}{Tr_2}=6.3\times10^3\ \mathrm{m/s}$$

二、刚体定轴转动的角动量定理和角动量守恒定律

1. 刚体定轴转动的角动量

如图 4-17 所示，有一刚体以角速度 ω 绕定轴 Oz 转动，刚体上每一个质点都以相同的角速度绕轴 Oz 作圆周运动，其中质元 Δm_i 在轴 Oz 方向的角动量为 $\Delta m_i v_i r_i=\Delta m_i r_i^2\omega$，于是刚体上所有质元对轴 Oz 的角动量，即刚体在定轴 Oz 方向的角动量为

$$\boldsymbol{L}=\sum_i \Delta m_i r_i^2\boldsymbol{\omega}=\left(\sum_i \Delta m_i r_i^2\right)\boldsymbol{\omega}$$

式中 $\sum\limits_i \Delta m_i r_i^2$ 为刚体绕轴 Oz 的转动惯量 J. 于是刚体对定轴 Oz 的角动量为

$$\boldsymbol{L}=J\boldsymbol{\omega} \tag{4-17}$$

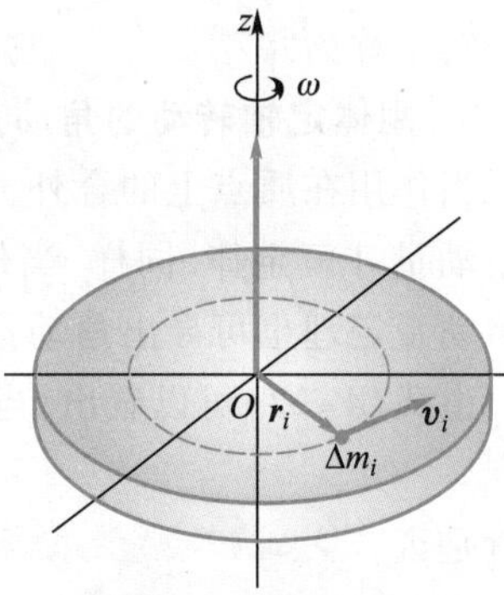

图 4-17 刚体的角动量

2. 刚体定轴转动的角动量定理

从式(4-15)可知，作用在质元 Δm_i 上的合力矩 $\boldsymbol{M}_i$ 应等于质元的角动量随时间的变化率，即

$$\boldsymbol{M}_i=\frac{\mathrm{d}\boldsymbol{L}_i}{\mathrm{d}t}$$

而合力矩 $\boldsymbol{M}_i$ 中含有外力作用在质元 Δm_i 的力矩，即外力矩 $\boldsymbol{M}_i^{\mathrm{ex}}$，以及刚体内质元间作用力的力矩，即内力矩 $\boldsymbol{M}_i^{\mathrm{in}}$.

对绕定轴 Oz 转动的刚体来说，刚体内各质元的内力距之和应为零，即 $\sum\boldsymbol{M}_i^{\mathrm{in}}=0$，故由上式，可得作用于绕定轴 Oz 转动刚体的合外力对转轴的力矩 $\boldsymbol{M}$ 为

$$\boldsymbol{M}=\boldsymbol{M}_i^{\mathrm{ex}}=\frac{\mathrm{d}}{\mathrm{d}t}\left(\sum\boldsymbol{L}_i\right)=\frac{\mathrm{d}}{\mathrm{d}t}\left(\sum\Delta m_i r_i^2\boldsymbol{\omega}\right)$$

亦可写成

$$\boldsymbol{M}=\frac{\mathrm{d}\boldsymbol{L}}{\mathrm{d}t}=\frac{\mathrm{d}}{\mathrm{d}t}(J\boldsymbol{\omega}) \tag{4-18}$$

上式表明，刚体绕定轴转动时，作用于刚体的合外力矩等于刚体绕此定轴的角动量随时间的变化率. 对照式(4-9)可见，式(4-18)是转动定律的另一表达方式，但其意义更加普遍. 即使在绕定轴转动物体的转动惯量 J 因内力作用而发生变化时，式(4-9)已不适用，但式(4-18)仍然成立.

设有一转动惯量为 J 的刚体绕定轴转动，在合外力矩 $\boldsymbol{M}$ 的作用下，在时间

$\Delta t=t_2-t_1$ 内,其角速度由 ω_1 变为 ω_2. 由式(4-18)得

$$\int_{t_1}^{t_2}\boldsymbol{M}\mathrm{d}t=\int_{L_1}^{L_2}\mathrm{d}\boldsymbol{L}=\boldsymbol{L}_2-\boldsymbol{L}_1=J\boldsymbol{\omega}_2-J\boldsymbol{\omega}_1 \tag{4-19}$$

式中 $\int_{t_1}^{t_2}\boldsymbol{M}\mathrm{d}t$ 称为力矩对给定轴的冲量矩,又叫角冲量.

如果物体在转动过程中,其内部各质点相对于转轴的位置发生了变化,那么物体的转动惯量 J 也必然随时间变化,若在 Δt 时间内,转动惯量由 J_1 变为 J_2,则式(4-19)中的 $J\boldsymbol{\omega}_1$ 应改为 $J_1\boldsymbol{\omega}_1$,$J\boldsymbol{\omega}_2$ 应改为 $J_2\boldsymbol{\omega}_2$,关系式仍是成立的,即

$$\int_{t_1}^{t_2}\boldsymbol{M}\mathrm{d}t=J_2\boldsymbol{\omega}_2-J_1\boldsymbol{\omega}_1 \tag{4-20}$$

式(4-20)表明,当转轴给定时,作用在物体上的冲量矩等于角动量的增量. 这一结论称为角动量定理. 它与质点的角动量定理在形式上很相似.

3. 刚体定轴转动的角动量守恒定律

当作用在质点上的合外力矩等于零时,由质点的角动量定理可以导出质点的角动量守恒定律. 同样,当作用在绕定轴转动的刚体上的合外力矩等于零时,由角动量定理也可导出角动量守恒定律.

由式(4-22)可以看出,当合外力矩为零时,可得

$$J\boldsymbol{\omega}=\text{常量}$$

这就是说,如果物体所受的合外力矩等于零,或者不受外力矩的作用,物体的角动量保持不变. 这个结论就是角动量守恒定律.

必须指出,上面在得出角动量守恒定律的过程中受到刚体、定轴等条件的限制,但它的适用范围却远远超过这些限制.

有许多现象都可以用角动量守恒来说明. 如在图 4-18 中,有一人站在能绕竖直轴转动的转盘上. 开始时,人平举双臂,两手各握一哑铃,并使人与转盘一起以一定的角速度旋转. 当人收起双臂,使转动惯量变小时,人与转盘的转动角速度就要加快. 又比如芭蕾舞蹈演员跳舞时,先把双臂张开,并绕通过足尖的竖直转轴旋转,然后迅速把双臂和腿朝身边靠拢,这是由于转动惯量变小,根据角动量守恒定律,角速度必然增大,因而旋转更快. 跳水运动员常在空中先把手臂和

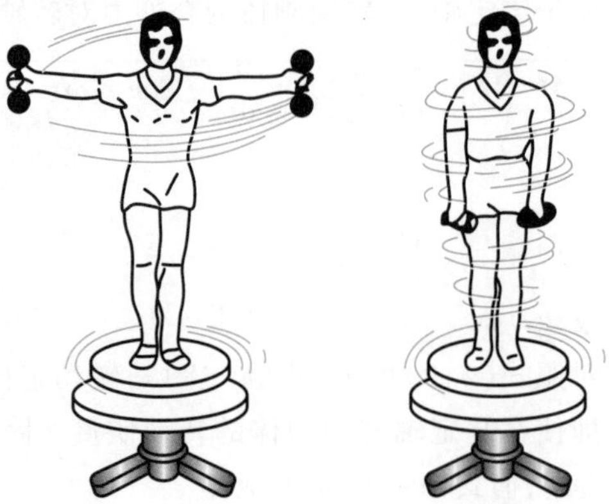

图 4-18　角动量守恒定律的演示

腿蜷缩起来,以减小转动惯量而增大转动角速度,在快到水面时,则又把手、腿伸直,以增大转动惯量而减小转动角速度,以利于调整一定的角度落入水中.

最后应指出,前面关于角动量守恒定律、动量守恒定律和能量守恒定律,都是在不同的理想化条件(如质点、刚体……)下,用经典的牛顿力学原理"推理"出来的,但它们的适用范围不仅仅适用于牛顿力学所研究的宏观、低速(远小于光速)领域,通过相应的扩展和修正后也适用于牛顿力学失效的微观、高速(接近光速)的领域,即量子力学和相对论之中.这就充分说明,上述三条守恒定律有其时空特征,是近代物理理论的基础,是更为普适的物理定律.

4.4　力矩的功　刚体绕定轴转动的动能定理

一、力矩的功

质点在外力作用下发生位移,我们说力对质点做了功.当刚体在外力矩的作用下绕定轴转动而发生角位移时,我们就说力矩对刚体做了功,这就是力矩空间累积作用.

如图 4-19 所示,设刚体在切向力 F_t 的作用下,绕转轴 OO' 转过的角位移为 $d\theta$.这时力 F_t 的作用点的位移为 $ds=rd\theta$.根据功的定义,力 F_t 在这段位移内所做的功为

$$dW=F_t ds=F_t rd\theta$$

由于力 F_t 对转轴的力矩为 $M=F_t r$,所以

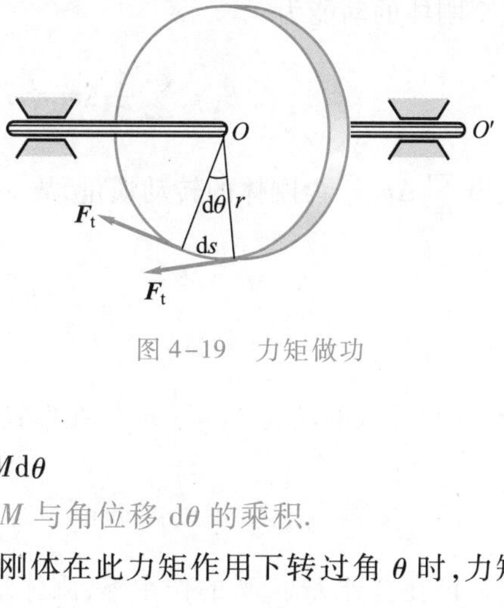

图 4-19　力矩做功

$$dW=Md\theta$$

上式表明,力矩所做的元功 dW 等于力矩 M 与角位移 $d\theta$ 的乘积.

如果力矩的大小和方向都不变,则当刚体在此力矩作用下转过角 θ 时,力矩所做的功为

$$W=\int_0^\theta dW=M\int_0^\theta d\theta=M\theta \tag{4-21}$$

即力矩对绕定轴转动的刚体所做的功,等于力矩的大小与转过的角度 θ 的乘积.

如果作用在绕定轴转动的刚体上的力矩是变化的,那么变力矩所做的功为

$$W=\int Md\theta \tag{4-22}$$

注意:上述两公式中的 M 是作用在绕定轴转动刚体上的合外力矩,故上述两式应理解为合外力矩对刚体所做的功.

二、力矩的功率

单位时间力矩对刚体所做的功称为力矩的功率，用 P 来表示. 设刚体在力矩作用下绕定轴转动时，在时间 $\mathrm{d}t$ 内转过 $\mathrm{d}\theta$ 角，则力矩的功率为

$$P=\frac{\mathrm{d}W}{\mathrm{d}t}=M\frac{\mathrm{d}\theta}{\mathrm{d}t}=M\omega \tag{4-23}$$

即力矩的功率等于力矩与角速度的乘积. 当功率一定时，转速越低，力矩越大；转速越高，力矩越小.

三、转动动能

刚体可看成是由许许多多的质点所组成的. 刚体的转动动能等于各质点动能的总和. 设刚体上各质元的质量与线速度分别为 $\Delta m_1,\Delta m_2,\cdots,\Delta m_i$ 与 $v_1,v_2,\cdots,v_i$，各质量元到转轴的垂直距离为 $r_1,r_2,\cdots,r_i$，当刚体以角速度 ω 绕定轴转动时，第 i 个质量元的动能为

$$\frac{1}{2}\Delta m_i v_i^2=\frac{1}{2}\Delta m_i r_i^2\omega^2$$

整个刚体的动能为

$$E_{\mathrm{k}}=\sum_i\frac{1}{2}\Delta m_i r_i^2\omega^2=\frac{1}{2}\left(\sum_i\Delta m_i r_i^2\right)\omega^2$$

式中 $\sum\limits_i\Delta m_i r_i^2$ 为刚体的转动惯量，故

$$E_{\mathrm{k}}=\frac{1}{2}J\omega^2 \tag{4-24}$$

即刚体绕定轴转动的转动动能等于刚体的转动惯量与角速度二次方的乘积的一半，这与质点的动能 $E_{\mathrm{k}}=\dfrac{1}{2}mv^2$，在形式上是完全类似的.

四、刚体绕定轴转动的动能定理

设在合外力矩 M 的作用下，刚体绕定轴转过的角位移为 $\mathrm{d}\theta$，合外力矩对刚体所做的元功为

$$\mathrm{d}W=M\mathrm{d}\theta$$

由转动定律 $M=J\alpha=J\dfrac{\mathrm{d}\omega}{\mathrm{d}t}$，上式亦可写为

$$\mathrm{d}W=J\frac{\mathrm{d}\omega}{\mathrm{d}t}\mathrm{d}\theta=J\frac{\mathrm{d}\theta}{\mathrm{d}t}\mathrm{d}\omega=J\omega\mathrm{d}\omega$$

上式中的 J 为常量，在 Δt 时间内，由合外力矩对刚体做功，使得刚体的角速率从 ω_1 变到 ω_2，合外力矩对刚体所做的功为

$$W=\int\mathrm{d}W=J\int_{\omega_1}^{\omega_2}\omega\mathrm{d}\omega$$

即

$$W=\frac{1}{2}J\omega_2^2-\frac{1}{2}J\omega_1^2 \tag{4-25}$$

上式表明，合外力矩对绕定轴转动的刚体所做的功等于刚体转动动能的增量，这就是刚体绕定轴转动的动能定理.

为了便于理解刚体绕定轴转动的规律性，必须注意规律形式和研究思路的类比方法. 下面我们把质点运动与刚体定轴转动的一些重要物理量和重要公式，类比如表 4-2 所示.

表 4-2 质点运动与刚体定轴转动对照表

质点运动	刚体定轴转动
速度 $\boldsymbol{v}=\frac{\mathrm{d}\boldsymbol{r}}{\mathrm{d}t}$	角速度 $\omega=\frac{\mathrm{d}\theta}{\mathrm{d}t}$
加速度 $\boldsymbol{a}=\frac{\mathrm{d}\boldsymbol{v}}{\mathrm{d}t}$	角加速度 $\alpha=\frac{\mathrm{d}\omega}{\mathrm{d}t}$
力 $\boldsymbol{F}$	力矩 $\boldsymbol{M}$
质量 m	转动惯量 $J=\int r^2\mathrm{d}m$
动量 $\boldsymbol{p}=m\boldsymbol{v}$	角动量 $L=J\omega$
牛顿第二定律 $\boldsymbol{F}=m\boldsymbol{a}$，$\boldsymbol{F}=\frac{\mathrm{d}\boldsymbol{p}}{\mathrm{d}t}$	转动定律 $\boldsymbol{M}=J\boldsymbol{\alpha}$，$\boldsymbol{M}=\frac{\mathrm{d}\boldsymbol{L}}{\mathrm{d}t}$
动量定理 $\int \boldsymbol{F}\mathrm{d}t=m\boldsymbol{v}_2-\mathrm{m}\boldsymbol{v}_1$	角动量定理 $\int M\mathrm{d}t=J\omega_2-J\omega_1$
动量守恒定律 $F=0$， $m\boldsymbol{v}=$常矢量	角动量守恒定律 $M=0$， $J\boldsymbol{\omega}=$常矢量
动能 $\frac{1}{2}mv^2$	转动动能 $\frac{1}{2}J\omega^2$
功 $W=\int \boldsymbol{F}\cdot\mathrm{d}\boldsymbol{r}$	力矩的功 $W=\int M\mathrm{d}\theta$
动能定理 $W=\frac{1}{2}mv_2^2-\frac{1}{2}mv_1^2$	转动动能定理 $W=\frac{1}{2}J\omega_2^2-\frac{1}{2}J\omega_1^2$

例 4.6 如图 4-20 所示，长为 $l=0.80$ m，质量为 $m_1=0.30$ kg 的均匀细杆可绕水平光滑固定轴自由转动，起初杆下垂静止. 若质量为 $m_2=0.05$ kg 的小球沿水平方向以 $v_0=9.0$ m/s 的速度与杆的中心碰撞，碰撞是完全弹性的，碰撞时间极短，碰撞后小球反向弹回. 求：(1) 碰撞后，杆开始转动时的角速度；(2) 碰撞过程中，小球对杆的冲量和对转轴的冲量矩.

解：(1) 碰撞过程时间极短，可以认为碰撞过程中杆始终处于竖直位置，碰撞结束后，杆开始以角速度 ω 上摆.

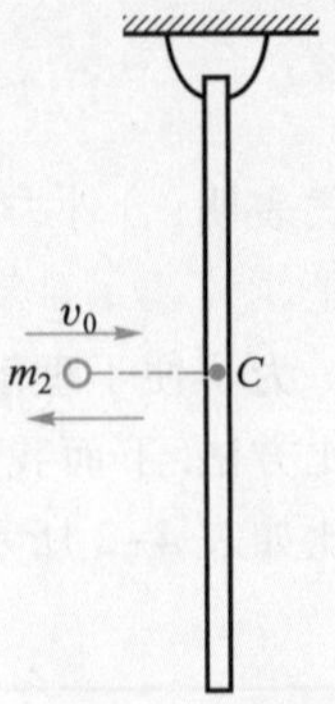

图 4-20

碰撞过程中，杆和小球组成的系统所受的外力有重力和轴的约束力，但它们都通过转轴，对转轴不产生力矩，因此系统角动量守恒. 若以 $\boldsymbol{v}$ 表示小球弹回的速度，以 ω 表示碰撞后杆开始转动时的角速度，则有

$$J\omega - m_2 v\frac{l}{2} = J\omega_0 + m_2 v_0\frac{l}{2}$$

因为碰撞是完全弹性的，系统动能守恒，即

$$\frac{1}{2}J\omega^2 + \frac{1}{2}m_2 v^2 = \frac{1}{2}J\omega_0^2 + \frac{1}{2}m_2 v_0^2$$

式中，$\omega_0 = 0$，J 为杆对转轴的转动惯量：

$$J = \frac{1}{3}m_1 l^2$$

解以上各式，可得

$$\omega = \frac{12m_2 v_0}{(4m_1+3m_2)l} = \frac{12\times0.05\times9}{(4\times0.3+3\times0.05)\times0.8}\ \text{rad/s} = 5.0\ \text{rad/s}$$

$$v = \frac{4m_1-3m_2}{4m_1+3m_2}v_0 = \frac{4\times0.3-3\times0.05}{4\times0.3+3\times0.05}\times9.0\ \text{m}\cdot\text{s}^{-1} = 7.0\ \text{m}\cdot\text{s}^{-1}$$

（2）以小球为研究对象，设碰撞过程中，小球受杆的冲力为 F_{N}，方向水平向左. 对小球应用质点动量定理，得小球所受冲量：

$$\begin{aligned} I &= \int F_{\text{N}}\text{d}t = m_2 v - m_2(-v_0) \\ &= (0.05\times7.0-0.05\times(-9.0))\ \text{N}\cdot\text{s} \\ &= 0.80\ \text{N}\cdot\text{s} \end{aligned}$$

球对杆的冲量与杆对球的冲量大小相等，方向相反.

以杆为研究对象，碰撞过程中杆受到小球所施对转轴的冲量矩，对杆应用定轴转动角动量定理，得到杆所受对转轴的冲量矩为

$$\begin{aligned} \int M\text{d}t &= J\omega - J\omega_0 = \frac{1}{3}m_1 l^2\omega - 0 \\ &= \frac{1}{3}\times0.30\times0.80^2\times5.0\ \text{N}\cdot\text{m}\cdot\text{s} \\ &= 0.32\ \text{N}\cdot\text{m}\cdot\text{s} \end{aligned}$$

思考题

4-1 汽车在弯曲的道路上行驶，其运动是否为平动？

4-2 匀角速转动的飞轮上两点，一点在轮边缘，另一点在转轴与边缘之间一半处，试比较这两点的角速度、角加速度、速度和加速度.

4-3 两轮子的质量和半径都相同,但一个中间厚边缘薄,另一个中间薄边缘厚.已知两轮子均绕通过轮心且与轮面垂直的轴作定轴转动,转动动能相同.问哪一个轮子的转动惯量大?哪一个轮子角速度大?哪一个轮子的角动量大?

4-4 "圆柱体沿光滑斜面滚下……"这句话是否有问题,为什么?

4-5 为什么跳水运动员在起跳时两腿两臂伸直,在空中时把两腿两臂收拢,入水前重新又伸直?

4-6 两个球的前进速度相同,其中一个是旋转球,另一个是不转的.哪个球的动能大?

习题

4-1 刚体对轴的转动惯量,与哪个因素无关?( )

(A) 刚体的质量. (B) 刚体质量的空间分布.

(C) 刚体的转动速度. (D) 刚体转轴的位置.

4-2 有两个力作用在一个有固定轴的刚体上.

(1) 这两个力都平行于轴作用时,它们对轴的合力矩一定是零;

(2) 这两个力都垂直于轴作用时,它们对轴的合力矩可能是零;

(3) 这两个力的合力为零时,它们对轴的合力矩也一定是零;

(4) 当这两个力对轴的合力矩为零时,它们的合力也一定是零.

在上述说法中,( )

(A) 只有(1)是正确的;

(B) (1)(2) 正确,(3)(4)错误;

(C) (1)(2)(3)都正确,(4)错误;

(D) (1)(2)(3)(4)都正确.

4-3 均匀细棒 OA 可绕通过其一端 O 而与棒垂直的水平固定光滑轴转动,今使棒从水平位置由静止开始自由下落,在棒摆动到竖直位置的过程中,下述说法哪一种是正确的?( )

(A) 角速度从小到大,角加速度从大到小.

(B) 角速度从小到大,角加速度从小到大.

(C) 角速度从大到小,角加速度从大到小.

(D) 角速度从大到小,角加速度从小到大.

4-4 如图所示,圆锥摆的小球在水平面内作匀速率圆周运动,小球和地球所组成的系统,下列哪些物理量守恒?( )

(A) 动量守恒,角动量守恒. (B) 动量和机械能守恒.

(C) 角动量和机械能守恒. (D) 动量、角动量、机械能守恒.

4-5 一圆盘绕通过盘心且垂直于盘面的水平轴转动,轴间摩擦不计,如图射来两个质量相同,速度大小相同、方向相反并在一条直线上的子弹,它们同时射入圆盘并且留在盘内，在子弹射入后的瞬间，对于圆盘和子弹系统的角动量 L 以及圆盘的角速度 ω 则有(　　)

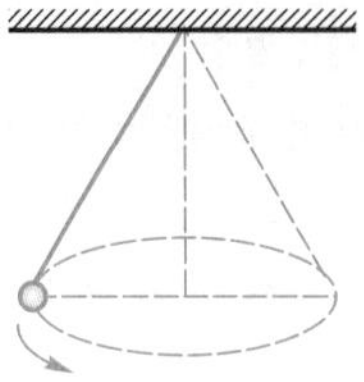

习题 4-4 图

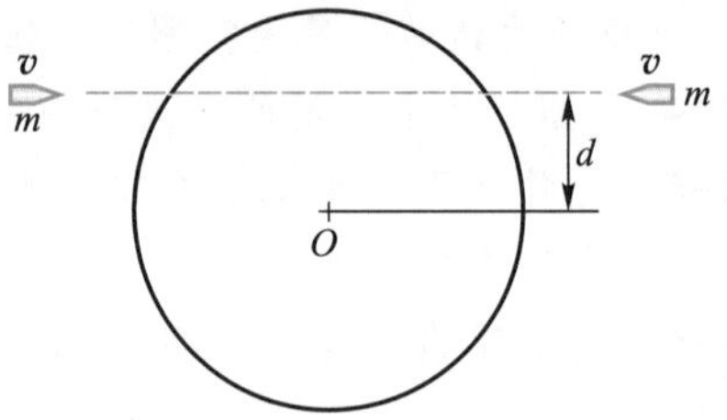

习题 4-5 图

(A) L 不变，ω 增大.　　(B) L 不变，ω 减小.

(C) L 变大，ω 不变.　　(D) 两者均不变.

4-6　一花样滑冰者，开始自转时，其动能为 $E_0=\frac{1}{2}J_0\omega_0^2$. 然后他将手臂收回，转动惯量减少为原来的1/3，此时他的角速度变为 ω，动能变为 E，则下列关系正确的是(　　)

(A) $\omega=3\omega_0, E=E_0$.　　(B) $\omega=\frac{1}{3}\omega_0, E=3E_0$.

(C) $\omega=\sqrt{3}\omega_0, E=E_0$.　　(D) $\omega=3\omega_0, E=3E_0$.

4-7　如图所示，物体1和2的质量分别为 m_1 与 m_2，滑轮的转动惯量为 J，半径为 r. 求：(1) 如物体2与桌面间的摩擦因数为 μ，求系统的加速度 a 及绳中的张力 F_{T1} 和 F_{T2}；(2) 如物体2与桌面间为光滑接触，求系统的加速度 a 及绳中的张力 F_{T1} 和 T_{T2}.（设绳子与滑轮间无相对滑动，滑轮与转轴无摩擦.）

4-8　如图所示，一轻绳绕过半径为 R 的滑轮边缘，挂一质量为 m 的物体，滑轮质量 $m'=2$ m，开始时滑轮和物体静止，(1) 求滑轮的角加速度；(2) 当物体下落 h 高度时滑轮的角速度为多少？$\left(g=10\ \text{m/s}^2\text{，滑轮的转动惯量 } J=\frac{1}{2}m'R^2.\right)$

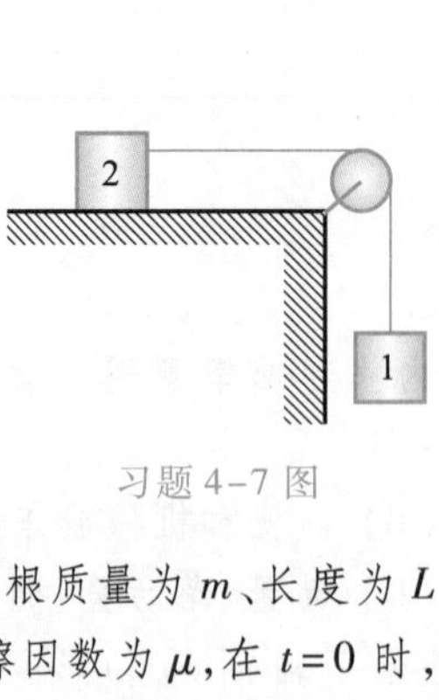

习题 4-7 图

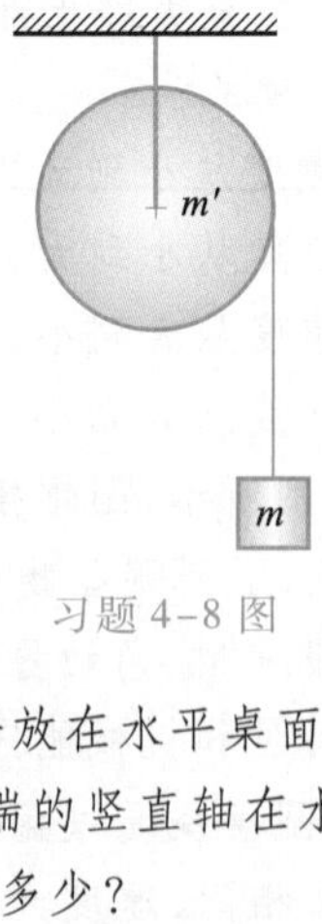

习题 4-8 图

4-9　一根质量为 m、长度为 L 的匀质细直棒，平放在水平桌面上. 若它与桌面间的动摩擦因数为 μ，在 $t=0$ 时，使该棒绕过其一端的竖直轴在水平桌面上旋转，其初始角速度为 ω_0，则棒停止转动所需的时间为多少？

4-10 一根质量为 m'、长度为 L 的匀质细直杆,静止放在水平光滑的桌面上. 该杆可绕通过其中点的竖直轴在水平桌面上旋转,有一质量为 m,且 $m'=3m$,速度为 v 的小球垂直射到杆的一端,并以 $\frac{v}{2}$ 的速度被反弹回来,求碰撞后杆的角速度为多少.

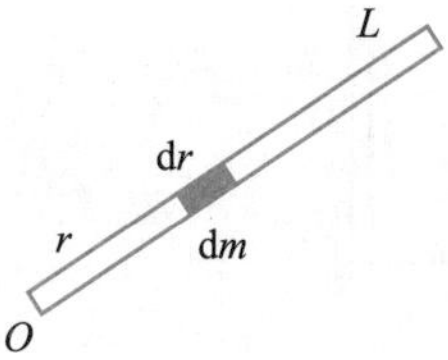

习题 4-9 图

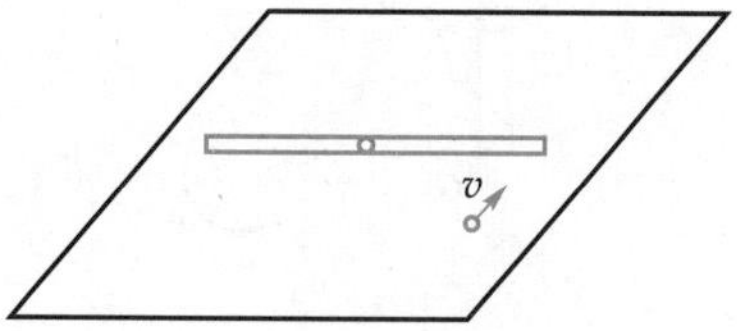

习题 4-10 图

4-11 如图所示,一质量均匀分布的圆盘,质量为 m',半径为 R,放在光滑的水平面上,圆盘可绕通过其中心 O 的竖直固定光滑轴转动,开始时圆盘静止,一质量为 m 的子弹以水平速度 v_0 垂直圆盘半径打入圆盘边缘并嵌在盘边上,已知 $m'=2m$,求:(1) 子弹击中圆盘后,圆盘所获得的角速度;(2) 子弹的切向加速度和法向加速度$\left(\text{圆盘的转动惯量 } J=\frac{1}{2}m'R^2\right)$.

4-12 如图,质量为 m'的均匀圆盘,半径为 R,可以绕其过圆心的转轴转动,开始圆盘静止,有一质量为 m 的黏土由静止下落($m'=2m$),下落竖直方位为 $R/2$,下降 h 后落到盘的边缘上并粘到盘上一起转动,求:(1) 圆盘转动的角速度;(2) 黏土的速度及加速度$\left(\text{圆盘的转动惯量 } J=\frac{1}{2}m'R^2\right)$.

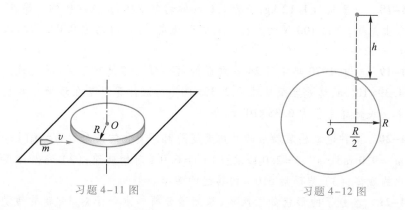

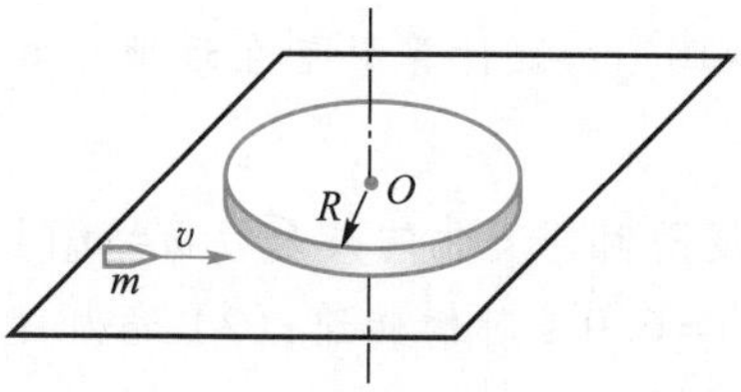

习题 4-11 图

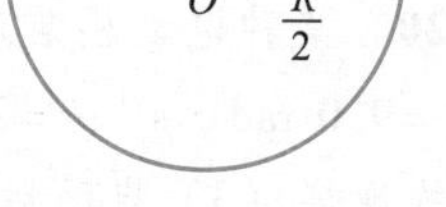

习题 4-12 图

4-13 如图所示,一根质量为 m',长为 L 的均匀细棒 OB 可绕光滑转轴 O 在竖直平面内转动. 现使棒从静止由水平位置绕 O 转动,求:(1) 细棒对 O 轴的转动惯量 J;(2) 棒转到图中 θ 角时的角速度 ω 和角加速度 a;(3) 端点 B 处的速度 v 及加速度 a.

4-14 如图所示,长为 $l=0.5$ m,质量为 m'的细棒,可绕其上端水平轴自由转动. 开始时细棒处于竖直位置,质量为 m 的小球(其中 $m'=3m$)以水平速度 $v=$

5 m/s 与细棒在端点处发生完全非弹性碰撞. 求:(1) 细棒转动的初始角速度;(2) 细棒转过的最大角度 θ.(重力加速度 $g=10\ \mathrm{m/s^2}$.)

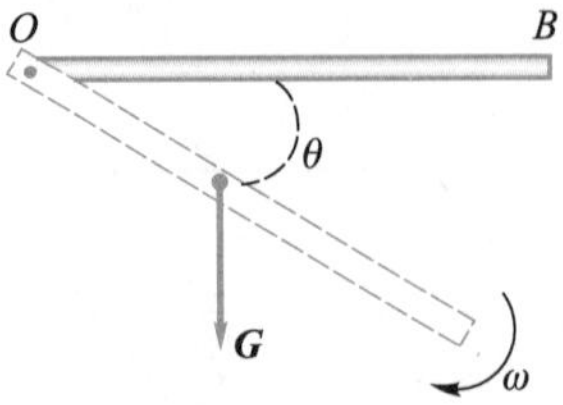

习题 4-13 图

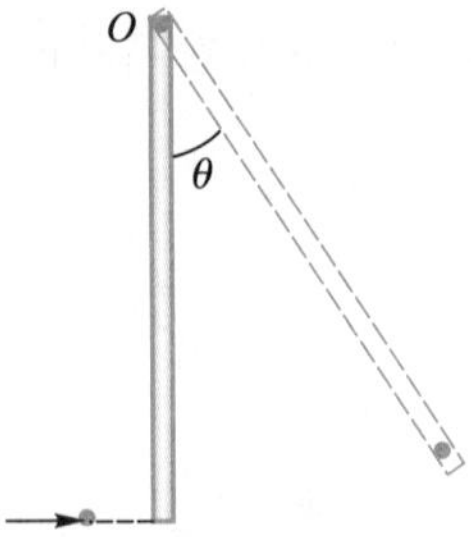

习题 4-14 图

4-15 一转台绕其中心的竖直轴以角速度 $\omega=\pi\ \mathrm{rad\cdot s^{-1}}$ 转动,转台对转轴的转动惯量为 $J_0=4.0\times10^{-3}\ \mathrm{kg\cdot m^2}$. 今有砂粒以 $Q=2t$(SI 单位)的流量竖直落在转台,并黏附于台面形成一圆环,若圆环的半径为 $r=0.10$ m,求砂粒下落 $t=10$ s 时,转台的角速度.

4-16 一位滑冰者伸开双臂以 $1.0\ \mathrm{r\cdot s^{-1}}$ 绕身体中心轴转动,此时她的转动惯量为 $1.44\ \mathrm{kg\cdot m^2}$,为了增加转速,她收起了双臂,转动惯量变为 $0.48\ \mathrm{kg\cdot m^2}$. 求:(1) 她收起双臂后的转速;(2) 她收起双臂前后绕身体中心轴转动的转动动能.

4-17 一质量为 m'、半径为 R 的转台,以角速度 ω_a 转动,转轴的摩擦忽略不计,(1) 有一质量为 m 的蜘蛛竖直落在转台边缘上,此时转台的角速度 ω_b 为多少? (2) 若蜘蛛随后慢慢爬向转台中心,当它离转台中心的距离为 r 时,转台的角速度 ω_c 为多少? 设蜘蛛下落前距离转台很近.

4-18 一质量为 1.12 kg,长为 1.0 m 的均匀细棒,支点在棒的上端点,开始时棒自由悬挂,当以 100 N 的力打击它的下端点,打击时间为 0.02 s 时,求棒的最大偏转角.

4-19 我国 1970 年 4 月 24 日发射的第一颗人造地球卫星,其近地点距地球为 4.39×10^5 m,远地点距地球为 2.38×10^6 m. 试计算卫星在近地点和远地点的速率.(设地球半径为 6.38×10^6 m.)

4-20 某种电动机启动后转动角速度随时间变化的关系为 $\omega=\omega_0(1-\mathrm{e}^{-\frac{t}{\tau}})$,式中 $\omega_0=9.0\ \mathrm{rad\cdot s^{-1}}$,$\tau=2.0$ s. 求:(1) $t=6.0$ s 时的转速;(2) 角加速度随时间变化的规律;(3) 启动后 6.0 s 内转过的圈速.

4-21 水分子的形状如图所示,从光谱分析知水分子对 AA' 轴的转动惯量 $J_{AA'}=1.93\times10^{-47}\ \mathrm{kg\cdot m^2}$,对 BB' 轴转动惯量 $J_{BB'}=1.14\times10^{-47}\ \mathrm{kg\cdot m^2}$. 试由此数据和各原子质量求出氢和氧原子间的距离 d 和夹角 θ. 假设各原子都可视为质点.

4-22 一飞轮由一直径为 30 cm,厚度为 2.0 cm 的圆盘和两个直径都为 10 cm,长为 8.0 cm 的共轴圆柱体组成,设飞轮的密度为 $7.8\times10^3\ \mathrm{kg\cdot m^{-3}}$,求飞轮对轴的转动惯量.

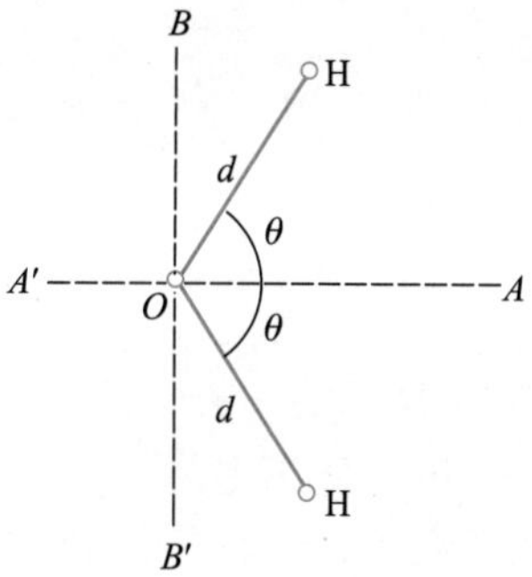

习题 4-21 图

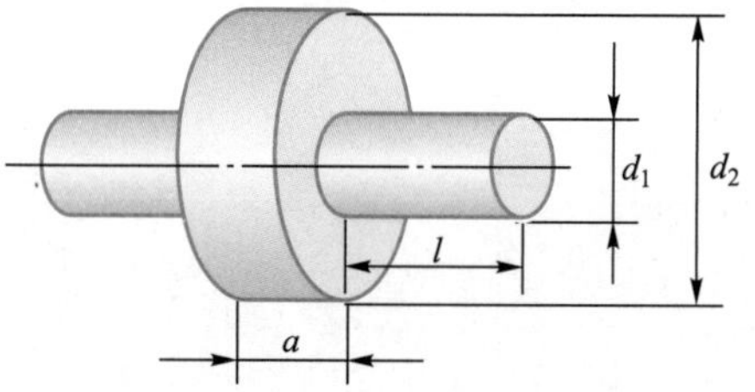

习题 4-22 图

4-23 一燃气轮机在试车时,燃气作用在涡轮上的力矩为 $2.03\times10^3\ \mathrm{N\cdot m}$,涡轮的转动惯量为 $25.0\ \mathrm{kg\cdot m^2}$,当轮的转速由 $2.80\times10^3\ \mathrm{r\cdot min^{-1}}$ 增大到 $1.12\times10^4\ \mathrm{r\cdot min^{-1}}$ 时,所经历的时间 t 为多少?

4-24 一半径为 R、质量为 m 的匀质圆盘,以角速度 ω 绕其中心轴转动,现将它平放在一水平板上,盘与板表面的摩擦因数为 μ.(1) 求圆盘所受的摩擦力矩;(2) 问经过多少时间圆盘才能停止转动?

4-25 一通风机的转动部分以初角速度 ω_0 绕其轴转动,空气的阻力矩与角速度成正比,比例系数 c 为一常量.若转动部分对其轴的转动惯量为 J,问:(1) 经过多少时间后其转动角速度减少为初角速度的一半?(2) 此时间内共转过多少圈?

第五章

静　电　场

电磁运动是物质的基本运动形式之一. 无论是生活生产、工业应用,还是深入认知物质结构,都离不开对电磁运动的系统研究. 电磁相互作用也是自然界已知的四种基本相互作用之一. 理解和掌握基本的电磁运动规律,具有巨大的理论和实践意义.

一般情况下,运动的电荷将会同时激发电场和磁场,情况比较复杂. 但当所研究的电荷相对某个参考系静止的时候,对这个参考系而言,电荷就只激发电场,相对于观察者静止的电荷所激发的电场,称为静电场,也就是本章所要研究的对象.

本章从电场对电荷的作用力、电荷在电场中移动时电场对电荷做功两个角度,引入描述电场的两个基本物理量——电场强度和电势,介绍反映基本性质的场强叠加原理、高斯定理和环路定理,并讨论电场强度和电势之间的关系.

5.1 电荷守恒定律 库仑定律

吉伯的电学和磁学研究

早在古中国时代,人们已经发现,通过摩擦的方式,物体可以具有吸引轻小物体的能力,这种能力其实就是因为物体带了电,或者说带了一定量的电荷.

我们将带有电荷的物体称为带电体,而带电体之间的相互作用分为两种,一种是相互吸引,另一种是相互排斥. 相互作用是吸引还是排斥,取决于带电体所携带电荷种类的异同.

实验证明,自然界中存在两种电荷,分别称为正电荷和负电荷. 同种电荷相互排斥,异种电荷相互吸引.

物体所带电荷的多少称为电荷量,一般用 q 或 Q 表示,电荷量的单位为 C(库仑).

一、电荷的量子化

实验表明,在自然界中,存在着最小的电荷基本单元——元电荷 e,任何带电体所带的电荷量只能是元电荷的整数倍,即

$$Q=ne(n=\pm1,\pm2,\cdots)$$

电荷的这种不连续的量值的特性,称为电荷的量子化.

实验测得,元电荷为

$$e=1.602\ 176\ 634\times10^{-19}\ \text{C}(\text{近似为 }1.602\times10^{-19}\ \text{C})$$

现代粒子物理研究表明,质子、中子等组成原子核的粒子是由更基本的单位夸克构成的,夸克带的电荷量为 e 的分数值$\left(-\dfrac{1}{3}e \text{ 或} +\dfrac{2}{3}e\right)$,但实验上并未发现独立存在的带分数电荷的粒子,因此,e 依然是最小的电荷基本单元.

二、电荷守恒定律

无论固体液体还是气体,内部都存在正、负电荷. 通常情况下,正负电荷电荷

量相等，电效应相互抵消，物体不带电，呈电中性.

物体呈带电状态，是电子转移或电子重新分配的结果，失去电子则带正电，获得电子则带负电. 而在电子转移或重新分配的过程中，正、负电荷的代数和并不改变.

富兰克林的电学和磁学研究

大量实验事实表明，把参与相互作用的几个物体或粒子作为一个系统，若整个系统与外界没有电荷交换，则不管在系统中发生什么变化过程，整个系统电荷量的代数和将始终保持不变. 这一结论称为电荷守恒定律，它是自然界中的一条基本定律.

无论宏观还是微观过程，也无论物理的、化学的、生物的过程，都遵守电荷守恒定律.

三、库仑定律

库仑简介

当两个带电体自身的线度比起相互之间的距离小很多时，带电体可以近似看成"点电荷". 点电荷是一个理想模型，一般的连续带电体都可以看成是点电荷的集合体，从而能由点电荷所遵从的规律出发，得出我们要寻找的结论.

1785 年，法国物理学家库仑用扭秤实验测定两个带电球体之间相互作用的电力，提出了描述两个点电荷相互作用的基本规律，即库仑定律：

库仑定律的建立

真空中两静止点电荷之间的相互作用力，其大小与它们所带电荷量的乘积成正比，与它们之间距离的二次方成反比；作用力的方向沿着两电荷的连线，同号电荷相斥，异号电荷相吸.

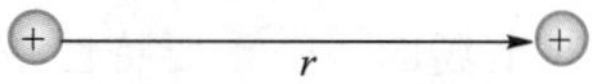

图 5-1 库仑定律

如图 5-1 所示，两个点电荷 q_1 和 q_2.

q_2 受到 q_1 的作用力为 $\boldsymbol{F}=k\dfrac{q_1q_2}{r^2}\boldsymbol{e}_r$，$\boldsymbol{e}_r$ 为从电荷 q_1 指向电荷 q_2 的单位矢量. k 为比例系数，在 SI 中，实验测得其数值为

$$k=8.987\ 551\ 8\times10^9\ \mathrm{N\cdot m^2\cdot C^{-2}}\approx9\times10^9\ \mathrm{N\cdot m^2\cdot C^{-2}}$$

为使由库仑定律导出的其他公式具有较简单的形式，通常将库仑定律中的比例系数写为

$$k=\frac{1}{4\pi\varepsilon_0}$$

其中 ε_0 为真空的电容率（或真空中的介电常量），于是库仑定律又可写为

$$\boldsymbol{F}=\frac{1}{4\pi\varepsilon_0}\frac{q_1q_2}{r^2}\mathbf{e}_r \tag{5-1}$$

值得指出的是，库仑定律只适用于描述两个相对于观察者静止的点电荷之间的相互作用，这种静止电荷的作用力称为静电力（或库仑力）.

5.2 静电场 电场强度

一、静电场

库仑定律给出了两个静止电荷之间的相互作用力，却并未说明这种作用力

是通过何种方式发生的. 而关于电荷之间如何进行相互作用,历史上曾经有过两种不同的观点.

一种观点认为这种相互作用不需要介质,也不需要时间,而是直接从一个带电体作用到另一个带电体上的,即电荷之间的相互作用是一种"超距作用". 这种作用方式可表示为

电荷⟷电荷

另一种观点认为,任一电荷都在自己的周围空间产生电场,并通过电场对其他电荷施加作用力,这种作用方式可表示为

电荷⟷电场⟷电荷

大量事实证明,电场的观点是正确的. 电场是一种客观存在的特殊物质,与由分子、原子组成的物质一样,它也具有能量、质量和动量. 场与实物共同构成丰富的物质世界图景.

场和实物的区别:场分布范围广泛,具有分散性,对场的描述要逐点进行. 而实物则集中在有限范围内,具有集中性.

电荷在静电场中会受到电场力,而当电荷在电场中运动时电场力也要对其做功. 我们将从施力和做功两方面来研究静电场的性质,分别引出两个重要物理量——电场强度和电势.

二、电场强度

电场的一个重要特性是对于其中的其他静止电荷有作用力,因此我们可以通过电场对电荷的作用力来研究电场,并可以用试探电荷作为研究和检测电场的工具.

所谓试探电荷是这样一种电荷,首先,它所带的电荷量要非常小,以至于它的引入使原电场发生的改变可以忽略;其次,它的几何尺寸亦必须非常小,以至于可以看成点电荷. 一般取正的电荷$+q_0$作为试探电荷,如图 5-2 所示.

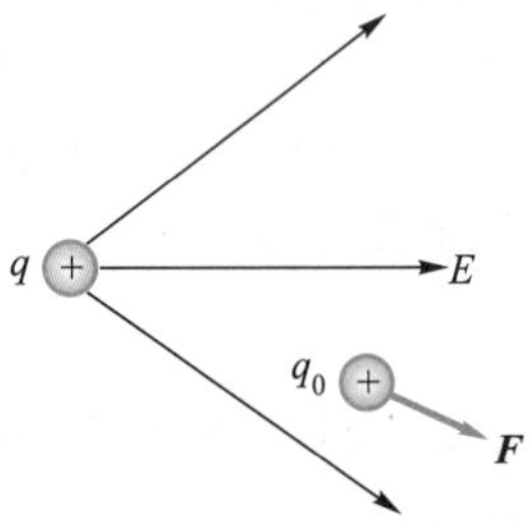

图 5-2 试探电荷受电场力

实验证明,在不同位置处,试探电荷受力大小和方向各不相同;而在同一场点处,试探电荷q_0所受的电场力$\boldsymbol{F}$与q_0之比为一常矢量,与q_0的大小无关.

可见,比值$\boldsymbol{F}/q_0$揭示了电场的性质,所以我们可将这一比值定义为电场强度,用$\boldsymbol{E}$表示,即

$$\boldsymbol{E}=\frac{\boldsymbol{F}}{q_0} \tag{5-2}$$

静电场中任意一点的电场强度在数值上等于单位试探电荷在该点所受到的电场力,场强方向与正电荷在该点的受力方向相同.

通常$\boldsymbol{E}$是空间坐标的函数. 若$\boldsymbol{E}$的大小和方向均与空间坐标无关,这种电场称为匀强电场.

在 SI 单位制中，电场强度的单位为 $N\cdot C^{-1}$（牛顿每库仑），或 $V\cdot m^{-1}$（伏特每米），$V\cdot m^{-1}$（伏特每米）这个单位使用更广泛一些.

下面我们具体来研究点电荷的电场强度，以及由此得到的点电荷系、连续带电体的电场强度.

三、点电荷的电场强度

设场源是电荷量为 q 的点电荷，由库仑定律，试探电荷 q_0 在距离场源电荷 r 处的 P 点所受的电场力为

$$\boldsymbol{F}=\frac{q_0 q}{4\pi\varepsilon_0 r^2}\boldsymbol{e}_r$$

式中 $\boldsymbol{r}$ 是点 P 相对于点电荷的位置矢量，r 是这位置矢量的大小.

由电场强度的定义，得 P 点处的电场强度为

$$\boldsymbol{E}=\frac{\boldsymbol{F}}{q_0}=\frac{q}{4\pi\varepsilon_0 r^2}\boldsymbol{e}_r=\frac{q}{4\pi\varepsilon_0 r^3}\boldsymbol{r} \tag{5-3}$$

上式表示，点电荷在空间任一点 P 所产生的电场强度 $\boldsymbol{E}$ 的大小，取决于这个点电荷的电荷量和点 P 到该点电荷的距离. 电场强度 $\boldsymbol{E}$ 的方向与这个点电荷的符号有关，q 为正，电场强度 $\boldsymbol{E}$ 的方向与位置矢量 $\boldsymbol{r}$ 的方向相同，即背离 q；q 为负，电场强度 $\boldsymbol{E}$ 的方向与位置矢量 $\boldsymbol{r}$ 的方向相反，即指向 q.

点电荷的电场强度在空间呈辐射状的球对称分布，如图 5-3 所示.

四、电场强度叠加原理

如果空间存在 n 个点电荷 $q_1, q_2, \cdots, q_n$，则电场是由这 n 个点电荷共同激发的，这些点电荷称为点电荷系，如图 5-4 所示.

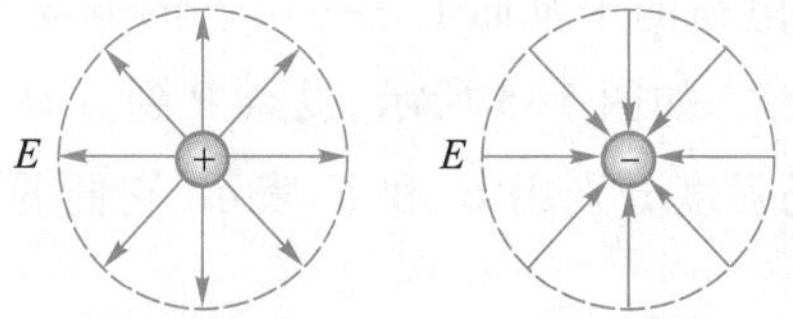

图 5-3 点电荷电场

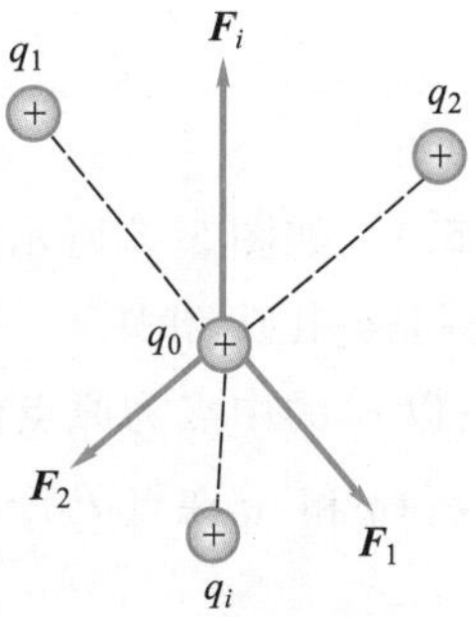

图 5-4 电场强度叠加原理

在它们激发的电场任一点 P 处，试探电荷 q_0 所受的电场力 $\boldsymbol{F}$ 等于各点电荷分别单独存在时 q_0 所受电场力的矢量和.

利用电场强度定义 $\boldsymbol{E}=\dfrac{\boldsymbol{F}}{q_0}$，可得

$$\boldsymbol{F}=\sum \boldsymbol{F}_i \rightarrow \boldsymbol{E}=\sum \boldsymbol{E}_i$$

上式表明,在点电荷系的电场中,任意一点的电场强度等于各点电荷单独存在时在该点所产生场强的矢量和,这一结论称为电场强度的叠加原理.

表达式为

$$\boldsymbol{E}=\sum_i \boldsymbol{E}_i=\frac{1}{4\pi\varepsilon_0}\sum_i \frac{q_i}{r_i^3}\boldsymbol{r}_i \tag{5-4}$$

根据场强叠加原理,我们可以计算电荷连续分布的带电体的电场强度.

任意带电体的电荷可以看成是很多电荷元 dq 的集合,每一个电荷元可以视为点电荷,它在空间任意一点 P 所产生的电场强度,与点电荷在同一点产生的电场强度相同,那么整个带电体在 P 点产生的电场强度,就等于带电体上所有电荷元在 P 点场强的矢量和.

如果点 P 相对于电荷元 dq 的位置矢量为 $\boldsymbol{r}$,则电荷元 dq 在 P 点产生的电场强度为

$$d\boldsymbol{E}=\frac{1}{4\pi\varepsilon_0}\frac{dq}{r^3}\boldsymbol{r}$$

通过对整个带电体的电荷元进行积分,可得连续带电体在 P 点产生的电场强度为

$$\boldsymbol{E}=\int d\boldsymbol{E}=\frac{1}{4\pi\varepsilon_0}\int\frac{dq}{r^3}\boldsymbol{r} \tag{5-5}$$

通常情况下,电荷连续分布的带电体可以分为三种情况,分别是体分布、面分布和线分布,相应的电荷密度为电荷体密度 ρ、电荷面密度 σ、电荷线密度 λ.

分别对应场强积分形式为

$$\boldsymbol{E}=\int_V\frac{1}{4\pi\varepsilon_0}\frac{\rho\boldsymbol{e}_r}{r^2}dV;$$

$$\boldsymbol{E}=\int_S\frac{1}{4\pi\varepsilon_0}\frac{\sigma\boldsymbol{e}_r}{r^2}dS;$$

$$\boldsymbol{E}=\int_l\frac{1}{4\pi\varepsilon_0}\frac{\lambda\boldsymbol{e}_r}{r^2}dl \tag{5-6}$$

例 5.1 如图 5-5 所示的电偶极子,由两个电荷量相等而符号相反的点电荷 $+q$ 和 $-q$ 组成,相距 r_0. 求在两点电荷的中垂面上任一点 P 的电场强度.

解:以 r_0 的中点为原点建立坐标系,如图 5-5 所示,设点 P 到点 O 的距离为 r. 电荷 $+q$ 和 $-q$ 在点 P 产生的电场强度分别用 $\boldsymbol{E}_+$ 和 $\boldsymbol{E}_-$ 表示. 它们的大小相等,为

$$E_+=E_-=\frac{1}{4\pi\varepsilon_0}\frac{q}{r^2+r_0^2/4}$$

它们的方向如图所示.

点 P 的电场强度 $\boldsymbol{E}$ 为 $\boldsymbol{E}_+$ 和 $\boldsymbol{E}_-$ 的矢量和,即 $\boldsymbol{E}=\boldsymbol{E}_++\boldsymbol{E}_-$. $\boldsymbol{E}$ 的 x 分量为

$$E_x=E_{+x}+E_{-x}=-E_+\cos\theta-E_{-x}\cos\theta=-\frac{1}{4\pi\varepsilon_0}\frac{qr_0}{(r^2+r_0^2/4)^{3/2}}$$

$\boldsymbol{E}$ 的 y 分量为

$$E_y = E_{+y} + E_{-y} = E_+ \sin\theta - E_- \sin\theta = 0$$

所以，点 P 的电场强度大小为

$$E = |E_x| = \frac{1}{4\pi\varepsilon_0} \frac{qr_0}{(r^2 + r_0^2/4)^{3/2}},$$

方向沿 x 轴负方向.

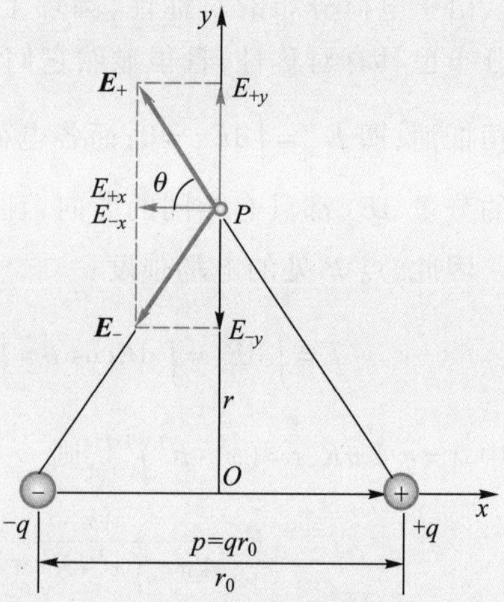

图 5-5 电偶极子

当 $r >> r_0$ 时，这样一对电荷量相等、符号相反的点电荷所组成的系统，称为电偶极子. 从负电荷到正电荷所引的有向线段 $\boldsymbol{r}_0$ 称为电偶极子的轴.

电荷量 q 与电偶极子的轴 $\boldsymbol{r}_0$ 的乘积，定义为电偶极子的电偶极矩，用 $\boldsymbol{p}$ 表示，即

$$\boldsymbol{p} = q\boldsymbol{r}_0$$

由于 $r \gg r_0$，故有 $(r^2 + r_0^2/4)^{3/2} \approx r^3$，所以在电偶极子轴的中垂面上任意一点的电场强度可表示为

$$\boldsymbol{E} \approx -\frac{\boldsymbol{p}}{4\pi\varepsilon_0 r^3}$$

电偶极子是一个很重要的物理模型，在研究电介质极化，电磁波的发射和吸收等问题中都要用到该模型.

例 5.2 如图 5-6 所示，正电荷 q 均匀分布在半径为 R 的圆环上，计算通过环心点 O 并垂直圆环平面的轴线上任一点 P 处的电场强度.

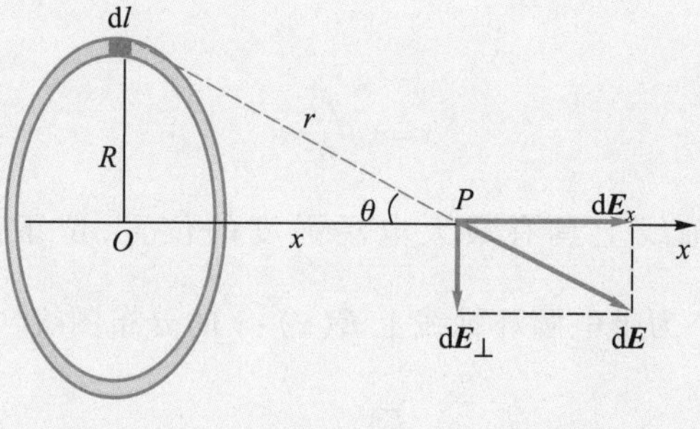

图 5-6

解：设坐标原点在圆环中心处. 点 P 与 O 的距离为 x. 由于正电荷均匀分布，电荷线密度为 $\lambda = q/2\pi R$，在环上取线元 $\mathrm{d}l$，对应电荷元为 $\mathrm{d}q = \lambda \mathrm{d}l$.

此电荷元在 P 点激发的电场强度方向沿着 $\boldsymbol{r}$ 的方向，大小为

$$\mathrm{d}E = \frac{1}{4\pi\varepsilon_0} \frac{\lambda \mathrm{d}l}{r^2}$$

由于电荷分布的对称性，圆环上各电荷元在点 P 处激发的电场强度 $\mathrm{d}\boldsymbol{E}$ 的分布也具有对称性，且很显然它们在与 x 轴垂直的方向上的分量 $\mathrm{d}\boldsymbol{E}_{\perp}$ 将会互相抵消，即 $E_{\perp}=\int \mathrm{d}E_{\perp}=0$；而各电荷元在点 P 处的电场强度 $\mathrm{d}\boldsymbol{E}$ 沿 x 轴方向上的分量 $\mathrm{d}\boldsymbol{E}_x$ 都具有相同的方向，且有 $\mathrm{d}E_x=\mathrm{d}E\cos\theta, \cos\theta=x/r$.

因此，点 P 处的电场强度：

$$E=\int \mathrm{d}E_x=\int \mathrm{d}E\cos\theta=\int_l \frac{\lambda \mathrm{d}l}{4\pi\varepsilon_0 r^2}\cdot\frac{x}{r}=\frac{\lambda x}{4\pi\varepsilon_0 r^3}\int_0^{2\pi R}\mathrm{d}l$$

式中 $\lambda=q/2\pi R, r=(x^2+R^2)^{1/2}$，则

$$E=\frac{\lambda x}{4\pi\varepsilon_0(x^2+R^2)^{3/2}}2\pi R=\frac{qx}{4\pi\varepsilon_0(x^2+R^2)^{3/2}}$$

上式表明，均匀带电圆环对轴线上任一点处的电场强度，是该点与环心的距离 x 的函数，即 $E=E(x)$.

接下来针对几个特殊点进行一些讨论：

(1) 若 $x\gg R$，则 $(x^2+R^2)^{3/2}\approx x^3$，有

$$E\approx\frac{q}{4\pi\varepsilon_0 x^2}$$

也就是说，在远离圆环的地方，可把带电圆环看成点电荷.

(2) $x=0, E_O=0$，环心处电场强度为零.

(3) 由 $\frac{\mathrm{d}E}{\mathrm{d}x}=0$，可以求得电场强度极大值的位置，即

$$\frac{\mathrm{d}}{\mathrm{d}x}\left[\frac{qx}{4\pi\varepsilon_0(x^2+R^2)^{3/2}}\right]=0$$

可得

$$x=\pm\frac{\sqrt{2}}{2}R$$

这说明圆环轴线上具有最大电场强度的位置，位于圆环中心两侧的 $\pm\frac{\sqrt{2}}{2}R$ 处，图 5-7 为带电圆环轴线上 $E(x)-x$ 的分布图线.

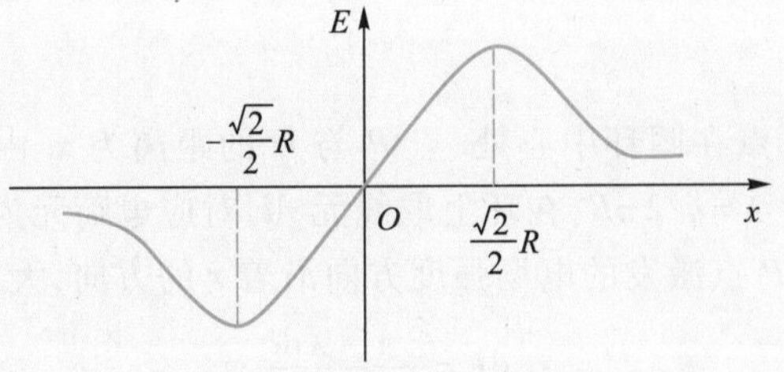

图 5-7

例 5.3 有一半径为 R,电荷均匀分布的薄圆盘,其电荷面密度为 σ,如图 5-8 所示. 求通过盘心且垂直盘面的轴线上任意一点处的电场强度.

解:取如图所示坐标系,薄圆盘平面在 Oyz 平面,盘中心位于坐标原点 O. 由于电荷均匀分布可知,总的电荷为$q=\sigma\pi R^2$.

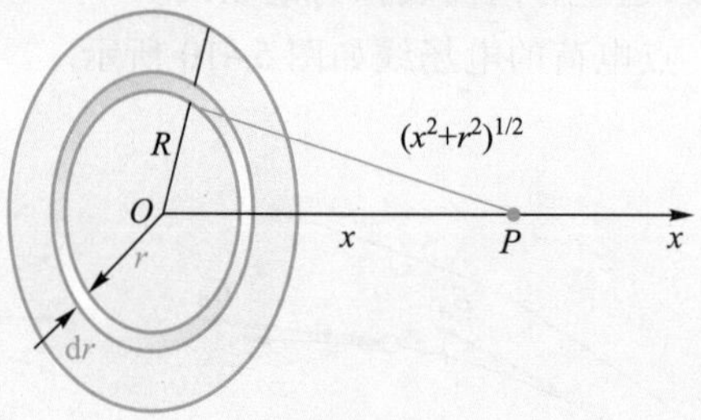

图 5-8

解决此类圆盘问题,我们采取的思路是将圆盘分成许多半径为 r、宽度为 $\mathrm{d}r$ 的细圆环带,环带的面积为 $2\pi r\mathrm{d}r$,环带上的电荷则为 $\mathrm{d}q=2\pi r\sigma\mathrm{d}r$.

由上面的带电圆环场强的结果可知,任一环带上的电荷对 x 轴上 P 点处激发的电场强度为

$$\mathrm{d}E_x=\frac{x\mathrm{d}q}{4\pi\varepsilon_0(x^2+r^2)^{3/2}}=\frac{\sigma}{2\varepsilon_0}\frac{xr\mathrm{d}r}{(x^2+r^2)^{3/2}}$$

圆盘上所有带电环带在点 P 处的电场强度都是沿 x 轴方向,因此可得带电圆盘轴线上点 P 处的电场强度为

$$E=\int\mathrm{d}E_x=\frac{\sigma x}{2\varepsilon_0}\int_0^R\frac{r\mathrm{d}r}{(x^2+r^2)^{3/2}}=\frac{\sigma x}{2\varepsilon_0}\left(\frac{1}{\sqrt{x^2}}-\frac{1}{\sqrt{x^2+R^2}}\right)$$

讨论:

若 $x\ll R$,带电圆盘可以视为"无限大"的均匀带电平面,这时有

$$\frac{1}{\sqrt{x^2}}-\frac{1}{\sqrt{x^2+R^2}}\approx\frac{1}{\sqrt{x^2}}$$

则有

$$E=\frac{\sigma}{2\varepsilon_0}$$

这表明,很大的均匀带电平面附近的电场强度 E 的值是一个常量,方向与平面垂直. 因此,很大的均匀带电平面附近的电场可视为均匀电场.

5.3 电场线 电场强度通量

为了更形象地描述电场强度在空间的分布情况,使电场有一个直观的图像,我们将引入电场线的概念,并进一步给出电场强度通量,为下一节的高斯定理打好基础.

法拉第"场"思想的提出

一、电场线

电场线这个概念是法拉第首先提出的.

在电场中每一点的电场强度都有一定的大小和方向,因此我们在电场中描绘一系列的曲线,如图 5-9 所示,使曲线上每一点的切线方向与该点的场强方向一致,这些有向曲线称为电场线.

点电荷的电场线如图 5-10 所示.

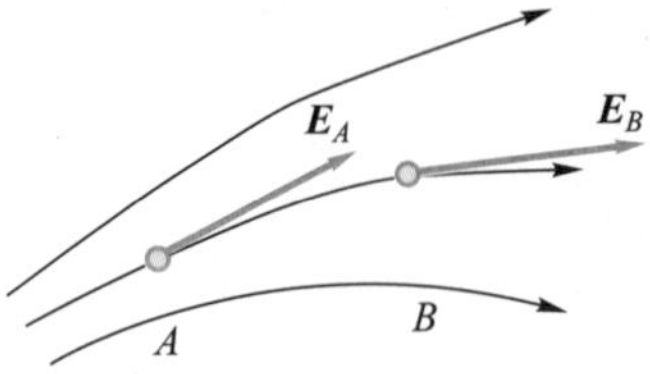

图 5-9 电线场

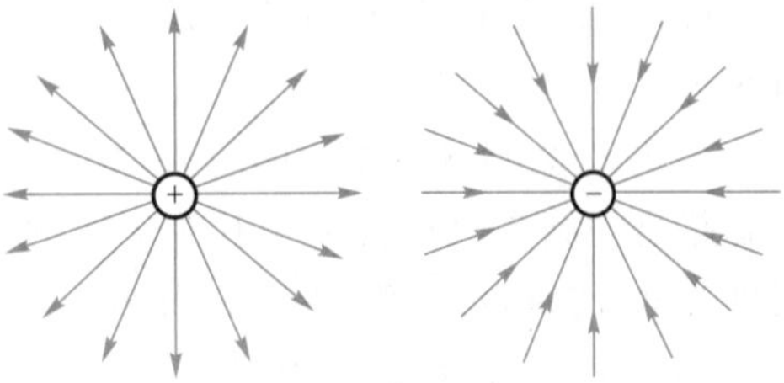

图 5-10 正点电荷与负点电荷的电场线

静电场的电场线具有以下特点:

(1) 电场线起始自正电荷(或来自无穷远),终止于负电荷(或伸向无穷远),但不会在没有电荷的地方中断,电场线不会形成闭合曲线.

(2) 任何两条电场线都不可能相交,这是因为静电场中的任一点,都只能有一个确定的场强方向.

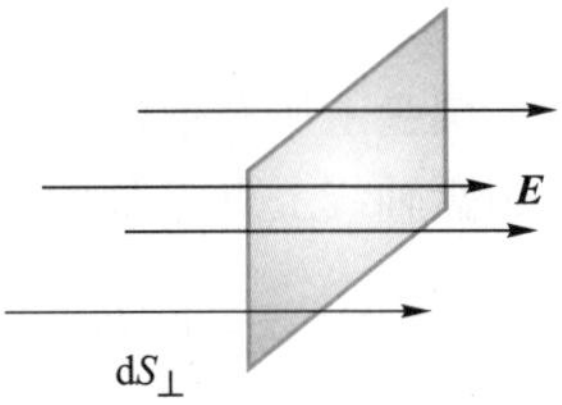

图 5-11 电场线密度与电场强度

为了使电场线不仅能表示出电场中各点场强的方向,而且还能表示出场强的大小,对电场线的密度作如下规定:电场中任一点场强的大小等于在该点附近垂直通过单位面积的电场线数,如图 5-11 所示.

即

$$\frac{dN}{dS_{\perp}}=E \tag{5-7}$$

按此规定,电场强度的大小 E 就等于电场线密度,电场线的疏密描述了电场强度的大小分布,电场线稠密处电场强,电场线稀疏处电场弱.

匀强电场的电场线是一些方向一致,距离相等的平行线.

需要注意的是,实际的电场中并不存在电场线,引入电场线是为了形象描绘说明电场的总体情况.

二、电场强度通量

通过电场中某一个面的电场线数目,称为通过该面的电场强度通量,用 Φ_e 表示.

对于匀强电场,我们取一个平面 S,并使它与场强方向垂直,如图 5-12 所示.

由于匀强电场处处场强相等,所以电场线密度也应处处相等. 因此,通过面 S 的电场强度通量为

$$\Phi_e = ES \tag{5-8}$$

对于面 S 与场强 $\boldsymbol{E}$ 不垂直的情况，由于面 S 相对于电场可以有很多方向，我们引入面积矢量 $\boldsymbol{S}$，规定其大小为 S，方向用它的法向单位矢量 $\boldsymbol{e}_n$ 表示，则有 $\boldsymbol{S}=S\cdot e_n$.

如图 5-13 所示，$\boldsymbol{e}_n$ 与 $\boldsymbol{E}$ 的夹角为 θ.

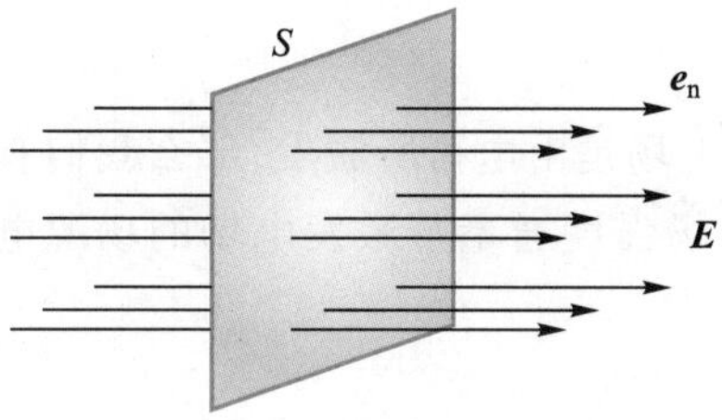

图 5-12 $\Phi_e = ES$

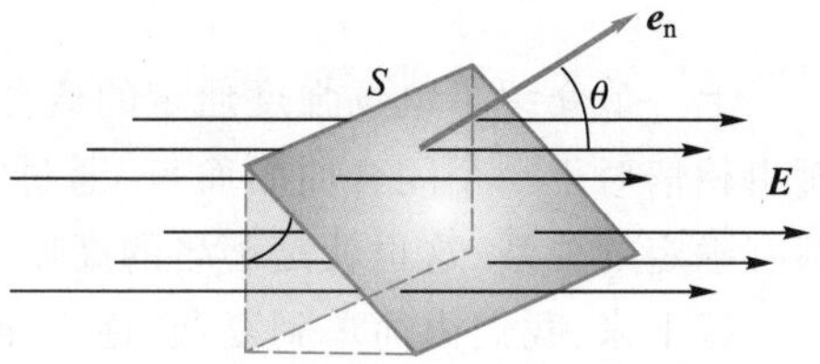

图 5-13 $\Phi_e = \boldsymbol{E}\cdot\boldsymbol{S}$

则这时过该面 $\boldsymbol{S}$ 的电场强度通量为

$$\Phi_e = ES\cos\theta \tag{5-9a}$$

由矢量标积的定义，可以进一步写为

$$\Phi_e = \boldsymbol{E}\cdot\boldsymbol{S} = \boldsymbol{E}\cdot\boldsymbol{e}_n S \tag{5-9b}$$

如果是非匀强电场，且 S 是任意曲面，则可以将曲面 S 分为无限多个面积元 $\mathrm{d}S$，每个面积元都可以视为一个微小的平面，在 $\mathrm{d}S$ 上，$\boldsymbol{E}$ 也处处相等，如图 5-14 所示.

和上面类似，对于每一个小的面元，都有通过此面元的电场强度通量：

$$\mathrm{d}\Phi_e = E\cos\theta\mathrm{d}S = \boldsymbol{E}\cdot\mathrm{d}\boldsymbol{S} \tag{5-10}$$

而通过整个曲面 S 的电场强度通量就为通过所有面元 $\mathrm{d}S$ 的通量之和，即

$$\Phi_e = \int_S \mathrm{d}\Phi_e = \int_S E\cos\theta\mathrm{d}S = \int_S \boldsymbol{E}\cdot\mathrm{d}\boldsymbol{S} \tag{5-11}$$

如果曲面为一个闭合曲面，则对应的电场强度通量为

$$\Phi_e = \oint_S E\cos\theta\mathrm{d}S = \oint_S \boldsymbol{E}\cdot\mathrm{d}\boldsymbol{S} \tag{5-12}$$

通过闭合曲面的电场线，有的从外面"穿进"曲面，有的从曲面内"穿出"，即对于面积元上的电场强度通量 $\mathrm{d}\boldsymbol{\Phi}_e$，有些为正，有些为负. 对此，我们规定，闭合曲面上某一点的法向单位矢量的方向是垂直指向曲面外侧，也称为外法线矢量.

如图 5-15 所示，对于左下方这一点，电场线从外面穿进，$\theta>\pi/2$，$\mathrm{d}\boldsymbol{\Phi}_e$ 为负；对于右上方这一点，电场线从曲面内部穿出到外面，$\theta<\pi/2$，$\mathrm{d}\boldsymbol{\Phi}_e$ 为正.

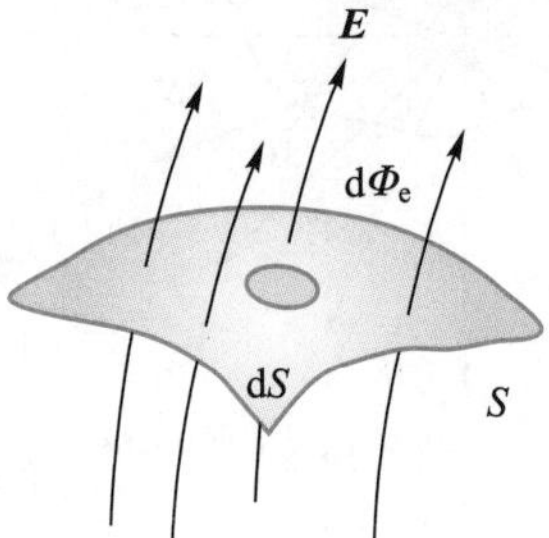

图 5-14 $\Phi_e = \int_S \boldsymbol{E}\cdot\mathrm{d}\boldsymbol{S}$

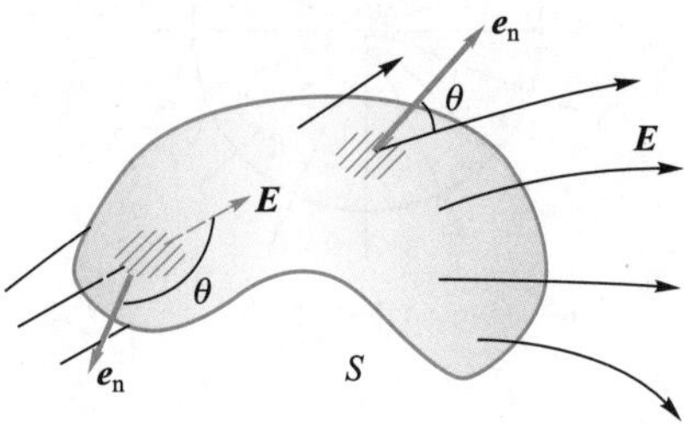

图 5-15 不同位置面积元的电场强度通量正负的判断

5.4 高斯定理

一、高斯定理

上一节介绍了电场强度通量的概念，由于电场是由电荷所激发，那么我们有理由相信对于一个闭合曲面而言，通过它的电场强度通量与激发电场的场源电荷有确定的关系. 这也就是著名的高斯定理.

接下来，我们由简单到复杂，逐步导出这个定理.

1. 包围点电荷 q 的球面的电场强度通量

以点电荷 q 所在点为中心，取任意长度 R 为半径，作一球面 S 包围这个点电荷 q，如图 5-16 所示.

据点电荷电场的球对称性可知，球面上任一点的电场强度 $\boldsymbol{E}$ 的大小为 $\dfrac{q}{4\pi\varepsilon_0 R^2}$，方向都是以 q 为原点的径向，则电场通过这球面的电场强度通量为

$$\Phi_e=\oint_S \mathrm{d}\Phi_e=\oint_S \boldsymbol{E}\cdot\mathrm{d}\boldsymbol{S}=\oint_S\frac{q}{4\pi\varepsilon_0 R^2}\mathrm{d}S=\frac{q}{4\pi\varepsilon_0 R^2}\oint_S\mathrm{d}S=\frac{q}{\varepsilon_0}$$

此结果与球面的半径无关，只与它包围的电荷有关，也就是说通过以 q 为中心的任意球面的电场强度通量都一样，均为 $\dfrac{q}{\varepsilon_0}$.

用电场线的图像来说，即当 $q>0$ 时，$\Phi_e>0$，点电荷的电场线从点电荷发出延伸到无限远处；$q<0$ 时，$\Phi_e<0$，电场线从无限远终止到点电荷.

2. 包围点电荷的任意闭合曲面

如图 5-17 所示，点电荷 $+q$ 放在点 O 处，它被任意形状的闭合曲面所包围，可以将这闭合曲面分成多个面积元.

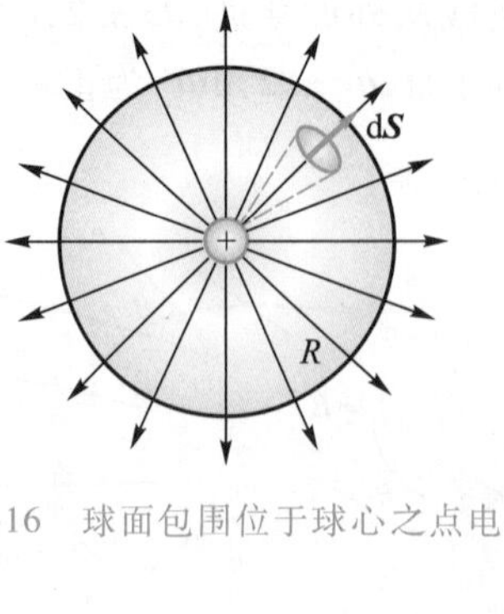

图 5-16 球面包围位于球心之点电荷

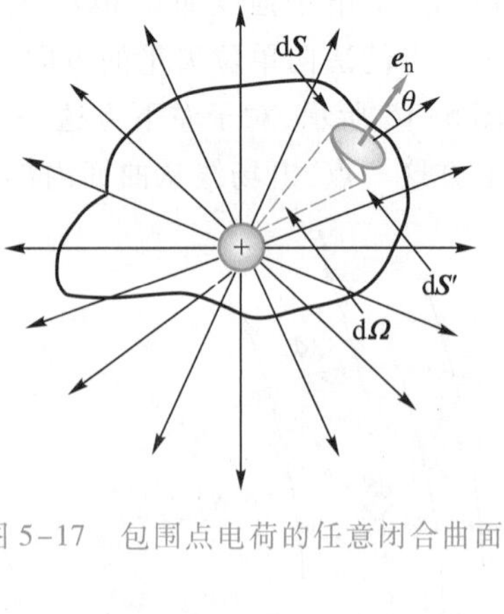

图 5-17 包围点电荷的任意闭合曲面

设点电荷 $+q$ 到某一面积元 $\mathrm{d}S$ 的矢量为 $\boldsymbol{r}$，此面积元的正法线矢量 $\boldsymbol{e}_n$（指向

曲面外)与面积元所在位置处电场强度 $\boldsymbol{E}$ 之间的夹角为 θ. 则穿过面积元 $\mathrm{d}S$ 的电场强度通量为

$$\mathrm{d}\Phi_{\mathrm{e}}=\boldsymbol{E}\cdot\mathrm{d}\boldsymbol{S}=E\mathrm{d}S\cos\theta$$

将点电荷场强代入上式,可得

$$\mathrm{d}\Phi_{\mathrm{e}}=\frac{q}{4\pi\varepsilon_0 r^2}\mathrm{d}S\cos\theta=\frac{q}{4\pi\varepsilon_0}\frac{\mathrm{d}S'}{r^2}$$

从数学上可知,$\mathrm{d}S\cos\theta/r^2$ 为面积元 $\mathrm{d}S$ 对点 O 所张开的立体角 $\mathrm{d}\Omega$,如图 5-18 所示,即

$$\mathrm{d}\Omega=\mathrm{d}S\cos\theta/r^2$$

故上式可以写成

$$\mathrm{d}\Phi_{\mathrm{e}}=\frac{q}{4\pi\varepsilon_0}\mathrm{d}\Omega$$

由上式可以看出,在点电荷的电场中,通过任意面积元 $\mathrm{d}S$ 的电场强度通量,只与点电荷 q,以及面积元 $\mathrm{d}S$ 对 q 所在点张开的立体角的大小有关.

那么,包围 q 的任意闭合曲面的电场强度通量为

$$\Phi_{\mathrm{e}}=\oint_S\mathrm{d}\Phi_{\mathrm{e}}=\oint_S\boldsymbol{E}\cdot\mathrm{d}\boldsymbol{S}=\frac{q}{4\pi\varepsilon_0}\oint_S\mathrm{d}\Omega$$

由立体几何的知识,某一点对全空间的立体角为 4π,则上式中立体角对闭合曲面的积分 $\oint\mathrm{d}\Omega=4\pi$.

于是上式写成:

$$\Phi_{\mathrm{e}}=\oint_S\mathrm{d}\Phi_{\mathrm{e}}=\oint_S\boldsymbol{E}\cdot\mathrm{d}\boldsymbol{S}=\frac{q}{\varepsilon_0}$$

这个结果和包围点电荷为球面、且点电荷位于球面中心的结果是一样的.

3. 点电荷 q 位于闭合曲面之外

如图 5-19 所示,由电场线的连续性可得,由一侧穿入曲面的电场线数就等于从另一端穿出曲面的电场线数,所以穿过闭合曲面的电场强度通量为零,即

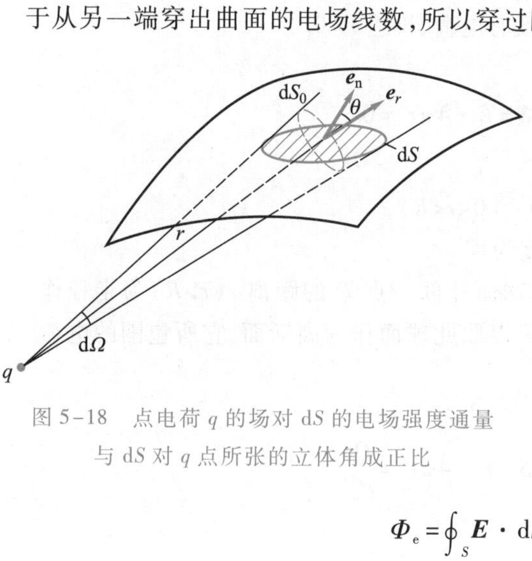

图 5-18 点电荷 q 的场对 $\mathrm{d}S$ 的电场强度通量与 $\mathrm{d}S$ 对 q 点所张的立体角成正比

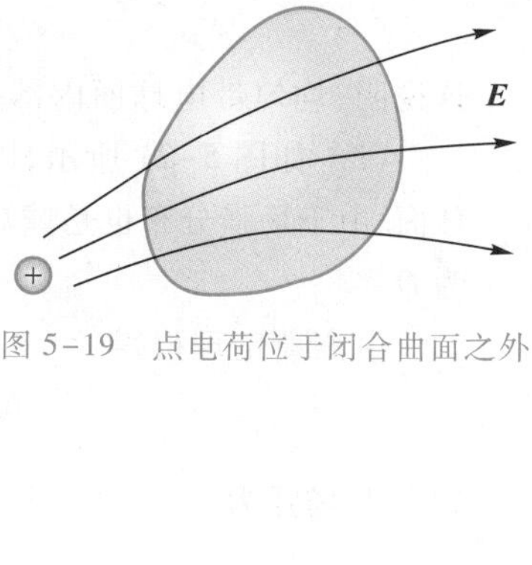

图 5-19 点电荷位于闭合曲面之外

$$\Phi_{\mathrm{e}}=\oint_S\boldsymbol{E}\cdot\mathrm{d}\boldsymbol{S}=0$$

4. 任意带电系统的电场强度通量

以上只讨论了单个点电荷的电场中，通过任一封闭曲面的电场强度通量.

我们把上结果推广到任意带电系统的电场中，将其看成是点电荷的集合. 那么，由电场强度叠加原理可知，通过任一闭面 S 的电场强度通量为

$$\oint_S \boldsymbol{E}\cdot \mathrm{d}\boldsymbol{S}=\oint_S \boldsymbol{E}_1\cdot \mathrm{d}\boldsymbol{S}+\oint_S \boldsymbol{E}_2\cdot \mathrm{d}\boldsymbol{S}+\cdots+\oint_S \boldsymbol{E}_n\cdot \mathrm{d}\boldsymbol{S}=\boldsymbol{\Phi}_{\mathrm{e}1}+\boldsymbol{\Phi}_{\mathrm{e}2}+\cdots+\boldsymbol{\Phi}_{\mathrm{e}n}$$

综上可知，穿过闭合曲面的电场强度通量仅与该曲面所包围的电荷有关. 则有

$$\oint_S \boldsymbol{E}\cdot \mathrm{d}\boldsymbol{S}=\frac{1}{\varepsilon_0}\sum_{i=1}^{n} q_i^{\mathrm{in}} \tag{5-13}$$

其中，$\sum\limits_{i=1}^{n} q_i^{\mathrm{in}}$ 为闭合曲面所包围的电荷代数和.

在真空中静电场中，穿过任一闭合曲面（高斯面）的电场强度通量，等于该曲面所包围的所有电荷的代数和除以 ε_0. 这就是真空中静电场的高斯定理.

显然，穿过任意高斯面的电场强度通量只与面内电荷量有关，而与高斯面的形状、电荷的分布状况无关.

二、高斯定理应用举例

在电荷分布具有某种对称性时，可用高斯定理求该种电荷系统的电场分布，而且利用这种方法求电场要比库仑定律简便得多. 下面通过例子来说明.

例 5.4 设有一半径为 R，均匀带电荷 Q 的球面. 求球面内外任意点的电场强度.

解：作对称性分析. 由于电荷分布是球对称的，所以场强 $\boldsymbol{E}$ 的分布也是球对称的. 因此如果以半径 r 作一球面，则在同一球面上各点场强 $\boldsymbol{E}$ 的大小相等，且与该点面积元的法线方向平行.

（1）如图 5-20 所示，取点 P 在球面内部，并以球心到点 P 的距离 $r(0<r<R)$ 为半径作球面，显然此高斯面内没有电荷，即 $\sum q=0$.

由高斯定理可得

$$\oint_S \boldsymbol{E}\cdot \mathrm{d}\boldsymbol{S}=E\cdot 4\pi r^2=0$$

有

$$E=0\quad (0<r<R)$$

这说明，均匀带电球面内部电场强度为零.

（2）如图 5-21 所示，以球心到球面外部一点 P 的距离 $r(r>R)$ 为半径作球面. 由于场强分布也是球对称，故可以取此球面作为高斯面，它所包围的电荷为 Q.

由高斯定理可得

$$\oint_{S_2} \boldsymbol{E}\cdot \mathrm{d}\boldsymbol{S}=E\cdot 4\pi r^2=\frac{Q}{\varepsilon_0}$$

则点 P 场强为

$$E=\frac{Q}{4\pi\varepsilon_0 r^2}\quad (r>R)$$

这表明,均匀带电球面在其外部的电场强度,与等量电荷全部集中在球心时的电场强度相同.

由上述结果可得如图 5-22 所示的 $E-r$ 曲线.

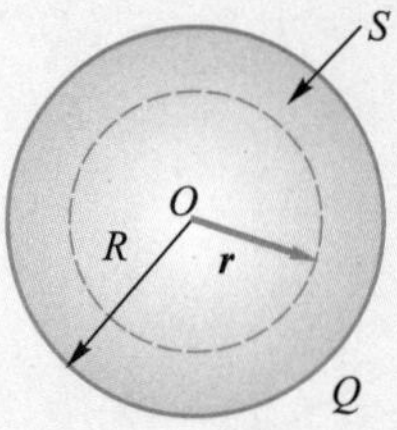

图 5-20

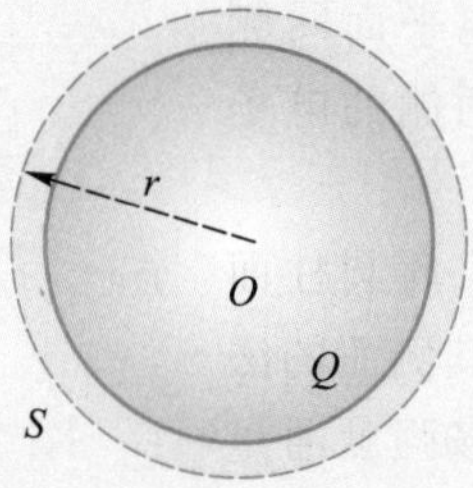

图 5-21

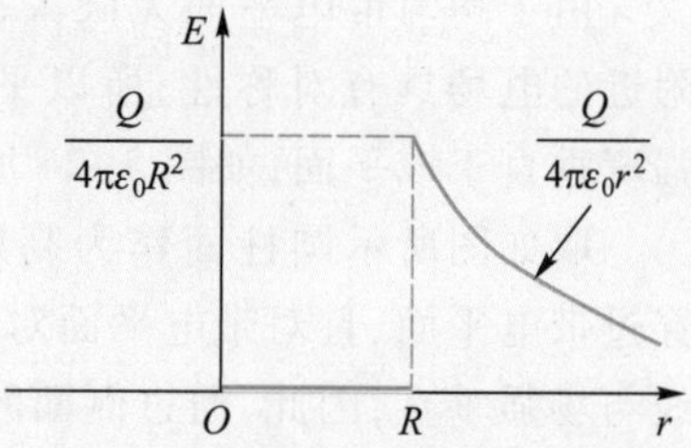

图 5-22

可见,球面内场强为零,球面外的场强与 r^2 成反比,球面处的电场强度有跃变.

例 5.5 设有一无限长均匀带电直线,直线上的电荷线密度为 λ,求距直线为 r 处的电场强度.

解:由于带电直线无限长,且电荷分布均匀,所以电场强度 $\boldsymbol{E}$ 沿垂直于该直线的径矢方向,且在距离直线等距离处各点的 $\boldsymbol{E}$ 的大小相等. 也就是说无限长均匀带电直线的电场是轴对称的,如图 5-23 所示,直线沿着 z 轴放置,点 P 在 Oxy 平面上,到 z 轴距离为 r. 则可以取以 z 轴为轴线的正圆柱面为高斯面,它的高度为 h,底面半径为 r.

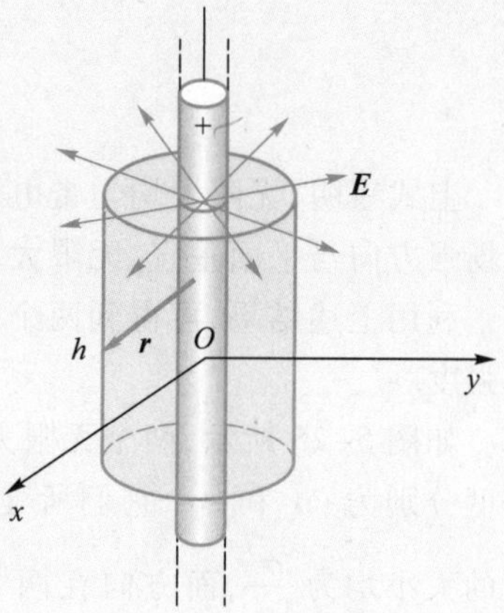

图 5-23

由于 $\boldsymbol{E}$ 与上下底面的法线垂直,可知通过圆柱两个底面的电场强度通量为零,而通过圆柱侧面的电场强度通量为 $E\cdot 2\pi rh$. 且易知此高斯面所包围的电荷量为 λh.

由高斯定理,有

$$\oint_S \boldsymbol{E}\cdot \mathrm{d}\boldsymbol{S}=E\cdot 2\pi r\mathrm{h}=\frac{\lambda h}{\varepsilon_0}$$

得

$$E=\frac{\lambda}{2\pi\varepsilon_0 r}$$

这说明无限长均匀带电直线外面一点的电场强度,与该点到直线的垂直距离 r 成反比,与电荷线密度 λ 成正比.

例 5.6 设有一无限大均匀带电平面，电荷面密度为 σ，求距平面为 r 处某点的电场强度.

解：本题曾在上一节例 5.3 中用叠加原理进行过场强计算，现在用高斯定理来求解，可以看到对于具有对称性的电场，用高斯定理来计算场强要方便得多.

由于均匀带电平面无限大，带电平面两侧附近的电场具有对称性，所以平面两侧的电场强度垂直于该平面，如图 5-24 所示.

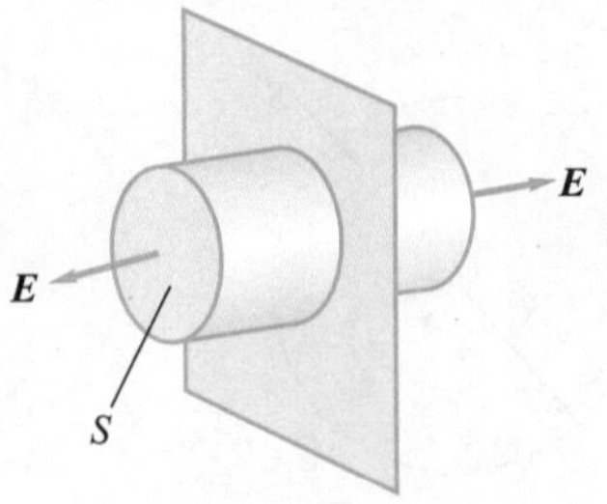

图 5-24

取如图所示圆柱面作为高斯面，此圆柱面穿过带电平面，且对带电平面对称. 其侧面的法线与场强垂直，因此，通过侧面的电场强度通量为零. 而底面的法线与电场强度平行，且底面上电场强度大小相等，因此通过两底面的电场强度通量各为 ES，S 为底面积.

由高斯定理可知

$$2ES=\frac{\sigma S}{\varepsilon_0}$$

得

$$E=\frac{\sigma}{2\varepsilon_0}$$

上式表明，无限大均匀带电平面的电场强度 E 与场点到平面的距离无关，且场强方向与平面垂直. 无限大均匀带电平面的电场为均匀电场.

利用上述结果，可得到两个带等量异号电荷的无限大平行平面之间的电场强度.

如图 5-25 所示，两个无限大平行平面的电荷面密度分别为 $+\sigma$ 和 $-\sigma$. 它们所建立的电场的电场强度的大小均为 $\frac{\sigma}{2\varepsilon_0}$，而方向在两个平面之间相同，在两个平面之外则相反.

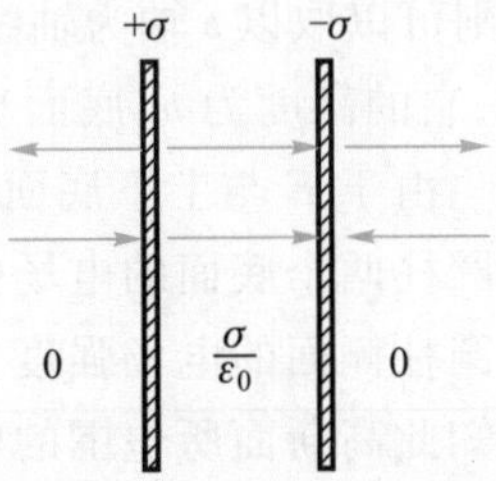

图 5-25

由叠加原理知，两平面之外场强为零，而两个平面之间的场强大小为

$$E=\frac{\sigma}{\varepsilon_0}$$

方向由带正电的平面指向带负电的平面. 可以看出，两无限大均匀带电平面之间存在均匀电场.

5.5 静电场的环路定理

前面几节内容，我们从电荷在电场中受电场力这一角度出发，研究了电场强度和电场强度通量的概念，并进一步由高斯定理揭示了静电场是有源场这一电场的基本特性.

同样，电荷如果在电场中移动，电场力一定会对电荷做功.

这一节将从电场力做功的特点切入，导出反映静电场另一基本特性的环路定理，从而揭示静电场是一个保守力场.

一、静电场力所做的功

如图 5-26 所示，有一个正点电荷 q 固定于 O 点，试验电荷 q_0 在 q 的电场中由点 A 沿着任意路径 ACB 到达点 B.

在路径上某一点 C 处取位移元 $\mathrm{d}\boldsymbol{l}$，从 O 点到 C 点的位置矢量为 $\boldsymbol{r}$. 则电场力做元功 $\mathrm{d}W=q_0\boldsymbol{E}\cdot\mathrm{d}\boldsymbol{l}$.

由于点电荷的场强为 $\boldsymbol{E}=\dfrac{q}{4\pi\varepsilon_0 r^2}\boldsymbol{e}_r$，$\boldsymbol{e}_r$ 为沿着位置矢量方向的单位矢量，于是有

$$\mathrm{d}W=\frac{qq_0}{4\pi\varepsilon_0 r^2}\boldsymbol{e}_r\cdot\mathrm{d}\boldsymbol{l}$$

又因为 $\boldsymbol{e}_r\cdot\mathrm{d}\boldsymbol{l}=\mathrm{d}l\cos\theta=\mathrm{d}r$，$\theta$ 为 $\boldsymbol{E}$ 与 $\mathrm{d}\boldsymbol{l}$ 的夹角.

因此，有 $\mathrm{d}W=\dfrac{qq_0}{4\pi\varepsilon_0 r^2}\mathrm{d}r$.

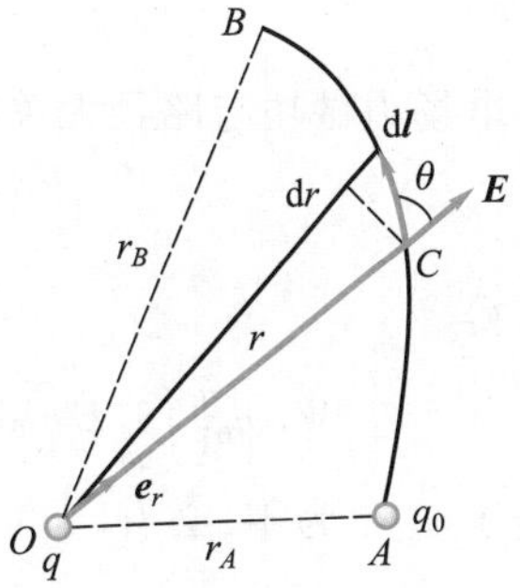

图 5-26 非匀强电场中电场力所做的功

那么，在试验电荷 q_0 从 A 点到 B 点的过程中，电场力做的总功为

$$W=\frac{qq_0}{4\pi\varepsilon_0}\int_{r_A}^{r_B}\frac{\mathrm{d}r}{r^2}=\frac{qq_0}{4\pi\varepsilon_0}\left(\frac{1}{r_A}-\frac{1}{r_B}\right) \tag{5-14}$$

上式表明，在点电荷 q 的电场中（非匀强电场），电场力对试验电荷 q_0 所做的功，只与 q_0 的始末位置有关，而与所经历的路径无关.

无论离散还是连续，任意带电体都可以视为由许多点电荷组成的点电荷系. 由场强叠加原理可知，电荷系的场强为各点电荷场强的叠加，即 $\boldsymbol{E}=\sum\limits_i\boldsymbol{E}_i$.

因此，任意点电荷系的电场力对试验电荷 q_0 所做的功，等于各点电荷的电场力所做功之和，即

$$W=q_0\int_l\boldsymbol{E}\cdot\mathrm{d}\boldsymbol{l}=\sum_i q_0\int_l\boldsymbol{E}_i\cdot\mathrm{d}\boldsymbol{l}$$

由此，我们可以得出结论：试验电荷 q_0 在静电场中运动，静电场力对其做功

与具体路径形状无关,仅与电荷 q_0 以及运动路径的起点和终点的位置有关.

二、静电场的环路定理

在静电场中,若将试验电荷 q_0 沿着闭合路径移动一周,电场力做的功可以表示为 $W=\oint_l q_0\boldsymbol{E}\cdot \mathrm{d}\boldsymbol{l}=q_0\oint_l \boldsymbol{E}\cdot \mathrm{d}\boldsymbol{l}$

由于电场力做功与路径无关,可以证明:将试验电荷 q_0 沿闭合路径移动一周,电场力做功为零,即

$$q_0\oint_l \boldsymbol{E}\cdot \mathrm{d}\boldsymbol{l}=0 \tag{5-15}$$

如图 5-27 所示,将试验电荷 q_0 沿闭合路径 $ABCDA$,即从 A 出发,又回到 A 点.电场力做功为

$$W=q_0\left(\int_{ABC}\boldsymbol{E}\cdot \mathrm{d}l+\int_{CDA}\boldsymbol{E}\cdot \mathrm{d}\boldsymbol{l}\right)$$

由于

$$\int_{CDA}\boldsymbol{E}\cdot \mathrm{d}\boldsymbol{l}=-\int_{ADC}\boldsymbol{E}\cdot \mathrm{d}\boldsymbol{l}$$

且电场力做功与路径无关,可知

$$q_0\int_{ABC}\boldsymbol{E}\cdot \mathrm{d}\boldsymbol{l}=q_0\int_{ADC}\boldsymbol{E}\cdot \mathrm{d}\boldsymbol{l}$$

可得

$$W=q_0\left(\int_{ABC}\boldsymbol{E}\cdot \mathrm{d}\boldsymbol{l}+\int_{CDA}\boldsymbol{E}\cdot \mathrm{d}\boldsymbol{l}\right)=q_0\left(\int_{ADC}\boldsymbol{E}\cdot \mathrm{d}\boldsymbol{l}-\int_{ADC}\boldsymbol{E}\cdot \mathrm{d}\boldsymbol{l}\right)=0$$

由于 q_0 不为零,必有

$$\int_l \boldsymbol{E}\cdot \mathrm{d}\boldsymbol{l}=0 \tag{5-16}$$

上式表明,在静电场中,电场强度 $\boldsymbol{E}$ 沿任意闭合路径的线积分为零.这个线积分也称为 $\boldsymbol{E}$ 的环流,故有,静电场中电场强度 $\boldsymbol{E}$ 的环流为零,这就是静电场的环路定理.它和高斯定理一样,也是描述静电场性质的一个重要定理.

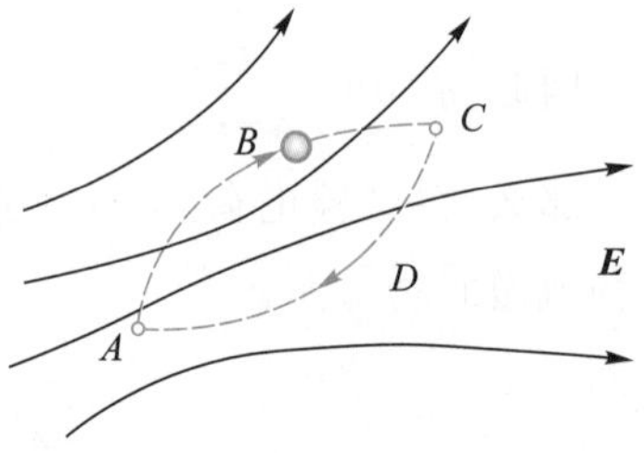

图 5-27 试验电荷沿闭合路径移动一周电场力做功为零

很明显,静电场力和万有引力、弹性力一样,都是保守力,静电场是保守场.

5.6 电势能 电势 等势面

一、电势能

既然静电场是保守场,静电场力是保守力,那么电荷在静电场中的特定位置

上就具有特定的势能，称为电势能. 这个电势能属于电荷与电场组成的系统.

根据保守力做功的特点可知，静电场力对电荷所做的功就等于电荷电势能增量的负值.

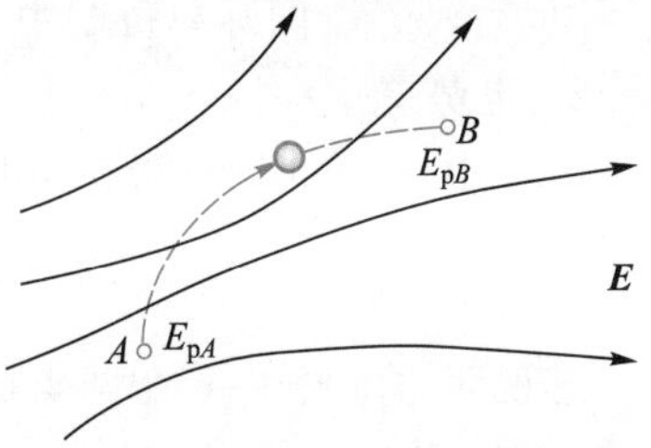

图 5-28 电场中 A、B 点的电势能

如图 5-28 所示，用 E_{pA}、E_{pB} 表示试验电荷 q_0 在电场中 A、B 点的电势能，将 q_0 从 A 移动到 B，静电场力做功为

$$W_{AB}=E_{pA}-E_{pB}=-(E_{pB}-E_{pA})$$

或写成

$$\int_{AB} q_0\boldsymbol{E}\cdot \mathrm{d}\boldsymbol{l}=E_{pA}-E_{pB}=-(E_{pB}-E_{pA})$$

和重力势能类似，要确定电荷在电场中某一点的电势能，也需要先选一个零势能点.

如果在上面式子中选择 $E_{pB}=0$，则有

$$E_{pA}=\int_{AB} q_0\boldsymbol{E}\cdot \mathrm{d}\boldsymbol{l} \tag{5-17}$$

这个式子告诉我们，试验电荷 q_0 在电场中某点的电势能，在数值上等于把它从该点移到零势能点静电场力所做的功.

国际单位制中，电势能的单位是 J(焦耳).

二、电势

1. 电势

在上面的讨论中，我们已经知道电势能是属于电荷与电场组成的系统的，它反映的是试验电荷与电场之间的相互作用能量，与试验电荷的电荷量大小成正比.

可见电势能 E_{pA} 并不能够直接描述电场中某点 A 的性质，但是电势能和电荷 q_0 的比值 E_{pA}/q_0 与 q_0 无关，它只取决于特定场点 A 处电场的性质. 因此，我们将此比值作为描述特定场点电场性质的物理量，称为电势，点 A 的电势即用 V_A 表示，点 B 的电势即用 V_B 表示，则有

$$\int_{AB}\boldsymbol{E}\cdot \mathrm{d}\boldsymbol{l}=-(V_B-V_A)$$

即

$$V_A=\int_{AB}\boldsymbol{E}\cdot \mathrm{d}\boldsymbol{l}+V_B \tag{5-18}$$

显然，要知道点 A 的电势，就要同时知道从 A 移动到 B 时电场力做的功以及点 B 的电势. 点 B 的电势作为参考电势，一般取在无限远处，且令无限远处电势和电势能为零，即 $E_{pB}=0$，$V_B=0$. 则电场中点 A 的电势为

$$V_A=\int_{A\infty}\boldsymbol{E}\cdot \mathrm{d}\boldsymbol{l} \tag{5-19}$$

可见，电场中某一点 A 的电势，在数值上等于把单位正试验电荷从点 A 移到

无限远处时,静电场力做的功.

电势是标量,国际单位制中,电势的单位名称是伏特,简称伏,符号为 V.

2. 电势差

电场中点 A 和点 B 两点间电势的差值用符号 U_{AB} 表示,称为电势差,即

$$U_{AB}=V_A-V_B=-(V_B-V_A)=\int_{AB}\boldsymbol{E}\cdot \mathrm{d}\boldsymbol{l} \tag{5-20}$$

这说明静电场中 A、B 两点的电势差 U_{AB},在数值上等于将单位正电荷从 A 移到 B 时,静电场力做的功.

顺便指出,在原子物理、核物理中,电子、质子等粒子能量以电子伏(符号为 eV)为单位.

1 eV 表示电子通过 1 V 的电势差时所获得的能量,$1\ \mathrm{eV}=1.602\times10^{-19}\ \mathrm{J}$.

实际应用中,常常取大地的电势为零. 这样一来,任何导体接地之后,其电势也为零. 若某一点相对大地电势差为 380 V,则该点电势为 380 V.

3. 点电荷电场的电势

在点电荷的电场中,点 A 到点电荷 q 距离为 r,由点电荷场强 $\boldsymbol{E}=\dfrac{q}{4\pi\varepsilon_0 r^2}\boldsymbol{e}_r$ 以及 $V_A=\int_{A\infty}\boldsymbol{E}\cdot \mathrm{d}\boldsymbol{l}$,可知点 A 电势为

$$V=\int_r^{\infty}\boldsymbol{E}\cdot \mathrm{d}\boldsymbol{l}=\frac{q}{4\pi\varepsilon_0}\frac{1}{r} \tag{5-21}$$

上式可以看出,当 $q>0$ 时,电场中各点电势都是正值,随着 r 增加而减小;而当 $q<0$ 时,各点电势都是负值,随 r 增加而增加,在无限远处电势为零,且无限远处电势最高.

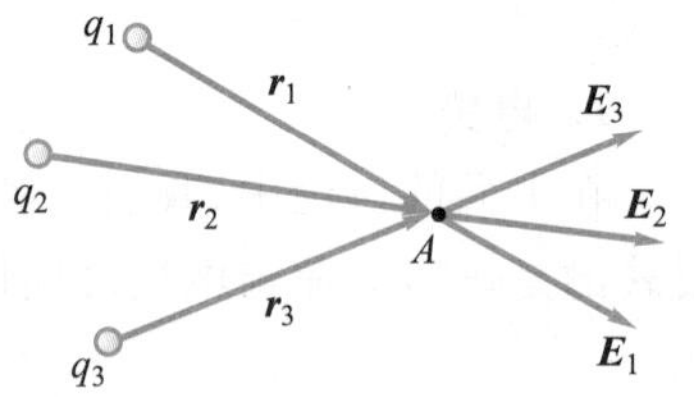

图 5-29 电势的叠加原理

4. 电势的叠加原理

如图 5-29 所示,在真空中有 n 个点电荷,由场强叠加原理及电势的定义式,得场中任一点 A 的电势为

$$V_A=\int_{A\infty}\boldsymbol{E}\cdot \mathrm{d}\boldsymbol{l}=\int_{A\infty}\boldsymbol{E}_1\cdot \mathrm{d}\boldsymbol{l}+\int_{A\infty}\boldsymbol{E}_2\cdot \mathrm{d}\boldsymbol{l}+\cdots+\int_{A\infty}\boldsymbol{E}_n\cdot \mathrm{d}\boldsymbol{l}=V_1+V_2+\cdots+V_n$$

式中 $V_1,V_2,\cdots,V_n$ 分别为各点电荷独立激发的电场中点 A 的电势.

由点电荷电势的公式,可知

$$V_A=\sum_{i=1}^{n}\frac{q_i}{4\pi\varepsilon_0 r_i} \tag{5-22}$$

即在多个点电荷产生的电场中,任意一点的电势等于各个点电荷在该点产生的电势的代数和. 电势的这一性质,称为电势的叠加原理.

对于电荷连续分布的带电体,可将其分成如图 5-29 所示的无限多个电荷元,每一个电荷元 $\mathrm{d}q$ 在电场中点 A 的电势为

$$\mathrm{d}V=\frac{\mathrm{d}q}{4\pi\varepsilon_0 r}$$

则该点的电势为所有这些电荷元的电势的叠加,即

$$V=\frac{1}{4\pi\varepsilon_0}\int\frac{\mathrm{d}q}{r} \tag{5-23}$$

因此,当电荷系的电荷分布已知时,有以下两种计算电势的方法.

(1) 利用点电荷电势的叠加原理,即

$$V=\frac{1}{4\pi\varepsilon_0}\int\frac{\mathrm{d}q}{r}$$

(2) 利用式 $V_A=\int_{AB}\boldsymbol{E}\cdot\mathrm{d}\boldsymbol{l}+V_B$ 计算点 A 的电势.

这时需要注意参考点 B 的电势的选取,只有电荷分布在有限空间的时候,才能选择点 B 在无限远处,且令其电势为零($V_\infty=0$);并且,整个积分路径上场强 $\boldsymbol{E}$ 的函数表达式必须是知道的,这里往往是先利用高斯定理求出电场的表达式.

下面通过几道用上述两种方法计算电势的例题来供大家分析比较.

例 5.7 正电荷 q 均匀分布在半径为 R 的细圆环上,求环轴线上距环心为 x 处的点 P 的电势.

解:设圆环在如图 5-30 所示的 Oyz 平面上,坐标原点位于圆环中心 O 点.在圆环上取线元 $\mathrm{d}l$,其电荷线密度为 λ,故电荷元 $\mathrm{d}q=\lambda\,\mathrm{d}l=\frac{q}{2\pi R}\mathrm{d}l$.

由点电荷电势可得

$$\mathrm{d}V_P=\frac{1}{4\pi\varepsilon_0}\frac{\mathrm{d}q}{r}$$

进而,圆环在 P 点电势为

$$V_P=\frac{1}{4\pi\varepsilon_0}\int_l\frac{q}{2\pi R}\frac{1}{r}\mathrm{d}l=\frac{1}{4\pi\varepsilon_0}\frac{q}{r}=\frac{1}{4\pi\varepsilon_0}\frac{q}{\sqrt{x^2+R^2}}$$

图 5-31 给出了 x 轴上的电势 V 随 x 坐标而变化的曲线.

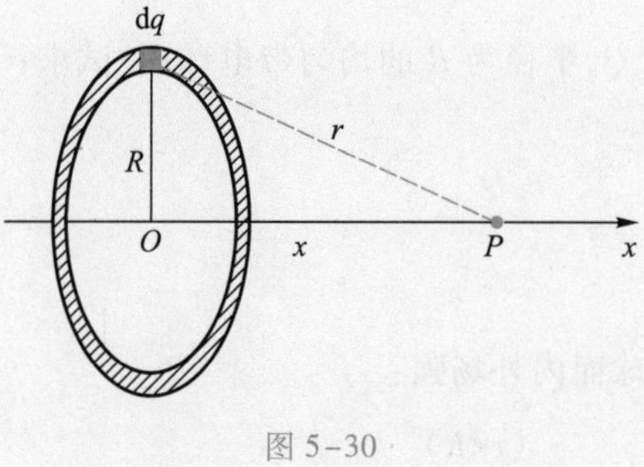

图 5-30

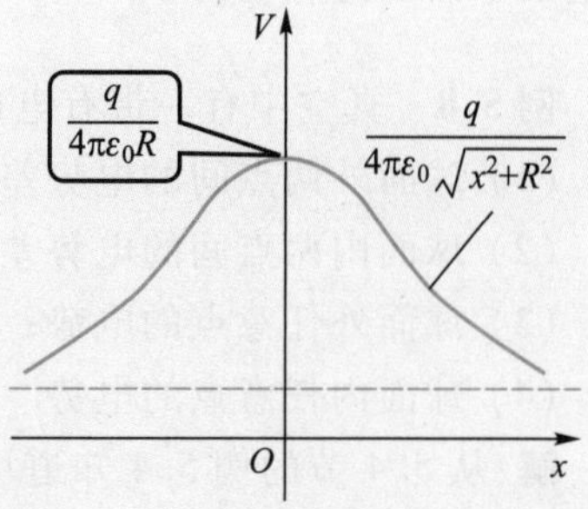

图 5-31

$$x=0,\quad V_0=\frac{q}{4\pi\varepsilon_0 R}$$

$$x\gg R,\quad V_P=\frac{q}{4\pi\varepsilon_0 x}$$

利用上面的结果,我们很容易计算出通过一均匀带电圆平面中心且垂直平面的轴线上任意点的电势.

如图 5-32 所示,圆盘半径为 R,坐标原点位于其中心 O 点,点 P 距原点为 x. 圆平面的电荷面密度为 $\sigma=Q/\pi R^2$,把它分成许多个小圆环,取其中任一个半径为 r、宽度为 $\mathrm{d}r$ 的小圆环,则该圆环的电荷为 $\mathrm{d}q=\sigma\cdot 2\pi r\mathrm{d}r$.

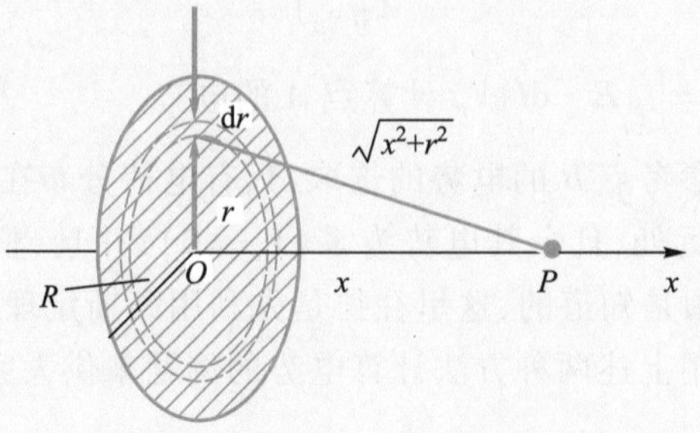

图 5-32

利用圆环电势结果 $V_P=\dfrac{q}{4\pi\varepsilon_0\sqrt{x^2+R^2}}$,可得带电圆平面在点 P 的电势为

$$V=\frac{1}{4\pi\varepsilon_0}\int_0^R\frac{\sigma\cdot 2\pi r\mathrm{d}r}{\sqrt{x^2+r^2}}=\frac{\sigma}{2\varepsilon_0}\int_0^R\frac{r\mathrm{d}r}{\sqrt{x^2+r^2}}=\frac{\sigma}{2\varepsilon_0}(\sqrt{x^2+R^2}-x)$$

显然,当 $x\gg R$ 时,$\sqrt{x^2+R^2}\approx x+\dfrac{R^2}{2x}$,则有

$$V\approx\frac{\sigma}{2\varepsilon_0}\frac{R^2}{2x}=\frac{Q/\pi R^2}{2\varepsilon_0}\frac{R^2}{2x}=\frac{Q}{4\pi\varepsilon_0 x}\quad(x\gg R)$$

其中 $Q=\sigma\pi R^2$ 为圆平面所带电荷. 由此可见,场点 P 距离场源很远时,可以将带电圆平面视为点电荷.

例 5.8 真空中有一带有电荷为 Q,半径为 R 的均匀带电球面. 试求:

(1) 球面外两点间的电势差;

(2) 球面内两点间的电势差;

(3) 球面外任意点的电势;

(4) 球面内任意点的电势.

解:从 5.4 节的例 5.4 知道均匀球面内外场强:

$$\boldsymbol{E}=\begin{cases}0 & (r<R)\\ \dfrac{Q}{4\pi\varepsilon_0 r^2}\boldsymbol{e}_r & (r>R)\end{cases}$$

(1) $r>R$,在如图 5-33 所示的径向取 A、B 两点,距离球心分别为 r_A、r_B,则 A、B 两点电势差为

$$V_A-V_B=\int_{r_A}^{r_B}\boldsymbol{E}\cdot\mathrm{d}\boldsymbol{r}=\frac{Q}{4\pi\varepsilon_0}\int_{r_A}^{r_B}\frac{\mathrm{d}r}{r^2}=\frac{Q}{4\pi\varepsilon_0}\left(\frac{1}{r_A}-\frac{1}{r_B}\right) \quad (1)$$

上式说明,均匀带电球面外两点的电势差,与球面上电荷全部集中于球心时这两点的电势差是一样的.

(2) $r<R$,在如图 5-34 所示的径向取 A、B 两点,球面内部场强处处为零,则 A、B 两点电势差为

$$V_A-V_B=\int_{r_A}^{r_B}\boldsymbol{E}\cdot\mathrm{d}\boldsymbol{r}=0$$

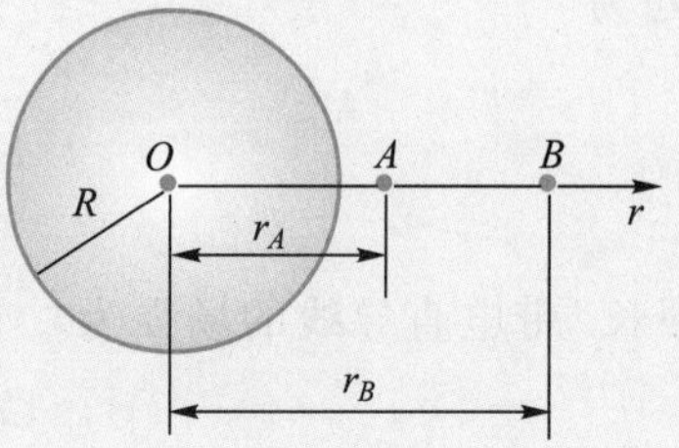

图 5-33

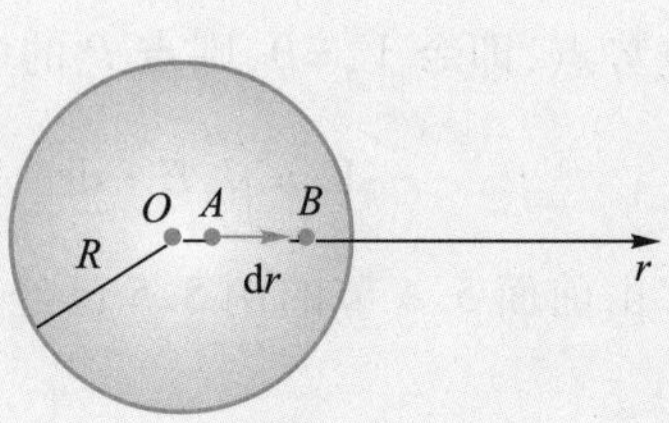

图 5-34

可见球面内部电势处处相等,球面为一个等势体,这个电势具体为多少,接下来会给出.

(3) 令 $r_B\approx\infty$ $V_\infty=0$,由式(1)结果 $V_A-V_B=\dfrac{Q}{4\pi\varepsilon_0}\left(\dfrac{1}{r_A}-\dfrac{1}{r_B}\right)$,得

$$V(r)=\frac{Q}{4\pi\varepsilon_0 r}\quad (r\geqslant R)$$

这说明,均匀带电球面外一点的电势,与球面上电荷全部集中于球心时的电势是一样的.

(4) 由于带电球面为等势体,球面内的电势应与球面上的电势相等,球面上的电势为

$$V(r)=\frac{Q}{4\pi\varepsilon_0 R}$$

这也是球面内各处的电势.

综上可得均匀带电球面内外的电势分布曲线,如图 5-35 所示.

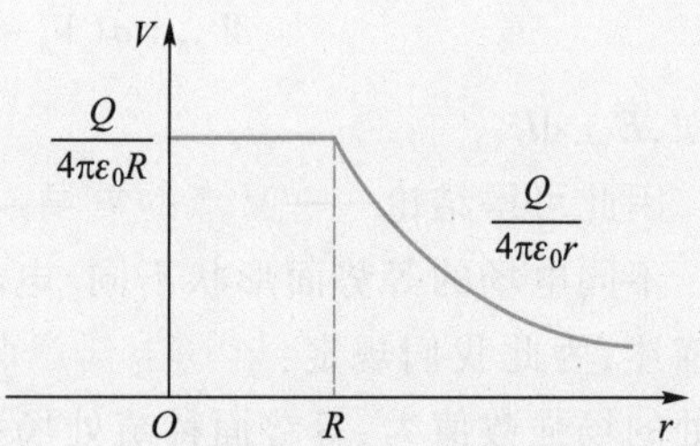

图 5-35

例 5.9 "无限长"带电直导线的电势. 在 5.4 节例 2 中我们用高斯定理计算了电荷线密度为 λ 的无限长带电直导线的电场强度. 这里我们来计算该带电直导线的电势.

解:由式(5-18)可知,要确定电场中点 A 的电势,必须选定参考点 B 的电势 V_B.

之前我们计算电荷分布在有限空间(比如带电球面)的电势时,都是选取无限远处作为零电势点,这种选择方式也是符合实际的.

对于无限长的带电直导线所建立的电场,是否能选取无限远处为零电势的参考点?显然这是不能允许的,这时因为我们既不能使得带电直导线延伸到无限远的同时,又将"无限远"处选为零电势点,所以必须选择其他的位置为零电势点,如图 5-36 所示.

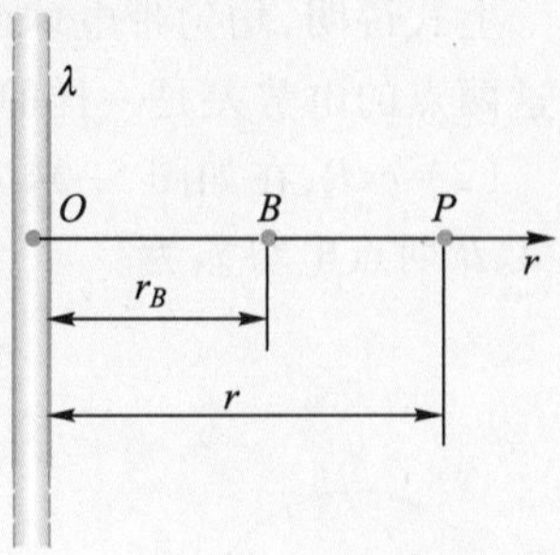

图 5-36

本题目中,我们选取已知位置的点 B 处为零电势点,即令 $V_B=0$,则点 P 的电势为

$$V_P=\int_r^{r_B}\boldsymbol{E}\cdot\mathrm{d}\boldsymbol{r}$$

由前面 5.4 节的例 5.5 已经知道,"无限长"带电直导线的场强为

$$\boldsymbol{E}=\frac{\lambda}{2\pi\varepsilon_0 r}\boldsymbol{e}_r$$

则可以得,在 $V_B=0$ 时,点 P 的电势为

$$V_P=\frac{\lambda}{2\pi\varepsilon_0}\int_r^{r_B}\frac{\mathrm{d}r}{r}=\frac{\lambda}{2\pi\varepsilon_0}\ln\frac{r_B}{r}\quad(V_B=0)$$

三、等势面

在电场中电势相等的点所构成的面称为等势面.

当电荷沿着等势面运动时,电场力对电荷不做功,即

$$W_{AB}=q(V_A-V_B)=\int_a^b q\boldsymbol{E}\cdot\mathrm{d}\boldsymbol{l}=0$$

可知,$\boldsymbol{E}\perp\mathrm{d}\boldsymbol{l}$.

因此可得结论——某点的电场强度与通过该点的等势面垂直.

不同电场的等势面形状不同. 电场的强弱也可以通过等势面的疏密来形象地描述,为此我们规定:电场中任意两个等势面之间的电势差都相等. 等势面密集处的场强数值大,等势面稀疏处场强数值小.

图 5-37 为几个典型电场线和等势面的图形.

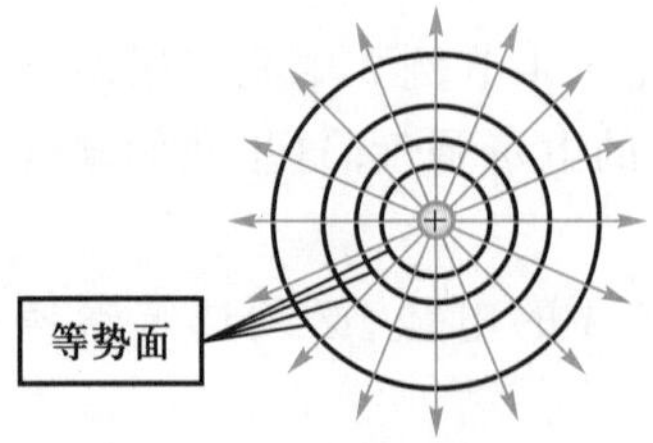

(a)

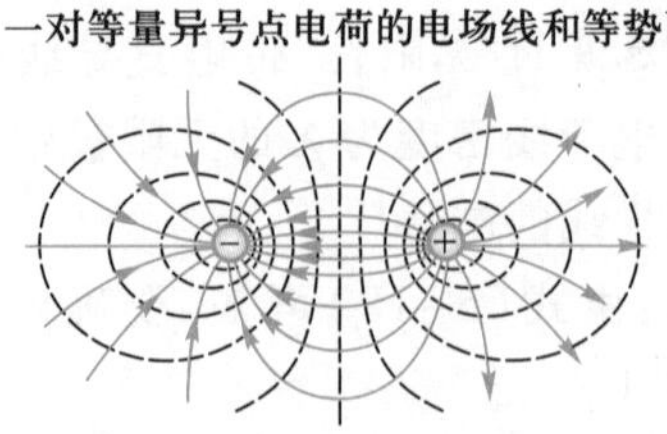

(b)

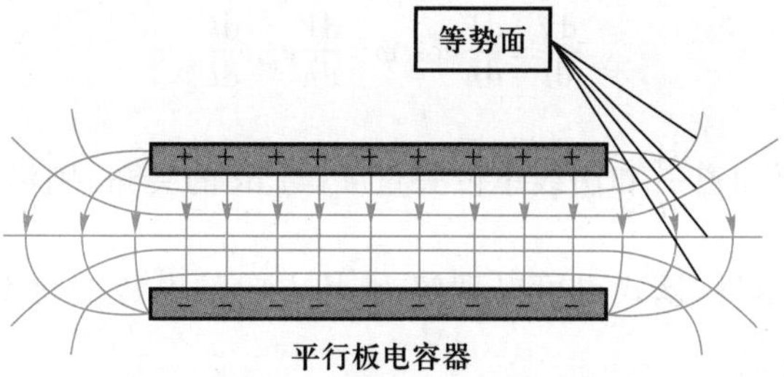

图 5-37 电场线与等势面

电场线与等势面处处正交并指向电势降低的方向.

等势面概念的用处在于实际遇到的很多问题中等势面的分布容易通过实验条件描绘出来，并由此可以分析电场的分布.

5.7 电场强度与电势梯度

电场强度和电势都是用来描述静电场各点性质的重要物理量，两者之间有密切的关系. 不但有上节出现的积分形式的关系，还有本节重点讨论的微分形式的关系.

设想在静电场中，取两个十分邻近的等势面 1 和 2，如图 5-38 所示，电势分别为 V 和 $V+\mathrm{d}V$，且 $\mathrm{d}V>0$.

设 P_1 为等势面 1 上的一点，在 P_1 点作等势面 1 的法线，它与等势面 2 相交于 P_2 点.

一般我们规定电势升高的方向为法线的正方向，并以 $\boldsymbol{e}_n$ 表示法线方向的单位矢量.

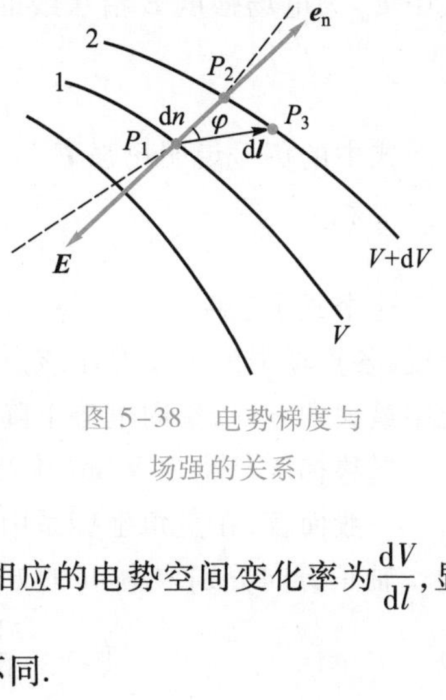

图 5-38 电势梯度与场强的关系

令 $P_1P_2=\mathrm{d}n$，由图示可知，从 P_1 点到等势面 2 上的任一点，比如，沿图中 $\mathrm{d}l$ 方向到达 P_3 点，其电势变化量为 $\mathrm{d}V$，空间位置改变量为 $\mathrm{d}l$，相应的电势空间变化率为 $\frac{\mathrm{d}V}{\mathrm{d}l}$，显然，这个变化率 $\frac{\mathrm{d}V}{\mathrm{d}l}$ 的值随所取 $\mathrm{d}l$ 的方向不同而不同.

由于总是有 $\mathrm{d}n\leqslant\mathrm{d}l$，故 $\frac{\mathrm{d}V}{\mathrm{d}l}$ 的值恒小于（或等于）沿 $\boldsymbol{e}_n$ 方向电势的空间变化率 $\frac{\mathrm{d}V}{\mathrm{d}n}$ 的值，即 $\frac{\mathrm{d}V}{\mathrm{d}l}\leqslant\frac{\mathrm{d}V}{\mathrm{d}n}$.

设 $\mathrm{d}\boldsymbol{l}$ 与 $\boldsymbol{e}_n$ 的夹角为 φ，则有 $\mathrm{d}n=\mathrm{d}l\cos\varphi$.

因此有

$$\frac{\mathrm{d}V}{\mathrm{d}l}=\frac{\mathrm{d}V}{\mathrm{d}n}\cos\varphi=\frac{\mathrm{d}V}{\mathrm{d}n}\boldsymbol{e}_{\mathrm{n}}\cdot\frac{\mathrm{d}\boldsymbol{l}}{\mathrm{d}l}$$

这表明，只要知道$\frac{\mathrm{d}V}{\mathrm{d}n}$和法线单位矢量 $\boldsymbol{e}_{\mathrm{n}}$ 与 $\mathrm{d}\boldsymbol{l}$ 的夹角，则沿任意方向的电势变化率可由上式求得，该式也可以理解为 $\mathrm{d}\boldsymbol{l}$ 方向的电势变化率$\frac{\mathrm{d}V}{\mathrm{d}l}$，是矢量$\frac{\mathrm{d}V}{\mathrm{d}n}\boldsymbol{e}_{\mathrm{n}}$在 $\mathrm{d}\boldsymbol{l}$ 方向的分量.

我们将这一矢量$\frac{\mathrm{d}V}{\mathrm{d}n}\boldsymbol{e}_{\mathrm{n}}$ 定义为 P_1 点处的电势梯度矢量，通常写作 grad V，即

$$\mathrm{grad}\ V=\frac{\mathrm{d}V}{\mathrm{d}n}\boldsymbol{e}_{\mathrm{n}} \tag{5-24}$$

该式表明，电场中某一点的电势梯度矢量，在方向上与电势在该点处空间变化率最大的方向相同，在数值上等于沿该方向的电势空间变化率.

接下来，我们再看电场中某点电势梯度矢量与电场强度之间的关系.

由于电场强度的方向指向电势下降的方向，因此 P_1 点的场强 $\boldsymbol{E}$ 与 $\boldsymbol{e}_{\mathrm{n}}$ 反向.

当单位正试验电荷沿着法线方向从 P_1 点运动到电势为 $V+\mathrm{d}V$ 的 P_2 点时，电场力对单位正电荷做的功等于起点和终点间的电势差，即

$$E_{\mathrm{n}}\mathrm{d}n=V-(V+\mathrm{d}V)=-\mathrm{d}V$$

式中 E_{n} 为电场强度 $\boldsymbol{E}$ 沿法线的分量，所以有

$$E_{\mathrm{n}}=-\frac{\mathrm{d}V}{\mathrm{d}n}$$

式中的负号说明场强 $\boldsymbol{E}$ 与 $\boldsymbol{e}_n$ 方向是相反的. 将上式写成矢量式为

$$\boldsymbol{E}=-\frac{\mathrm{d}V}{\mathrm{d}n}\boldsymbol{e}_{\mathrm{n}}=-\mathrm{grad}\ V \tag{5-25}$$

静电学的数学研究

这个式子表明，静电场中各点的电场强度，等于该点电势梯度的负值. 也就是说，各点场强的大小等于该点电势空间变化率的最大值，方向平行于使空间变化率最大的方向，指向电势下降的一侧.

电势梯度单位为 V/m（伏特每米），场强也常用这一单位.

一般而言，在直角坐标系中，电势 V 是坐标 x、y、z 的函数. 因此，若把 x 轴、y 轴、z 轴正方向分别取为 $\mathrm{d}\boldsymbol{l}$ 的方向，可知三个方向的分量分别为

$$E_x=-\frac{\partial V}{\partial x},\quad E_y=-\frac{\partial V}{\partial y},\quad E_z=-\frac{\partial V}{\partial z}$$

于是场强和电势的矢量关系式可以写成

$$\boldsymbol{E}=-\left(\frac{\partial V}{\partial x}\boldsymbol{i}+\frac{\partial V}{\partial y}\boldsymbol{j}+\frac{\partial V}{\partial z}\boldsymbol{k}\right)=-\mathrm{grad}\ V=-\nabla V \tag{5-26}$$

由于电势是标量，比较容易计算，在实际计算中，常常先计算电势 V，然后再求出场强 E.

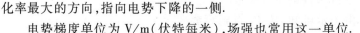

例 5.10 用电场强度与电势的关系,求均匀带电细圆环轴线上一点的电场强度.

解:在 5.6 节例 5.7 中,已经得到 x 轴线上点 P 的电势为

$$V=\frac{q}{4\pi\varepsilon_0(x^2+R^2)^{1/2}}$$

式中 R 为圆环半径,如图 5-39 所示. 由电场强度与电势的关系,可得点 P 的电场强度:

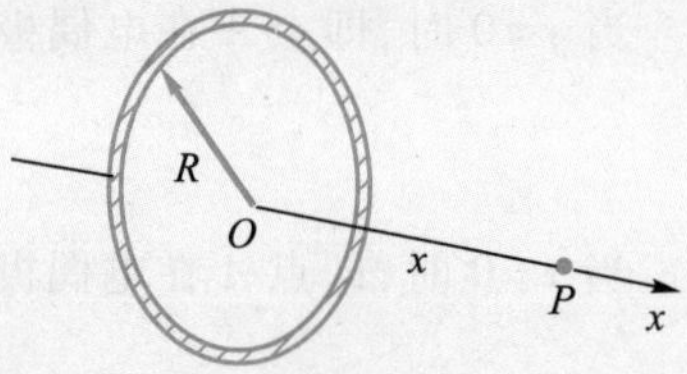

图 5-39

$$E=E_x=-\frac{\partial V}{\partial x}=-\frac{\partial}{\partial x}\left[\frac{q}{4\pi\varepsilon_0(x^2+R^2)^{1/2}}\right]=\frac{qx}{4\pi\varepsilon_0(x^2+R^2)^{3/2}}$$

此结果与 5.2 节例 5.2 结果相同,但要简便很多.

例 5.11 求电偶极子电场中任意一点 A 的电势和电场强度.

解:如图 5-40 所示,电偶极子的电偶极矩为

$$\boldsymbol{p}=q\boldsymbol{r}_0$$

设点 A 与 $-q$ 和 $+q$ 均在 Oxy 平面内,点 A 到 $-q$ 和 $+q$ 的距离分别为 r_- 和 r_+,点 A 到偶极子中心点 O 的距离为 r.

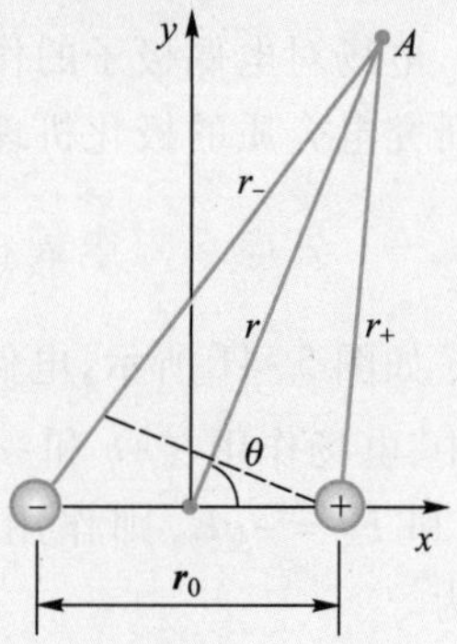

图 5-40

$+q$ 和 $-q$ 在点 A 的电势分别为

$$V_+=\frac{1}{4\pi\varepsilon_0}\frac{q}{r_+},\quad V_-=-\frac{1}{4\pi\varepsilon_0}\frac{q}{r_-}$$

根据电势叠加原理,点 A 的电势为

$$V=V_++V_-=\frac{q}{4\pi\varepsilon_0}\left(\frac{1}{r_+}-\frac{1}{r_-}\right)=\frac{q}{4\pi\varepsilon_0}\frac{r_--r_+}{r_+r_-}$$

对电偶极子而言,$r_0\ll r$,则有,$r_--r_+\approx r_0\cos\theta$,$r_-r_+\approx r^2$,因此有

$$V=\frac{q}{4\pi\varepsilon_0}\frac{r_--r_+}{r_+r_-}\approx\frac{q}{4\pi\varepsilon_0}\frac{r_0\cos\theta}{r^2}=\frac{1}{4\pi\varepsilon_0}\frac{p\cos\theta}{r^2}\tag{1}$$

这表明,在电偶极子的电场中,远离电偶极子一点的电势与电偶极矩 $\boldsymbol{p}$ 的大小成正比,与 $\boldsymbol{p}$ 和 $\boldsymbol{r}$ 之间夹角的余弦成正比,而与 r 的二次方成反比.

式(1)也可用点 A 的坐标 x、y 写成:

$$V=\frac{1}{4\pi\varepsilon_0}\frac{p\cos\theta}{r^2}=\frac{p}{4\pi\varepsilon_0}\frac{x}{(x^2+y^2)^{3/2}}$$

由电场强度与电势的关系可得,点 A 的电场强度在 x 轴、y 轴的分量分别为

$$E_x=-\frac{\partial V}{\partial x}=-\frac{p}{4\pi\varepsilon_0}\frac{y^2-2x^2}{(x^2+y^2)^{5/2}},\quad E_y=-\frac{\partial V}{\partial y}=\frac{p}{4\pi\varepsilon_0}\frac{3xy}{(x^2+y^2)^{5/2}}$$

于是点 A 场强为

$$E=\sqrt{E_x^2+E_y^2}=\frac{p}{4\pi\varepsilon_0}\frac{(4x^2+y^2)^{1/2}}{(x^2+y^2)^2}$$

当 $y=0$ 时,即点 A 在电偶极子的延长线上,有

$$E=\frac{2p}{4\pi\varepsilon_0}\frac{1}{x^3}$$

当 $x=0$ 时,即点 A 在电偶极子的中垂线上,有

$$E=\frac{p}{4\pi\varepsilon_0}\frac{1}{y^3}$$

这个结果与 5.2 节例 5.1 的结果相同.

5.8 静电场中的电偶极子

电场对电偶极子的作用,以及电偶极子对电场的影响是十分重要的,尤其是在研究电介质的极化机理、电场对有极分子的作用等问题时.

一、外电场对电偶极子的力矩及取向作用

如图 5-41 所示,电偶极矩为 $\boldsymbol{p}=q\boldsymbol{r}_0$ 的电偶极子放置在场强为 $\boldsymbol{E}$ 的匀强电场中,电场作用在$+q$ 和$-q$ 上的力分别为 $\boldsymbol{F}_+=q\boldsymbol{E}$ 和 $\boldsymbol{F}_-=-q\boldsymbol{E}$,则作用在电偶极子上的合力为

$$\boldsymbol{F}=\boldsymbol{F}_++\boldsymbol{F}_-=q\boldsymbol{E}-q\boldsymbol{E}=0$$

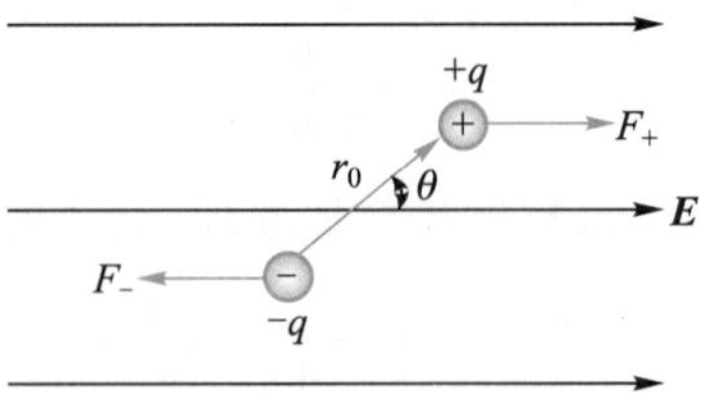

图 5-41 匀强电场中电偶极子所受力矩

这表明,在均匀电场中,电偶极子不受电场力的作用. 但是,由于力 $\boldsymbol{F}_+$和 $\boldsymbol{F}_-$不在同一直线上,它们对电偶极子的力矩并不为零.

电偶极子所受的力矩为

$$M=qr_0E\sin\theta=pE\sin\theta \tag{5-27}$$

矢量格式为

$$\boldsymbol{M}=\boldsymbol{p}\times\boldsymbol{E} \tag{5-28}$$

在力矩作用下,电偶极子将在图示情况下作顺时针转动.

若 $\theta=0$,即电偶极子的电矩 $\boldsymbol{p}$ 的方向与电场强度 $\boldsymbol{E}$ 的方向相同时,电偶极子所受力矩为零,这个位置是电偶极子的稳定平衡位置.

若 $\theta=\pi$,即 $\boldsymbol{p}$ 的方向与 $\boldsymbol{E}$ 的方向相反时,电偶极子所受的力矩虽也为零,但这时电偶极子处于非稳定平衡,只要 θ 稍微偏离这个位置,电偶极子将在力矩作用下,使 $\boldsymbol{p}$ 的方向转至与 $\boldsymbol{E}$ 的方向相一致.

如果电偶极子位于非均匀电场中,这时作用在$+q$ 和$-q$ 上的力为

$$\boldsymbol{F}=\boldsymbol{F}_++\boldsymbol{F}_-=q\boldsymbol{E}_+-q\boldsymbol{E}_-\neq 0$$

所以,在非均匀电场中,电偶极子既要在电场力力矩作用下转动,又要在电场力作用下移动.

二、电偶极子在电场中的电势能及其平衡位置

仍如上图 5-41 所示,电矩为 $\boldsymbol{p}=q\boldsymbol{r}_0$ 的电偶极子处于电场强度为 $\boldsymbol{E}$ 的匀强电场中.

设$+q$ 和$-q$ 位置的电势分别为 V_+和 V_-. 则此电偶极子的电势能为

$$E_{\mathrm{p}}=qV_+-qV_-=-q\left(-\frac{V_+-V_-}{r_0\cos\theta}\right)r_0\cos\theta=-qr_0E\cos\theta$$

则有

$$E_{\mathrm{p}}=-\boldsymbol{p}\cdot\boldsymbol{E} \tag{5-29}$$

上式表明,在均匀电场中电偶极子的电势能与电偶极矩在电场中的方向有关.

当电偶极子的电偶极矩 $\boldsymbol{p}$ 的方向与 $\boldsymbol{E}$ 一致时($\theta=0$),其电势能 $E_{\mathrm{p}}=-pE$,此时,电势能最低;当 $\boldsymbol{p}$ 与 $\boldsymbol{E}$ 垂直时($\theta=\pi/2$),其电势能为零;当 $\boldsymbol{p}$ 的方向与 $\boldsymbol{E}$ 的方向相反时($\theta=\pi$),其电势能 $E_{\mathrm{p}}=pE$,此时,电势能最大.

从能量的观点来看,能量越低,系统的状态越稳定. 由此可见,电偶极子电势能最低的位置,即为稳定平衡位置. 这就是说,在电场中的电偶极子,一般情况下总具有使自己的 $\boldsymbol{p}$ 转向 $\theta=0$ 的趋势.

电偶极子的这个特性对理解电介质中有极分子的极化现象非常重要,这一点将在 6.2 节中涉及“有极分子电介质的极化”相关内容讲到.

思考题

5-1 简述静电场中的高斯定理,静电场是有源场还是无源场?

5-2 简述静电场的环路定理,静电场是保守场还是非保守场?

5-3 静电场中某一点的电场强度定义为 $\boldsymbol{E}=\dfrac{\boldsymbol{F}}{q_0}$,若该点没有试验电荷,那么该点的电场强度又如何?为什么?

5-4 在点电荷的电场强度公式中,如果 r 趋于 0,则场强趋于无穷大,对此你有什么看法?

5-5 为什么电场线不能相交?

5-6 有一种说法认为“电场线就是电荷的运动轨迹”,这样说对吗?为什么?

5-7 如果穿过一个闭合曲面的电场强度通量不为零,是否在此闭合曲面上的场强一定是处处都不为零?

5-8 高斯面内如果没有净余电荷,那么此高斯面上每一点的场强必为零么?穿过此高斯面的电场强度通量又如何?

习题

5-1 一均匀带电球面在球面内各处产生的场强( )

(A) 处处为零. (B) 不一定为零.

(C) 一定不为零. (D) 是常量.

5-2 在已知静电场分布的条件下,任意两点 P_1 和 P_2 之间的电势差取决于( )

(A) P_1 和 P_2 两点的位置. (B) P_1 和 P_2 两点的电场强度.

(C) 试验电荷的正负. (D) 试验电荷的电荷量.

5-3 静电场中某点电势的数值等于( )

(A) 试验电荷 q_0 置于该点时具有的电势能.

(B) 单位正试验电荷置于该点时具有的电势能.

(C) 正电荷置于该点时具有的电势能.

(D) 把单位正电荷从该点移到电势零点,外力所做的功.

5-4 下列几个说法中哪一个是正确的?( )

(A) 电场中某点场强的方向,就是将点电荷放在该点所受电场力的方向.

(B) 电场中某点的场强大小与试验电荷无关.

(C) 场强大小由 $E=F/q$ 可知,某点的场强大小与试验电荷受力成正比,与电荷量成反比.

(D) 在以点电荷为中心的球面上,由该点电荷所产生的场强处处相同.

5-5 如图所示为一沿 x 轴放置的“无限长”分段均匀带电直线,电荷线密度分别为 $+\lambda$、$-\lambda$,则 Oxy 坐标平面上点 $(0,a)$ 处的场强 $\boldsymbol{E}$ 的方向为( )

(A) x 正方向. (B) x 负方向. (C) y 正方向. (D) y 负方向.

5-6 如图所示,一个电荷量为 q 的点电荷位于正立方体的中心上,则通过其中一侧面的电场强度通量等于( )

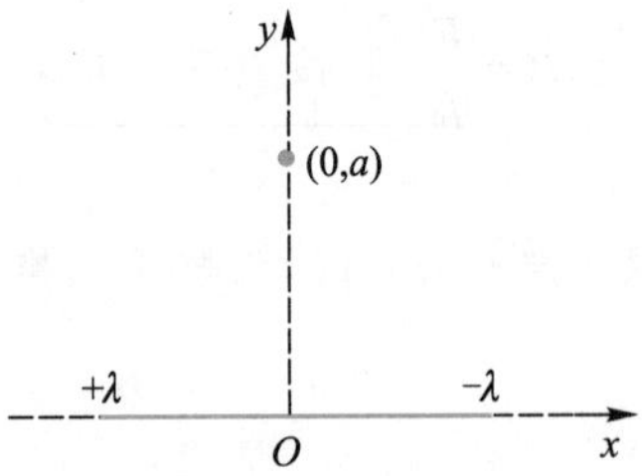

习题 5-5 图

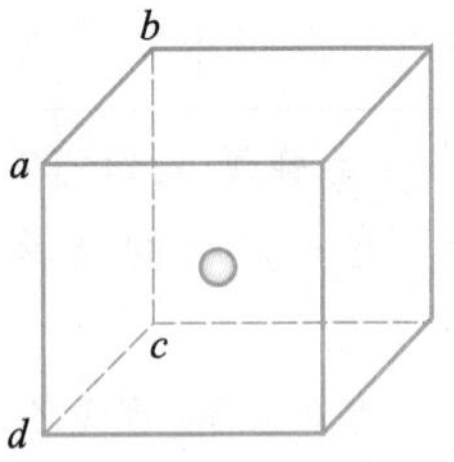

习题 5-6 图

(A) $\dfrac{q}{4\varepsilon_0}$. (B) $\dfrac{q}{6\varepsilon_0}$. (C) $\dfrac{q}{24\varepsilon_0}$. (D) $\dfrac{q}{27\varepsilon_0}$.

5-7 关于高斯定理 $\Phi_e=\oint_S \boldsymbol{E}\cdot d\boldsymbol{S}=\dfrac{1}{\varepsilon_0}\sum_{i=1}^{n} q_i^{in}$,下列说法中正确的是( )

(A) 如果高斯面无电荷,则高斯面上的电场强度处处为零.

(B) 如果高斯面上的电场强度处处为零,则高斯面内无电荷.

(C) 如果高斯面上的电场强度处处为零,则通过高斯面的电场强度通量为零.

(D) 若通过高斯面的电场强度通量为零,则高斯面上的电场强度处处为零.

5-8 关于高斯定理,下列说法中正确的是(　　).

(1) 高斯面上的电场强度只与面内的电荷有关,与面外的电荷无关;

(2) 高斯面上的电场强度与面内和面外的电荷都有关系;

(3) 通过高斯面的电场强度通量只与面内的电荷有关,与面外的电荷无关;

(4) 若正电荷在高斯面之内,则通过高斯面的电场强度通量为正;若正电荷在高斯面之外,则通过高斯面的电场强度通量为负.

(A) (1)和(4)正确.　　(B) (2)和(3)正确.

(C) (1)和(3)正确.　　(D) (2)和(4)正确.

5-9 如图所示,闭合曲面 S 内有一点电荷 q,P 为 S 面上一点,在 S 面外 A 点有一点电荷 q',将其移到 B 点,则(　　)

(A) 通过 S 面的电场强度通量不变,P 点的电场强度不变.

(B) 通过 S 面的电场强度通量不变,P 点的电场强度变化.

(C) 通过 S 面的电场强度通量改变,P 点的电场强度不变.

(D) 通过 S 面的电场强度通量改变,P 点的电场强度变化.

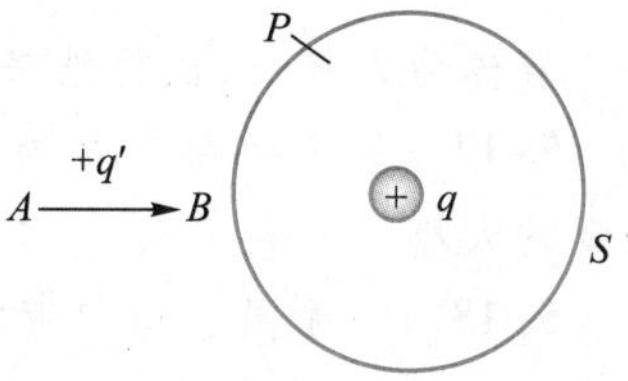

习题 5-9 图

5-10 下列说法中正确的是(　　)

(A) 场强为 0 的点电势也为 0.

(B) 场强不为 0 的点电势也不为 0.

(C) 电势为 0 的点,则电场强度也一定为 0.

(D) 电势在某一区域为常量,则电场强度在该区域必定为 0.

5-11 已知一高斯面所包围的体积内电荷量代数和 $\sum q_i = 0$,则可肯定(　　).

(A) 高斯面上各点场强均为零

(B) 穿过高斯面上每一面元的电场强度通量均为零

(C) 穿过整个高斯面的电场强度通量为零

(D) 以上说法都不对

5-12 在点电荷的 $+q$,$-q$ 电场中,作如图所示的三个高斯面,通过 S_1、S_2、S_3 球面的电场强度通量分别为________、________、________.

5-13 由静电场中的高斯定理 $\Phi_e = \oint_S \boldsymbol{E} \cdot d\boldsymbol{S} =$ ________,可知静电场是________场(有源,无源),由静电场环路定理 $\oint_L \boldsymbol{E} \cdot d\boldsymbol{l} =$ ________,静电场是________场(保守,非保守).

5-14 一半径为 R 的均匀带电圆环,电荷量为 Q,圆心处的电场强度大小为____________,电势大小为____________.

5-15 一半径为 R 的均匀带电半圆环,电荷量为 $+q$,求圆心处的电场强度.

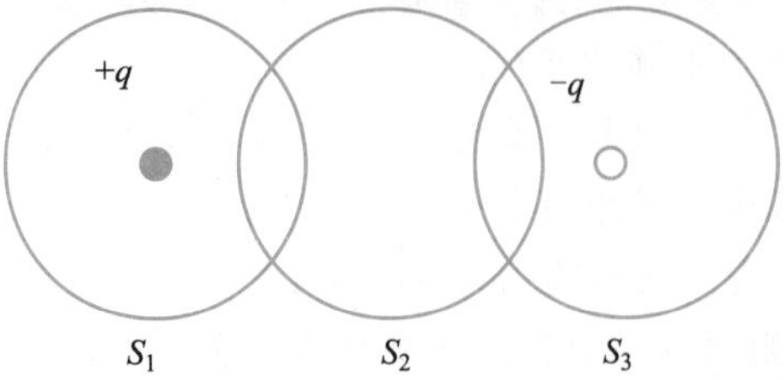

习题 5-12 图

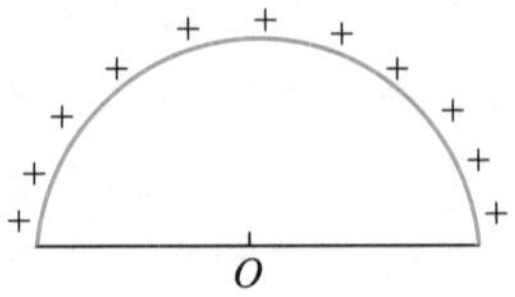

习题 5-15 图

5-16 若电荷均匀分布在长为 L 的细棒上,求证:

(1) 在棒的延长线,且离棒中心为 r 处的电场强度为 $E=\frac{1}{\pi\varepsilon_0}\frac{Q}{4r^2-L^2}$;

(2) 在棒的垂直平分线上,离棒为 r 处的电场强度为 $E=\frac{1}{2\pi\varepsilon_0 r}\frac{Q}{\sqrt{4r^2+L^2}}$.

若棒为无限长,试将结果与无限长均匀带电直线的电场强度相比较.

5-17 一个半径为 R 的半球壳,均匀带电,电荷面密度为 σ. 求球心处电场强度的大小.

5-18 一无限长均匀带电直线位于 x 轴上,电荷线密度为 30 μC/m,通过球心为坐标原点、半径为 3 m 的球面的电场强度通量为多少?

5-19 如图所示,均匀带电荷量为 Q 的细棒,长为 L,求其延长线上距杆端点为 a 的位置 A 的场强和电势.

习题 5-19 图

5-20 一对无限长直同轴圆柱面,半径分别为 R_1 和 R_2,且 $R_1<R_2$,筒面上均匀带电,电荷线密度分别为 λ 和 $-\lambda$,求:(1) 空间各区域内电场强度的分布;(2) 两圆柱面之间的电势差.

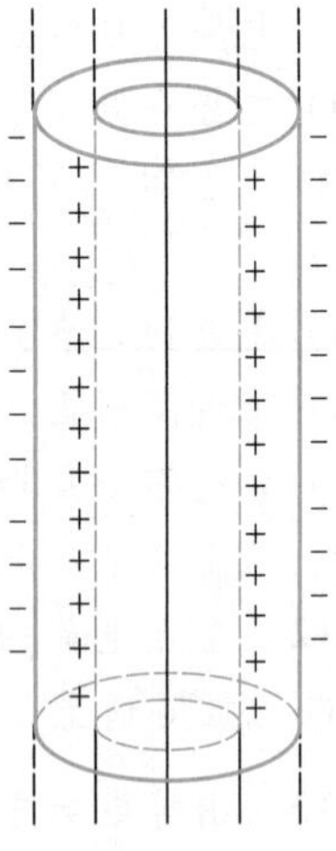

习题 5-20 图

5-21 两个半径分别为 R_1 和 R_2 的同心球面($R_1<R_2$),分别带有电荷量 $Q_1<Q_2$. 求:(1) 各区域电势的分布;(2) 两球面上电势差为多少.

5-22 真空中有一均匀带电球面,半径为 R,总电荷量为 $Q(Q>0)$,今在球面上挖去一很小面积 dS,设其余部分的电荷仍均匀分布,求挖去后球心处的电场强度和电势.

5-23 一圆盘半径为 R,中间挖去一个半径为 a 的同心小圆盘,余下部分均匀带电,电荷面密度为 σ,求盘心处的场强和电势.

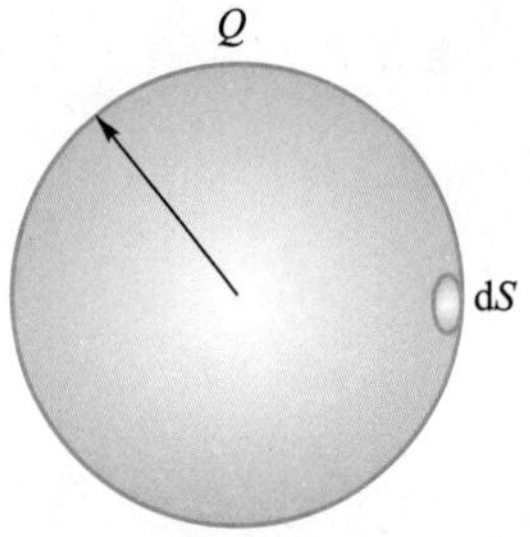

习题 5-22 图

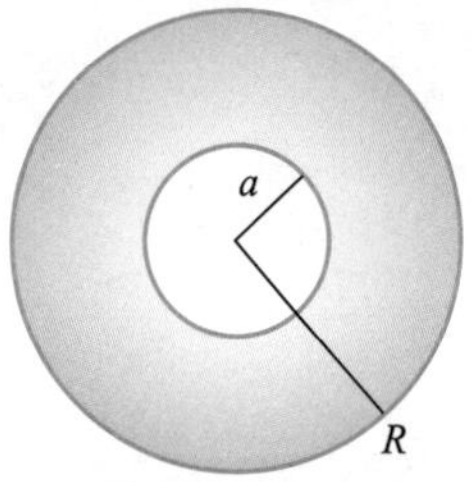

习题 5-23 图

5-24 两个带有等量异号电荷的无限长同轴圆柱面，半径分别为 R_1 和 $R_2(R_1<R_2)$，沿轴线的电荷线密度为 λ，求离轴线为 r 处的电场强度：(1) $r<R_1$；(2) $R_1<r<R_2$；(3) $r>R_2$.

5-25 电荷 Q 均匀分布在半径为 R 的球体内. 试求球体内部距离球心 r 处的电势.

5-26 设在半径为 R 的球体内，其电荷为对称分布，电荷体密度为

$$\begin{cases} \rho = kr & (0 \leqslant r \leqslant R) \\ \rho = 0 & (r > R) \end{cases}$$

k 为一常量，试分别用高斯定理和电场强度叠加原理求电场强度 $\boldsymbol{E}$ 与 r 的关系.

5-27 如图所示，两个半径分别为 R_1 和 R_2 的同心球面，且 $R_1<R_2$，球面上均匀带电，电荷量分别为 q 和 $-q$，求：(1) 空间各区域电场强度的分布；(2) 两球面之间的电势差，并画出电场线和等势面的分布.

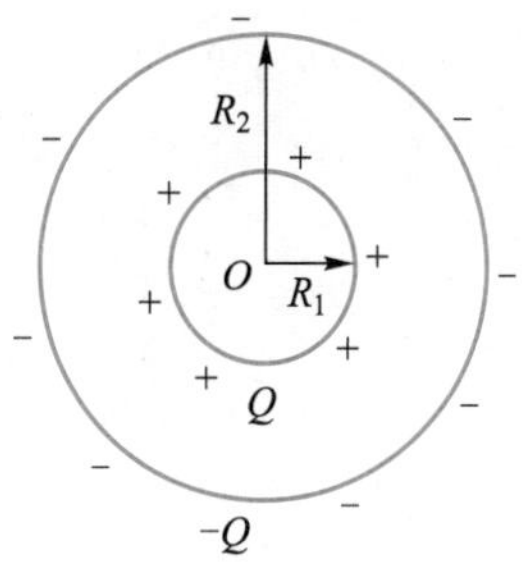

习题 5-27 图

5-28 一个内外半径分别为 R_1 和 R_2 的均匀带电球壳，总电荷为 Q_1，球壳外同心罩一个半径为 R_3 的均匀带电球面，球面电荷为 Q_2. 求电场分布. 试分析电场强度是否为到球心距离 r 的连续函数.

5-29 半径为 R 的无限长圆柱，柱内电荷体密度为 ρ. (1) 求带电圆柱内外的电场分布；(2) 若择选距离轴线 1 m 处为零电势点（$R<1$ m），则圆柱轴线上电势为多少？

5-30 两个很长的同轴圆柱面（$R_1=3.00\times10^{-2}$ m，$R_2=0.10$ m），带有等量异号的电荷，两者的电势差为 450 V，求：(1) 圆柱面单位长度上带有多少电荷？(2) 两圆柱面之间的电场强度.

第六章

静电场中的导体和电介质

上一章已经讨论了真空中的静电场. 在实际中,电场中总有导体或电介质(即绝缘体)存在,在静电的实际应用中也都涉及导体和电介质对电场的影响. 因此,讨论研究存在金属或者电介质时的静电场的基本规律,不仅使我们对静电场的认识更加深入,而且具有重大的应用意义.

本章将讨论静电场与导体、电介质的相互作用,主要内容有导体的静电平衡条件,静电场中导体的电学性质,电介质的极化现象,电介质中的高斯定理,电容器的连接,电场的能量及能量密度等.

对于导体,本章只限于讨论各向同性的均匀金属导体.

6.1 静电场中的导体

一、静电平衡条件

金属是由许多小晶粒构成的,每个晶粒内的原子作有序排列而形成晶格. 金属导体中每个原子中最外层的价电子都不再属于某个特定的原子,而是组成了自由电子群,为所有原子共有,且在金属中作共化运动. 这样一来,留在晶格上的原子就成为带正电的离子. 因此,具有大量的自由电子是金属导体的重要特征.

当金属不带电、也不存在外电场时,其中的自由电子只作无规则的热运动,金属呈现电中性. 如果将金属导体置于外电场中,那么自由电子就将在电场力作用下作宏观的定向运动,使得导体中的电荷重新分布,结果就会是导体的一端带正电荷,另一端带负电荷,这就是静电感应现象. 静电感应现象所产生的电荷,称为感应电荷.

感应电荷同样在导体内激发一个附加电场,而空间任一点的电场强度是外电场和附加电场的矢量和. 在导体内部附加电场与外电场方向相反,随着感应电荷的增加,附加电场也随之增加,直至附加电场与外电场完全抵消,使导体内部的场强为零,这时自由电子的定向运动也就停止. 在金属导体中,自由电子没有定向运动的状态,称为静电平衡状态. 从电荷开始重新分布到静电平衡,所需的时间是极其短暂的,通常是在微秒的数量级.

在静电平衡时,不仅导体内部没有电荷作定向运动,导体表面也没有电荷作定向运动,这就要求导体表面电场强度的方向与表面垂直. 否则,场强存在切向分量,自由电子会受到相应的电场力作用从而沿导体表面运动,这就不是静电平衡状态.

因此,处于静电平衡状态下的导体,必然满足如下静电平衡条件:

(1) 导体内部的场强处处为零;

(2) 导体表面上的场强处处垂直于导体表面.

据此,还可以进一步直接得到以下推论:

整个导体是等势体,导体表面是等势面.

导体内各处电场强度为零,因而导体上的任意两点 a 和 b 电势差为零,即

$$U=\int_a^b \boldsymbol{E}\cdot \mathrm{d}\boldsymbol{l}=0$$

总之,处于静电平衡的导体,电势处处相等.

二、静电平衡时导体上电荷的分布

静电平衡时,可以用高斯定理来讨论导体上的电荷分布,从而得到导体表面的电荷面密度与电场强度的关系.

导体可以分为实心导体和空腔导体,而对于空腔导体,又分为腔内没有电荷和腔内有电荷的两种情况.

1. 实心导体

如图 6-1 所示,在处于静电平衡状态的实心导体体内作任意高斯面,由于导体内部场强处处为零,则必有

$$\oint_S \boldsymbol{E}\cdot \mathrm{d}\boldsymbol{S}=0$$

因此,此高斯面所包围的电荷代数和必然为零. 又因为高斯面是任意作出的,可得如下结论:在静电平衡时,导体所带电荷只能分布在导体表面上,导体内部没有净电荷. 此结论对于空腔导体同样适用.

2. 空腔导体

(1) 空腔内没有电荷

和实心导体一样,空腔导体在处于静电平衡时,电荷也只能分布在表面. 那么是否内外表面都可以分布电荷呢?

如图 6-2 所示,在空腔导体内部取包围整个空腔的高斯面,由于场强处处为零,可知

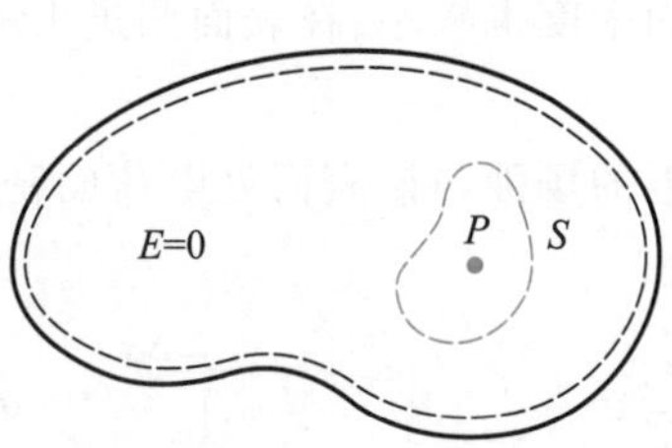

图 6-1 实心导体

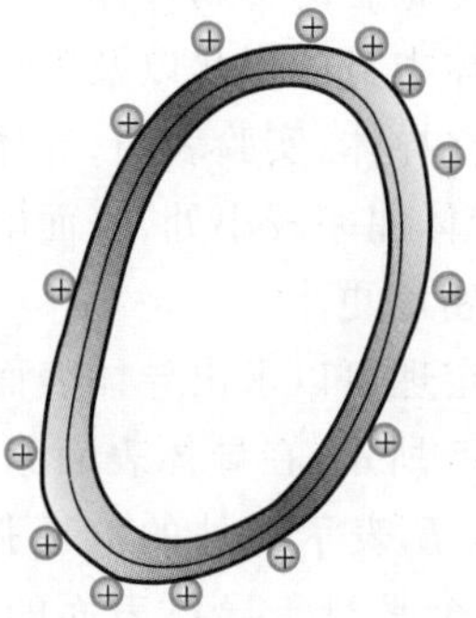

图 6-2 空腔内没有电荷

$$\oint_S \boldsymbol{E}\cdot \mathrm{d}\boldsymbol{S}=\frac{\sum q_i}{\varepsilon_0}=0$$

这说明在空腔内表面没有净电荷,那么有没有可能内表面出现等量的异号电荷而使得净电荷为零呢? 由静电平衡条件可知,倘若如此,则导体内表面存在电势差,如图 6-3 所示,与导体是等势体的结论矛盾. 因此,对于腔内没有电荷的

导体而言,内表面不会出现任何形式的电荷,电荷只能全部分布在外表面上.

(2)空腔内有电荷

若空腔内有电荷$+q$,那么内表面和外表面都会出现感应电荷.

如图 6-4 所示,在空腔导体内部取包围整个空腔的高斯面,由于场强处处为零,可知

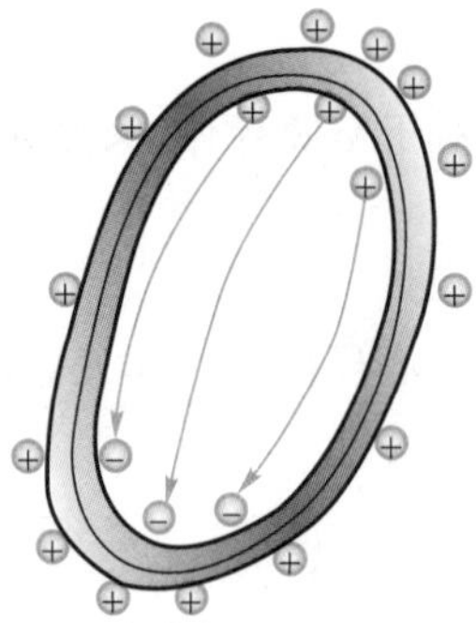

图 6-3 空腔内表面等量异号电荷与等势体的结论矛盾

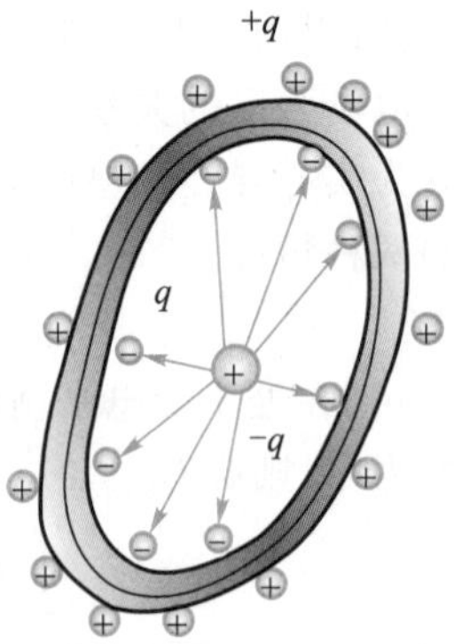

图 6-4 空腔内有电荷

$$\oint_S \boldsymbol{E}\cdot \mathrm{d}\boldsymbol{S}=\frac{\sum q_i}{\varepsilon_0}=0$$

因此,若空腔内有电荷$+q$,则内表面感应出$-q$的电荷,而外表面感应出$+q$的电荷.

3. 导体表面的电荷面密度与电场强度的关系

导体表面的电荷面密度与其邻近处的电场强度有什么关系呢?

静电平衡状态的金属导体,电荷只分布在导体的表面上,在导体表面上电荷的分布与导体本身的形状以及附近带电体的状况等多种因素有关.

对于孤立导体,实验表明,导体曲率越大处(例如尖端部分),表面电荷面密度也越大;导体曲率较小处,表面电荷面密度也较小;在表面凹进去的地方(曲率为负),电荷密度更小.

由高斯定理可以求出导体表面附近的场强与该表面处电荷面密度的关系.

如图 6-5 所示,在导体表面紧邻处取一点 P,以 E 表示该处的电场强度,过 P 点作一个平行于导体表面的小面积元 ΔS,并以此为底,以过 P 点的导体表面法线为轴作一个封闭的扁筒,扁筒的另一底面 $\Delta S'$在导体的内部.

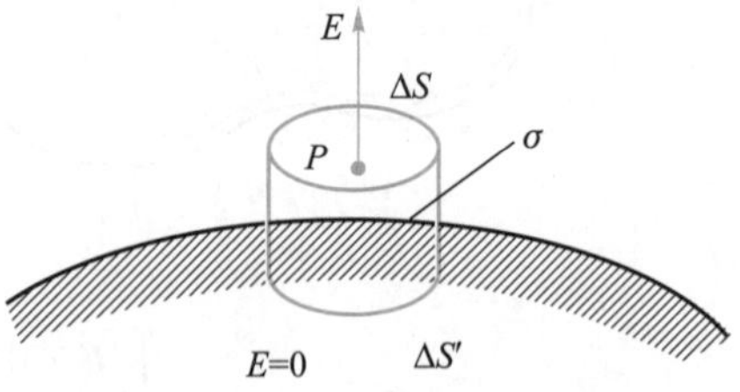

图 6-5 导体表面附近场强

由于导体内部的场强为零,而表面紧邻处的场强又与表面垂直,所以通过此封闭扁筒的电场强度通量就是通过 ΔS 面的电场强度通量,以 σ 表示导体表面上 P 点附近的电荷面密度.

据高斯定理,有

$$\oint_S \boldsymbol{E} \cdot \mathrm{d}\boldsymbol{S} = E\Delta S = \frac{\sigma \Delta S}{\varepsilon_0}$$

可得

$$E = \frac{\sigma}{\varepsilon_0} \tag{6-1}$$

上式表明带电导体表面附近的电场强度大小与该处电荷面密度成正比.

对于有尖端的导体,由于尖端处电荷密度很大,尖端处的电场也很强,当这里的电场强到一定值时,就可使空气中残留的电子在电场作用下发生激烈运动,使得空气分子电离而产生大量的带电粒子. 与尖端上电荷异号的带电粒子受尖端电荷的吸引,飞向尖端,使尖端上的电荷中和掉;与尖端上电荷同号的带电粒子受到排斥而从尖端附近飞开,从外表上看,就好像尖端上的电荷被“喷射”出来,这种现象称为尖端放电.

在尖端放电过程中,还可使原子受激发光而出现电晕. 避雷针就是根据尖端放电的原理制成的. 在高压设备中,为了防止因尖端放电而引起的危险和电能的浪费,一般采用表面光滑的较粗导体.

三、静电屏蔽

一般而言,在静电场附近的区域都会受到电场的影响.

然而,由于空腔导体的存在,某些特定的区域可以不受静电场的影响,这就是静电屏蔽现象.

具体来说有两类情况.

1. 用空腔导体屏蔽外电场

如图 6-6 所示,空腔导体置身于一个静电场中,在静电平衡时,感应电荷只分布在导体的外表面上,导体内部和空腔之中的电场强度处处为零.

这就说明,空腔中的整个区域不会受到外电场的影响. 导体和空腔内部的电势处处相等,成为一个等势体.

2. 用接地的空腔导体屏蔽内电场

再来看一下如何屏蔽电荷激发的电场对外界的影响.

在电荷 $+q$ 外面放置一个空腔导体,如图 6-7 所示,这样导体的内外表面都会有感应电荷分布.

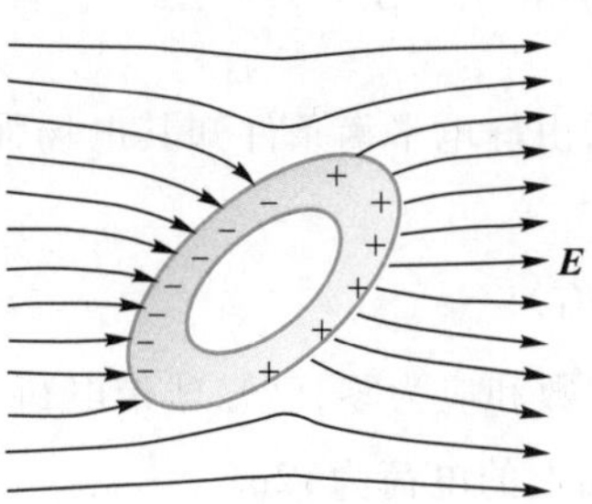

图 6-6 空腔导体屏蔽外电场

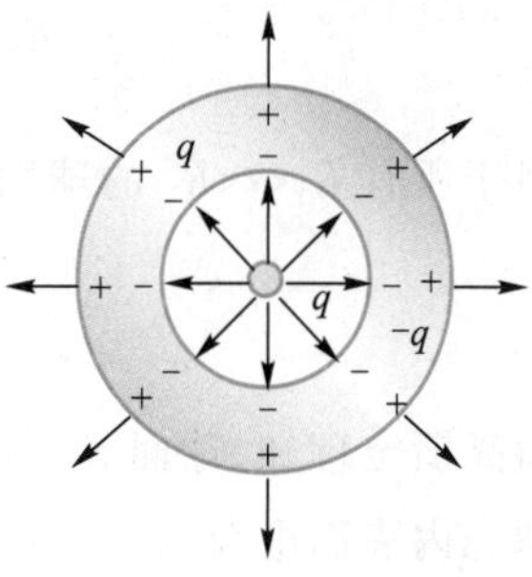

图 6-7 不接地时空腔导体电荷分布

倘若再将这个导体的外表面接地，如图 6-8 所示，那么外表面的感应正电荷将与从地上来的负电荷中和，从而使外表面不再带电，这时外部空间无电场分布，这样一来，接地之后的空腔导体内部电荷所激发的电场就不会对导体外产生任何影响了.

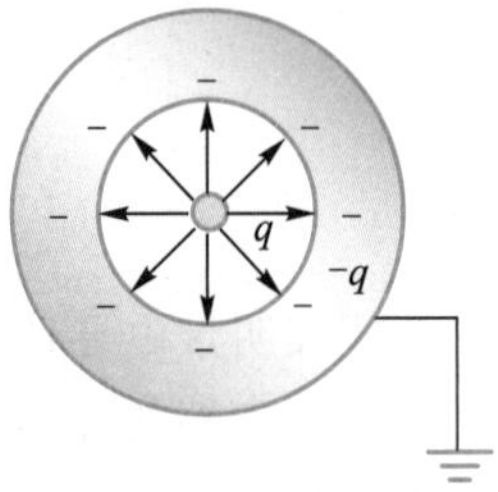

图 6-8 接地空腔导体屏蔽内电场

总之，空腔导体的静电屏蔽作用可以分两方面叙述，一方面，无论空腔导体接地与否，均可以使腔内空间不受外电场的影响；另一方面，接地之后的空腔导体，将使得外部空间不受空腔内电场的影响.

实际的科技工程应用中，有很多静电屏蔽原理的应用，比如，高压设备周围会有金属网，校测电子仪器的金属网屏蔽室，高压输电线路检修人员的工作服（屏蔽服）.

例 6.1 有一外半径 $R_1=10$ cm，内半径 $R_2=7$ cm 的金属球壳，在球壳中放一半径 $R_1=5$ cm 的同心金属球，若使球壳和球均带有 $q=10^{-8}$ C 的正电荷，问：两球体上的电荷如何分布？球心电势为多少？

解：球体上的电荷分布如图 6-9 所示（球壳内表面带 $-q$，外表面带 $+2q$）.

为计算球心的电势，必须先计算出各点的电场强度. 由于具有球对称性，可以用高斯定理计算各点的电场强度.

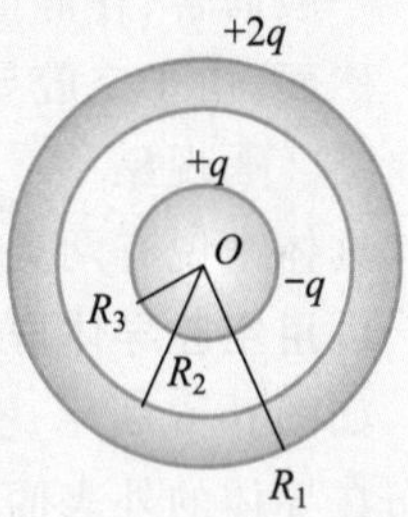

图 6-9

以 $r<R_3$ 的球面 S_1 作为高斯面，由导体静电平衡条件，球内场强为

$$E_1=0 \quad (r<R_3) \tag{1}$$

在球与球壳之间，作 $R_3<r<R_2$ 的球形高斯面 S_2，在此高斯面内的电荷仅是半径为 R_3 的球上的电荷 $+q$，由高斯定理：

$$\oint_{S_2} \boldsymbol{E}_2 \cdot \mathrm{d}\boldsymbol{S}=\frac{q}{\varepsilon_0}$$

得

$$E_2=\frac{q}{4\pi\varepsilon_0 r^2}(R_3<r<R_2) \tag{2}$$

对于所有 $R_2<r<R_1$ 的球面 S_3 上的各点，由静电平衡条件知其电场强度为零，即

$$E_3=0(R_2<r<R_1) \tag{3}$$

由高斯定理知，球面 S_3 内所含有电荷代数和应为零，已知球带电荷为 $+q$，所以球壳内表面电荷为 $-q$. 这样，球壳外表面上的电荷为 $+2q$.

在球壳外面取 $r>R_1$ 的球面 S_4 为高斯面，在此高斯面内含有电荷为 $\sum q=q-q+2q=2q$. 所以由高斯定理可得 $r>R_1$ 处的场强为

$$E_4=\frac{2q}{4\pi\varepsilon_0 r^2}\quad(r>R_1) \tag{4}$$

球心 O 的电势为

$$V_O=\int_0^{\infty}\boldsymbol{E}\cdot \mathrm{d}\boldsymbol{l}=\int_0^{R_3}\boldsymbol{E}_1\cdot \mathrm{d}\boldsymbol{l}+\int_{R_3}^{R_2}\boldsymbol{E}_2\cdot \mathrm{d}\boldsymbol{l}+\int_{R_2}^{R_1}\boldsymbol{E}_3\cdot \mathrm{d}\boldsymbol{l}+\int_{R_1}^{\infty}\boldsymbol{E}_4\cdot \mathrm{d}\boldsymbol{l}$$

将式(1)、式(2)、式(3)、式(4)代入上式，得

$$V_O=0+\int_{R_3}^{R_2}\frac{q}{4\pi\varepsilon_0 r^2}\mathrm{d}r+0+\int_{R_1}^{\infty}\frac{2q}{4\pi\varepsilon_0 r^2}\mathrm{d}r=\frac{q}{4\pi\varepsilon_0}\left(\frac{1}{R_3}-\frac{1}{R_2}+\frac{2}{R_1}\right)$$

代入数据，可得

$$V_O=2.31\times10^3\ \mathrm{V}$$

6.2 静电场中的电介质 电介质中的高斯定理

静电场与物质的相互作用，也表现在物质对电场的影响. 上面我们讨论了导体对电场的影响，这一节我们讨论电介质的静电特性，以及对电场的影响.

电介质就是通常所说的绝缘体，其主要特征是它的分子中电子被原子核束缚得很紧，介质内几乎没有自由电子，其导电性能很差，故称为绝缘体. 它与导体的明显区别是，在外电场作用下达到静电平衡时，电介质内部的场强不为零.

一、相对电容率

从前面的讨论中我们已经知道，真空中两个无限大均匀带有电荷面密度分别为 $+\sigma$ 和 $-\sigma$ 的平行平板之间的场强为 $E_0=\dfrac{\sigma}{\varepsilon_0}$，$\varepsilon_0$ 为真空电容率.

如果维持电荷面密度不变，而在两板之间充满均匀的各向同性电介质，这时候可以测得场强 $\boldsymbol{E}$ 的值变为真空时候的 $\dfrac{1}{\varepsilon_r}$ 倍（$\varepsilon_r>1$），即

$$E=\frac{E_0}{\varepsilon_r} \tag{6-2}$$

ε_r 称为电介质的相对电容率. 相对电容率 ε_r 与真空电容率 ε_0 的乘积 $\varepsilon=\varepsilon_0\varepsilon_r$ 就称为电容率. 可见，对于电介质而言，$\varepsilon>\varepsilon_0$.

二、电介质的极化

在构成电介质的分子中，电子和原子核结合紧密，电子处于被束缚的状态，

当把电介质放置于外电场中时，其中的电子也只能作微观的相对位移. 除非在击穿(6.3 节会予以讨论)的特殊情形下，否则电子不会解除束缚、不会作宏观定向移动. 这是电介质区别于导体的电学性能特点.

根据正负电荷的平均位置在无外加电场情况下重合与否，可以将电介质分为两类.

像氢、氦、甲烷、石蜡等，在正常情况下，它们内部的电荷分布具有对称性，它们分子的正、负电荷中心重合，其固有电偶极矩为零，这类分子称为无极分子，如图 6-10 所示.

像氯化氢、水、有机玻璃等，即使没有外电场的情况下，它们内部的电荷分布也不对称，因而分子的正、负电荷中心不重合，存在固有电偶极矩，这类分子称为有极分子，如图 6-11 所示.

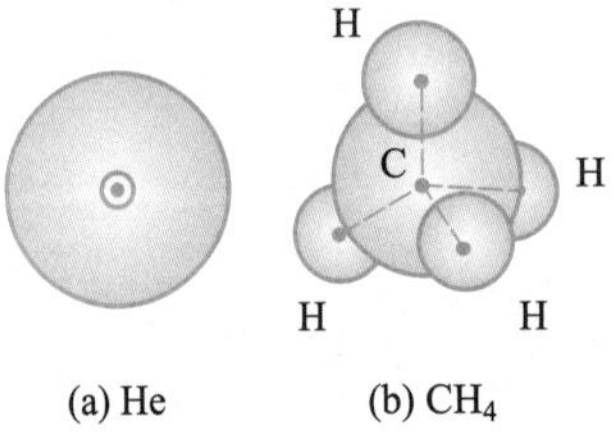

图 6-10 无极分子

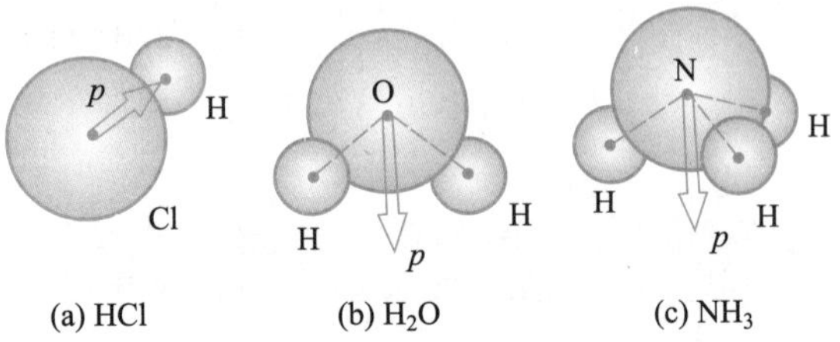

图 6-11 有极分子

但由于分子热运动的无规则性，在物理小体积内的平均电偶极矩仍为零，因而有极分子也没有宏观电偶极矩分布(对外不显电性).

1. **无极分子**

当无极分子处于电场中时，在电场力作用下，分子的正、负电荷中心会发生相对位移，形成一个电偶极子. 其电偶极矩方向与外电场的场强方向一致，如图 6-12 所示.

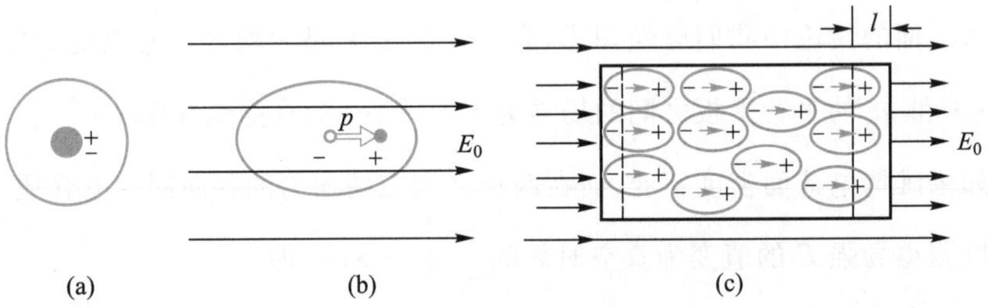

图 6-12 无极分子介质的极化

对于整块电介质而言，由于每个分子都成为电偶极子，它们将作如图 6-12(c)所示的排列. 由于相邻电偶极子的正负电荷相互靠近，在均匀的电介质内部依然保持电中性，但在电介质与电场垂直的两个表面上会分别出现正电荷和负电荷.

这种电荷既不能离开电介质，也不能在介质内部自由移动，称为极化电荷或束缚电荷，以区别于自由电荷. 而这种在外电场作用下电介质表面产生极化电荷的现象，称为电介质的极化. 无极分子的极化称为位移极化.

当外电场撤去后，无极分子的正、负电荷中心又将重合，电介质表面的极化电荷也随之消失.

2. 有极分子

对于有极分子而言，每一个分子都可以等效为电偶极子，在外电场作用下，它们将受到力矩作用，使电偶极矩 p 转向电场的方向，如图 6-13 所示.

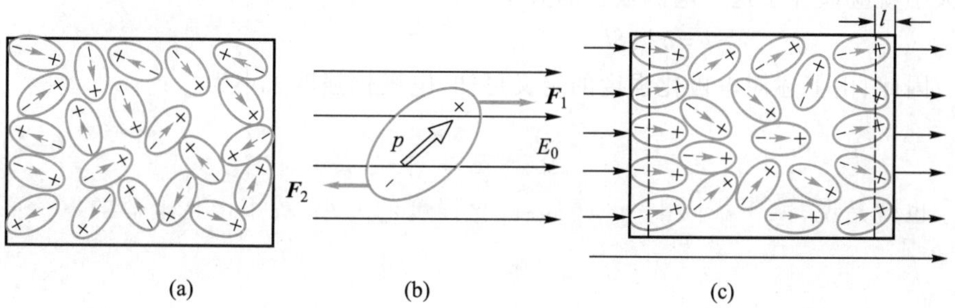

图 6-13 有极分子介质的极化

由于分子的热运动，各个电偶极矩不会十分整齐地依照外电场的方向排列. 但尽管如此，对整块电介质而言，电介质垂直于电场方向的前后两个表面也分别出现极化电荷. 撤掉外电场后，这些电偶极子的电偶极矩的排列，又恢复为无序状态，电介质呈电中性.

有极分子的极化就是等效的电偶极子转向外电场的方向，这种极化现象称为有极分子的取向极化. 当然，有极分子也存在位移极化，只是有极分子的取向极化效应远远强于位移极化效应，占据主导地位.

总之，无论是无极分子还是有极分子，在宏观上都表现为电介质表面出现极化面电荷，我们若不是更深入探讨电介质极化机理，就不需要将这两类电介质分开讨论.

三、电极化强度

在电介质中任意取一个宏观的小体积元 ΔV，显然在未加外电场时，ΔV 中所有分子的电偶极矩矢量和为零，即 $\sum \boldsymbol{p}=0$. 当存在外电场时，电介质将被极化，此时 ΔV 中所有分子的电偶极矩矢量和就不再为零，即 $\sum \boldsymbol{p} \neq 0$. 外电场越强，矢量和 $\sum \boldsymbol{p}$ 越大.

因此，我们用单位体积中分子电偶极矩的矢量和来表示电介质的极化程度，即

$$\boldsymbol{P}=\frac{\sum \boldsymbol{p}}{\Delta V} \tag{6-3}$$

$\boldsymbol{P}$ 称为电极化强度，单位是 $\mathrm{C \cdot m^{-2}}$.

电介质极化时，极化程度越高，相应的表面上的极化电荷面密度也越大，那么它们直接存在怎样的关系？我们以电荷面密度分别为 $+\sigma_0$、$-\sigma_0$，充满均匀电

介质的两平行平板为模型进行讨论.

如图 6-14 所示,在电介质中取一长为 l、底面积为 ΔS 的柱体,柱体上下两底面的极化电荷的电荷面密度分别为 $-\sigma'$ 和 $+\sigma'$,这个柱体可以视为一个电荷量为 $\sigma'\Delta S$、轴长为 l 的电偶极子,它的电偶极矩大小为 $\sigma'\Delta Sl$.

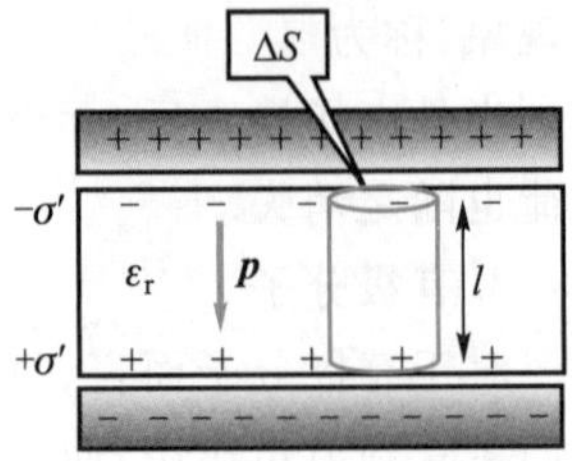

图 6-14 电极化强度与极化电荷面密度的关系

显然,该柱体内所有分子的电偶极矩的矢量和的大小就应该等于这个电偶极子的大小,即

$$\sum p=\sigma'\Delta Sl$$

因此,由上述对电极化强度的定义可知,电极化强度大小为

$$P=\frac{\sum p}{\Delta V}=\frac{\sigma'\Delta Sl}{\Delta Sl}=\sigma' \tag{6-4}$$

也就是说,两平板间电介质的电极化强度的大小,等于极化电荷的电荷面密度.

四、极化电荷与自由电荷的关系

如图 6-15 所示,在两无限大平板之间放入电介质,两板上自由电荷的电荷面密度分别为 $\pm\sigma_0$. 在放入电介质以前,自由电荷在两板间激发的电场强度 $\boldsymbol{E}_0$ 的值为 $E_0=\sigma_0/\varepsilon_0$. 当两板间充满电介质后,如果两极上的 $\pm\sigma_0$ 保持不变,则电介质由于极化,就在它的两个垂直于 $\boldsymbol{E}_0$ 的表面上分别出现正、负极化电荷,其电荷面密度为 σ'. 极化电荷建立的电场强度 $\boldsymbol{E}'$ 的值为 $E'=\sigma'/\varepsilon_0$.

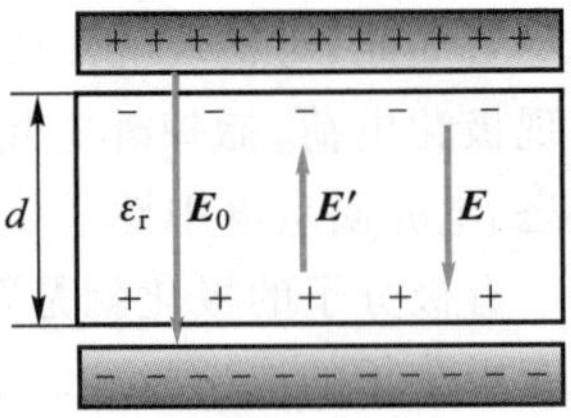

图 6-15 电介质中的电场强度是自由电荷电场强度与极化电荷电场强度的叠加

从图中可以看出,电介质中的电场强度应该为

$$\boldsymbol{E}=\boldsymbol{E}_0+\boldsymbol{E}'$$

由于 $\boldsymbol{E}'$ 与 $\boldsymbol{E}_0$ 的方向相反,以及 E 与 E_0 的关系式,可以得到电介质中电场强度 E 的值为

$$E=E_0-E'=\frac{E_0}{\varepsilon_r}$$

有

$$E'=\frac{\varepsilon_r-1}{\varepsilon_r}E_0$$

从而可以得到

$$\sigma'=\frac{\varepsilon_r-1}{\varepsilon_r}\sigma_0 \tag{6-5a}$$

由于 $Q_0=\sigma_0 S$, $Q'=\sigma' S$,故上式也可以写成

$$Q'=\frac{\varepsilon_r-1}{\varepsilon_r}Q_0 \tag{6-5b}$$

上式给出了在电介质中,极化电荷的电荷面密度 σ'、自由电荷的电荷面密度 σ_0 和电介质的相对电容率 ε_r 之间的关系. 因为电介质的 ε_r 总是大于 1 的,所以 σ' 总比 σ_0 要小. 将 $E_0=\sigma_0/\varepsilon_0$, $E=E_0/\varepsilon_r$ 以及 $\sigma'=P$ 代入式(6-5a),可得电介质中电极化强度 $\boldsymbol{P}$ 与电场强度 $\boldsymbol{E}$ 之间的关系为

$$\boldsymbol{P}=(\varepsilon_r-1)\varepsilon_0\boldsymbol{E} \tag{6-6}$$

上式表明,电介质中的 $\boldsymbol{P}$ 与 $\boldsymbol{E}$ 呈线性关系.

如果取 $\chi_e=\varepsilon_r-1$,上式亦可以写成

$$\boldsymbol{P}=\chi_e\varepsilon_0\boldsymbol{E} \tag{6-7}$$

χ_e 称为电介质的电极化率.

顺便指出,上述为在静电场中极化的情形,在交变电场中,情况有所不同.

五、有介质时的高斯定理

在第五章中我们研究了真空中静电场的高斯定理. 当静电场中存在电介质的时候,高斯面内不仅会有自由电荷,而且还会有极化电荷. 这时候,高斯定理应该有些什么变化呢?

我们仍以两平行带电平板充满均匀电介质为例来进行讨论. 在如图 6-16 所示情形中,取一个闭合的正圆柱面作为高斯面,高斯面的两端面与极板平行,其中一个端面在电介质内,端面的面积为 S.

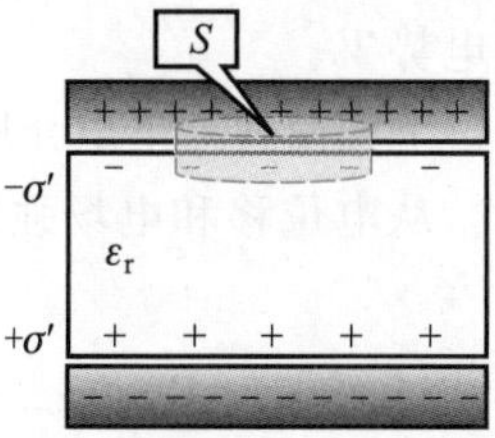

图 6-16 有电介质时的高斯定理

设极板上的自由电荷的电荷面密度为 σ_0,电介质表面上的极化电荷的电荷面密度为 σ'.

对此高斯面,应用高斯定理,有

$$\oint_S \boldsymbol{E}\cdot d\boldsymbol{S}=\frac{1}{\varepsilon_0}(Q_0-Q')$$

式中,Q_0 和 Q' 分别为 $Q_0=\sigma_0 S$ 和 $Q'=\sigma' S$.

因为极化电荷无法提前知道,所以我们不希望在上式中出现极化电荷,由 $Q'=\dfrac{\varepsilon_r-1}{\varepsilon_r}Q_0$ 可知 $Q_0-Q'=Q_0/\varepsilon_r$,把它代入上式有

$$\oint_S \boldsymbol{E}\cdot d\boldsymbol{S}=\frac{Q_0}{\varepsilon_0\varepsilon_r}$$

或

$$\oint_S \varepsilon_0\varepsilon_r\boldsymbol{E}\cdot d\boldsymbol{S}=Q_0 \tag{6-8a}$$

定义

$$\boldsymbol{D}=\varepsilon_0\varepsilon_r\boldsymbol{E}=\varepsilon\boldsymbol{E} \tag{6-9}$$

其中 $\varepsilon=\varepsilon_0\varepsilon_r$ 为电介质的电容率. 那么式(6-8a)可以写成

$$\oint_S \boldsymbol{D}\cdot d\boldsymbol{S}=Q_0 \tag{6-8b}$$

式中 $\boldsymbol{D}$ 称为电位移,而 $\oint_S \boldsymbol{D}\cdot d\boldsymbol{S}$ 则是通过任意闭合曲面 S 的电位移通量. $\boldsymbol{D}$ 的

单位为 $C\cdot m^{-2}$.

式(6-8b)虽是从两平行带电平板充有电介质这一情形得出的,但可以证明在一般情况下它也是正确的.

所以,有电介质时的高斯定理可以叙述为:在静电场中,通过任意闭合曲面的电位移通量等于该闭合曲面内所包围的自由电荷的代数和,其数学表达式为

$$\oint_S \boldsymbol{D}\cdot \mathrm{d}\boldsymbol{S}=\sum_{i=1}^{n} Q_{0i} \tag{6-10}$$

由此式可以看出,通过闭合曲面的电位移通量只和自由电荷联系在一起.

在电场中放入电介质以后,电介质中电场强度的分布既和自由电荷分布有关,又和极化电荷分布有关,而极化电荷分布通常是很复杂的.

引入电位移这一物理量,有电介质时的高斯定理就只与自由电荷有关了,所以用式 $\oint_S \boldsymbol{D}\cdot \mathrm{d}\boldsymbol{S}=\sum_{i=1}^{n} Q_{0i}$ 来处理电介质中电场的问题就比较简单.

但要注意的是,$\boldsymbol{D}$ 只是一个辅助矢量,描写电场性质的物理量仍然是场强 $\boldsymbol{E}$ 和电势 V.

下面简述一下电介质中电场强度 $\boldsymbol{E}$、电极化强度 $\boldsymbol{P}$ 和电位移 $\boldsymbol{D}$ 之间的关系.

从电位移和电场强度之间的关系:

$$\boldsymbol{D}=\varepsilon_0\varepsilon_r\boldsymbol{E}$$

及式(6-6)

$$\boldsymbol{P}=(\varepsilon_r-1)\varepsilon_0\boldsymbol{E}$$

可得

$$\boldsymbol{D}=\boldsymbol{P}+\varepsilon_0\boldsymbol{E} \tag{6-11}$$

上式表明 $\boldsymbol{D}$ 是两个矢量之和.

可见,$\boldsymbol{D}$ 是在考虑了电介质极化这个因素的情形下,被用来简化对电场规律的表述的.

例 6.2 把一块相对电容率 $\varepsilon_r=3$ 的电介质,放在相距 $d=1$ mm 的两平行带电平板之间,如图 6-17 所示.放入之前,两板的电势差是 1 000 V.试求两板间电介质内的电场强度 $\boldsymbol{E}$,电极化强度 $\boldsymbol{P}$,板和电介质的电荷面密度,电介质内的电位移 $\boldsymbol{D}$.

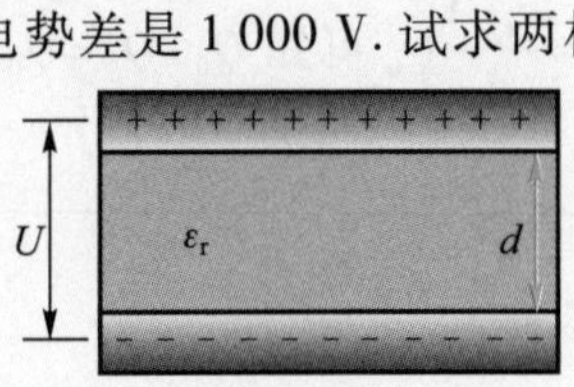

图 6-17

解:放入电介质前,两板间的电场强度为

$$E_0=\frac{U}{d}=10^3\,\mathrm{kV\cdot m^{-1}}$$

放入电介质后,电介质中的电场强度为

$$E=E_0/\varepsilon_r=3.33\times10^2\,\mathrm{kV\cdot m^{-1}}$$

由式(6-6)可知,电介质的电极化强度为

$$P=(\varepsilon_r-1)\varepsilon_0E=5.89\times10^{-6}\,\mathrm{C\cdot m^{-2}}$$

无论两板间有无电介质，两板自由电荷的电荷面密度的值均为

$$\sigma_0=\varepsilon_0E_0=8.85\times10^{-6}\mathrm{C\cdot m^{-2}}$$

电介质中极化电荷的电荷面密度的值为

$$\sigma'=P=5.89\times10^{-6}\mathrm{C\cdot m^{-2}}$$

电介质中的电位移为

$$D=\varepsilon_0\varepsilon_\mathrm{r}E=\varepsilon_0E_0=\sigma_0=8.85\times10^{-6}\mathrm{C\cdot m^{-2}}$$

例 6.3 如图 6-18 所示，由半径为 R_1 的长直圆柱导体和同轴的半径为 R_2 的薄导体圆筒组成，其间充以相对电容率为 ε_r 的电介质. 设直导体和圆筒沿轴线的电荷线密度分别为 $+\lambda$ 和 $-\lambda$. 求：(1) 电介质中的电场强度、电位移和极化强度；(2) 电介质内外表面的极化电荷面密度.

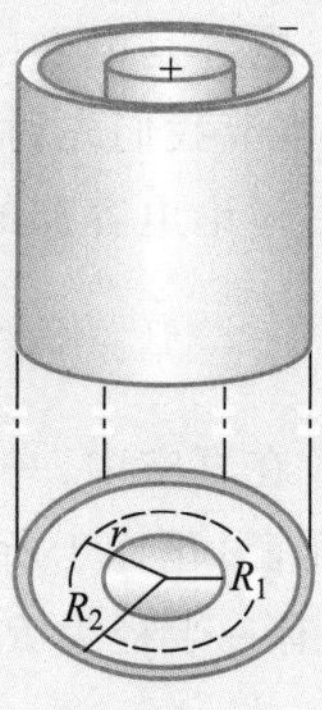

图 6-18

解：(1) 由于电荷分布是均匀对称的，所以电介质中的电场也是柱对称的，电场强度的方向沿着柱面的径矢方向.

作一个与圆柱导体同轴的柱形高斯面，其半径为 $r(R_1<r<R_2)$、长为 l. 由于电介质中的电位移 $\boldsymbol{D}$ 与柱形高斯面的两底面的法线垂直，可知通过这两个底面的电位移通量为零.

根据有电介质时的高斯定理，有

$$\oint_S \boldsymbol{D}\cdot\mathrm{d}\boldsymbol{S}=\lambda l$$

即

$$D2\pi rl=\lambda l$$

得

$$D=\frac{\lambda}{2\pi r} \qquad (1)$$

由 $E=D/\varepsilon_0\varepsilon_\mathrm{r}$，得电介质中的电场强度为

$$E=\frac{\lambda}{2\pi\varepsilon_0\varepsilon_\mathrm{r}r}(R_1<r<R_2) \qquad (2)$$

电介质中的极化强度为

$$P=(\varepsilon_\mathrm{r}-1)\varepsilon_0E=\frac{\varepsilon_\mathrm{r}-1}{2\pi\varepsilon_\mathrm{r}r}\lambda$$

(2) 由式(2)可知电介质两表面处的电场强度分别为

$$E_1=\frac{\lambda}{2\pi\varepsilon_0\varepsilon_\mathrm{r}R_1} \qquad (r=R_1)$$

$$E_2=\frac{\lambda}{2\pi\varepsilon_0\varepsilon_\mathrm{r}R_2} \qquad (r=R_2)$$

所以，电介质两表面极化电荷的电荷面密度的值分别为

$$\sigma_1' = -(\varepsilon_r - 1)\varepsilon_0 E_1 = -\frac{(\varepsilon_r - 1)\lambda}{2\pi\varepsilon_r R_1}$$

$$\sigma_2' = (\varepsilon_r - 1)\varepsilon_0 E_2 = \frac{(\varepsilon_r - 1)\lambda}{2\pi\varepsilon_r R_2}$$

6.3 电容 电容器 电容器的电能

电容是电学中一个重要的物理量,它体现了导体储存电荷和储存电能的本领. 本节我们先讨论孤立导体的电容,然后讨论电容器及其电容、电容器的连接,最后讨论电容器的电能.

一、孤立导体的电容

在真空中,一个带有电荷 Q 的孤立导体,其电势 V(相对于无限远处的零电势而言)正比于所带的电荷 Q,而且还与导体的形状和尺寸有关. 例如,在真空中,有一半径为 R、带有电荷 Q 的孤立球形导体,它的电势为

$$V = \frac{1}{4\pi\varepsilon_0}\frac{Q}{R}$$

从上式可以看出,当电势一定时,球的半径越大,所带电荷越多.

然而,当半径一定时,它所带电荷增加一倍,则其电势也会相应地增加一倍,但 Q/V 是一个常量.

上述结果对于任意形状的孤立导体都成立.

于是,我们把孤立导体所带电荷 Q 与其电势 V 的比值称为孤立导体的电容,电容符号为 C,有

$$C = \frac{Q}{V} \tag{6-12}$$

由于孤立导体的电势总是正比于电荷,所以它们的比值与电势 V 和电荷量 Q 无关,仅与导体自身形状和尺寸有关.

对于真空中的孤立球形导体来说,其电容为

$$C = \frac{Q}{V} = \frac{Q}{\dfrac{1}{4\pi\varepsilon_0}\dfrac{Q}{R}} = 4\pi\varepsilon_0 R$$

由此可以看出,真空中孤立球形导体的电容正比于球的半径.

需要注意的是,电容体现的是导体的某种电学性质,它与导体是否带电、带电多少并无关系,就如同导体的电阻与导体是否通有电流也没有关系一样.

国际单位制中,电容单位名称是法拉(farad),符号为 F.

实际应用中,常用 μF(微法)、pF(皮法)作为单位,它们之间关系为

$$1\ \text{F} = 10^6\ \mu\text{F} = 10^{12}\ \text{pF}$$

二、电容器

两个带有等值异号电荷的导体所组成的系统，称为电容器. 电容器不仅可以储存电荷，还可以储存能量.

如图 6-19 所示，两个导体 A、B 放在真空中，它们所带电荷分别为 $+Q$ 和 $-Q$，如果它们的电势分别为 V_A 和 V_B，那么它们之间电势差为 $U=V_A-V_B$.

我们将电容定义为：两个导体中任何一个所带电荷量 Q 与两导体间电势差 U 的比值，即

$$C=\frac{Q}{U} \tag{6-13}$$

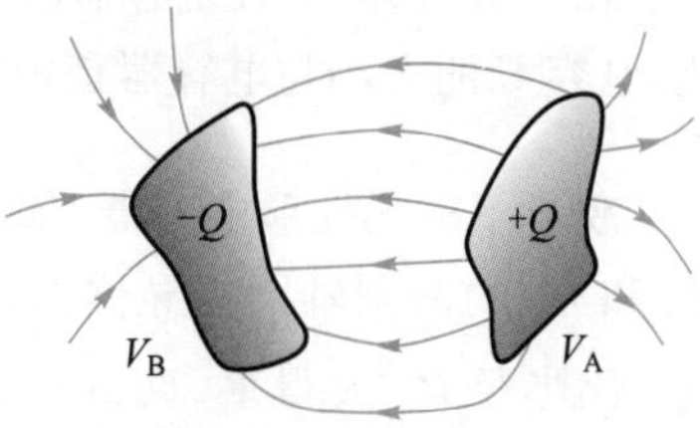

图 6-19 两个带有等值异号电荷的导体系统

导体 A、B 常称为电容器的两个电极或者极板.

电容器是现代电工技术和电子技术中的重要元件.

根据不同需要，电容器的形状以及电容器内所填充的电介质也不同.

电容器的电容不仅依赖于电容器的形状，而且还和极板间电介质的相对电容率有关. 当极板上加上电压时，极板间就有相应的电场强度，电压越大，场强也越大. 当电场强度增大到某一个最大值 E_b 时，电介质中分子发生电离，从而使电介质失去绝缘性，这个现象称为击穿，电介质能承受的最大电场强度 E_b 称为电介质的击穿场强，此时两极板的电压称为击穿电压.

对于平行板电容器来说，击穿场强 E_b 与击穿电压 U_b 之间的关系为

$$E_b=\frac{U_b}{d}$$

式中 d 为两极板之间的距离.

电介质被击穿的因素很多，它与材料的物质结构、杂质缺陷、电极形状、电极间电压、环境条件以及电极表面状况有关.

例 6.4 平行平板电容器，如图 6-20 所示，平行平板电容器由两个彼此靠得很近的平行极板 A、B 组成，两极板面积均为 S，间距为 d，极板之间充满相对电容率 ε_r 的电介质. 求此电容器的电容.

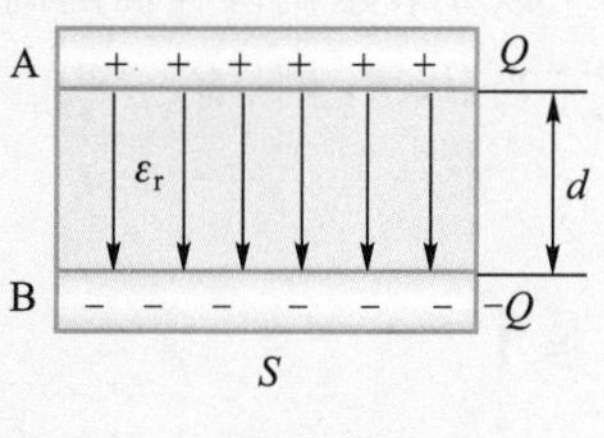

图 6-20

解：设两极板分别带有 $+Q$ 和 $-Q$ 的电荷，于是每块极板上的电荷面密度为 $\sigma=Q/S$，极板之间为均匀电场（略去了极板的边缘效应），由电介质中的高斯定理可得极板间的电位移和电场强度为

$$D=\sigma,E=\frac{\sigma}{\varepsilon_0\varepsilon_r}=\frac{Q}{\varepsilon_0\varepsilon_r S}$$

于是极板间的电势差为

$$U=\int_{AB}\boldsymbol{E}\cdot\mathrm{d}\boldsymbol{l}=Ed=\frac{Qd}{\varepsilon_0\varepsilon_r S}$$

可得平板电容器电容为

$$C=\frac{Q}{U}=\frac{\varepsilon_0\varepsilon_r S}{d}$$

由上式可知,平板电容器的电容与极板的面积成正比,与极板间的距离成反比. 电容 C 的大小与电容器是否带电无关,只与电容器本身的结构形状有关.

例 6.5 圆柱形电容器,如图 6-21 所示,圆柱形电容器是由半径分别为 R_A 和 R_B 的两同轴圆柱导体面构成的,且圆柱体的长度 l 比半径 R_B 大得多. 两圆柱面之间充满相对电容率为 ε_r 的电介质. 求此圆柱形电容器的电容.

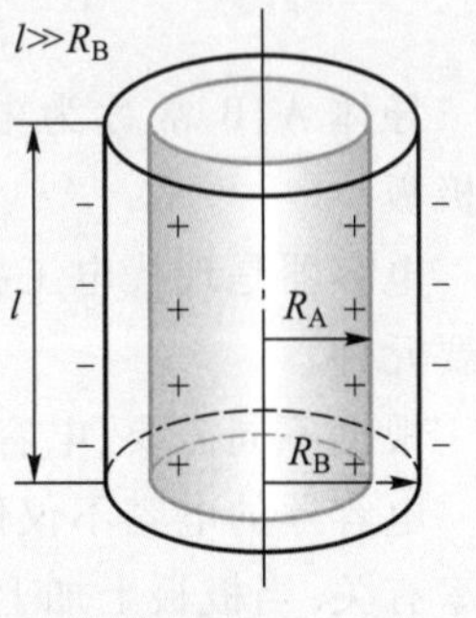

图 6-21

解: 因为 $l\gg R_B$,可以将两圆柱面之间的电场看成是无限长圆柱面的电场. 设内、外圆柱面各带有 $+Q$ 和 $-Q$ 的电荷,则沿轴线的电荷线密度 $\lambda=Q/l$. 由 6.2 节例 6.3 可知,两圆柱面之间距离轴线为 r 处的电场强度 $\boldsymbol{E}$ 大小为

$$E=\frac{\lambda}{2\pi\varepsilon_0\varepsilon_r r}=\frac{Q}{2\pi\varepsilon_0\varepsilon_r l}\frac{1}{r}$$

电场强度方向垂直于圆柱轴线. 于是,两圆柱间电势差为

$$U=\int_l\boldsymbol{E}\cdot\mathrm{d}\boldsymbol{r}=\int_{R_A}^{R_B}\frac{Q}{2\pi\varepsilon_0\varepsilon_r l}\frac{\mathrm{d}r}{r}=\frac{Q}{2\pi\varepsilon_0\varepsilon_r l}\ln\frac{R_B}{R_A}$$

则圆柱形电容器的电容为

$$C=\frac{Q}{U}=\frac{2\pi\varepsilon_0\varepsilon_r l}{\ln\frac{R_B}{R_A}}$$

可见,圆柱越长,电容越大;两圆柱面间隙越小,电容也越大.

以 d 表示两圆柱面的间隙,$d=R_B-R_A$.

当 $d\ll R_A$ 时,有

$$\ln\frac{R_B}{R_A}=\ln\frac{R_A+d}{R_A}\approx\frac{d}{R_A}$$

于是有

$$C\approx\frac{2\pi\varepsilon_0\varepsilon_r lR_A}{d}$$

式中 $2\pi R_A l$ 为圆柱体的侧面积 S,上式又可以写成

$$C\approx\frac{\varepsilon_0\varepsilon_r S}{d}$$

这说明，当两圆柱面之间的间隙远远小于圆柱面半径，即 $d \ll R_A$ 时，圆柱形电容器可作为平板电容器.

例 6.6 球形电容器. 如图 6-22 所示，球形电容器是由半径分别为 R_1 和 R_2 的两同心金属球壳构成的.

解：设内、外球壳各带有 $+Q$ 和 $-Q$ 的电荷，内外球壳之间的电势差为 U.

由高斯定理可得两球壳之间点 P 的电场强度为

$$E=\frac{Q}{4\pi\varepsilon_0 r^2} \qquad (R_1<r<R_2)$$

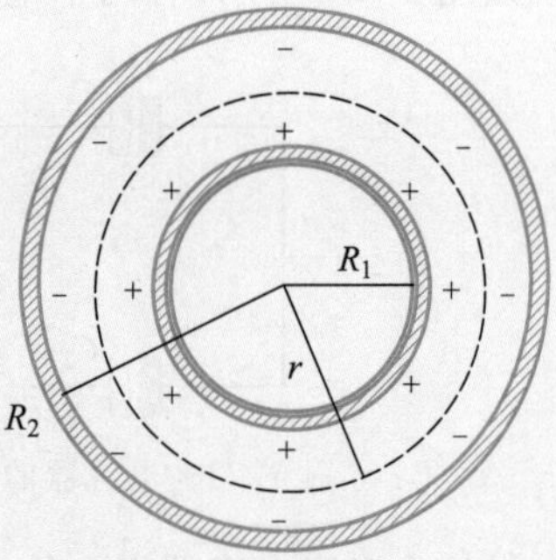

图 6-22

所以，两球壳之间的电势差为

$$U=\int_l \boldsymbol{E}\cdot \mathrm{d}\boldsymbol{l}=\frac{Q}{4\pi\varepsilon_0}\int_{R_1}^{R_2}\frac{\mathrm{d}r}{r^2}=\frac{Q}{4\pi\varepsilon_0}\left(\frac{1}{R_1}-\frac{1}{R_2}\right)$$

于是，可得球形电容器的电容为

$$C=\frac{Q}{U}=4\pi\varepsilon_0\frac{R_1R_2}{R_2-R_1}$$

若 $R_2\to\infty$，则有

$$C=4\pi\varepsilon_0 R_1$$

此即前述孤立球形导体的电容.

三、电容器的连接

在实际应用中，既要考虑电容器的电容值，又要考虑电容器的耐压值，当单个电容器不能同时满足这两个要求时，就需要把现有的电容器适当连接后使用. 最基本的组合方式是并联和串联.

1. 电容器的并联

如图 6-23 所示，将两个电容器 C_1、C_2 的极板一一对应连接起来，这种连接称为并联.

将它们接在电压为 U 的电路上，则 C_1、C_2 上的电荷分别为 Q_1、Q_2. 则有

$$Q_1=C_1U, Q_2=C_2U$$

两电容器上总电荷为

$$Q=Q_1+Q_2=(C_1+C_2)U$$

若用一个电容器来等效代替这两个电容器，使它在电压为 U 时，所带电荷也为 Q，那么这个等效电容器的电容 C 为 $C=\frac{Q}{U}$.

把它与前式相比较可得

$$C=C_1+C_2 \tag{6-14}$$

这表明,当几个电容器并联时,其等效电容等于这几个电容器的电容之和.

可见,并联电容器组的等效电容较其中任何一个电容器的电容都要大,但各电容器上的电压却是相等的.

2. 电容器的串联

如图 6-24 所示,有两个电容器的极板首尾相连接,这种方式称为串联.

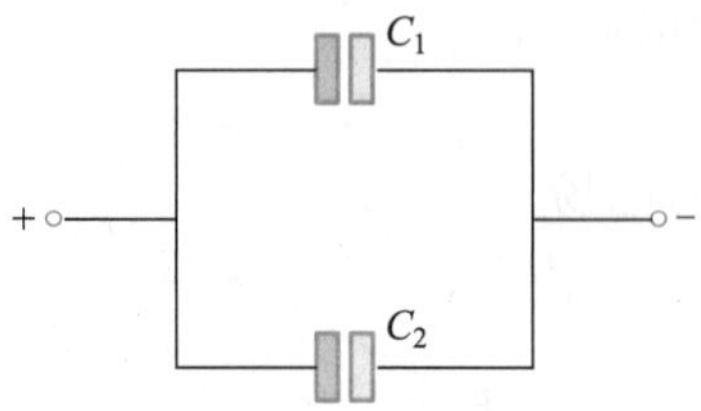

图 6-23 电容器的并联

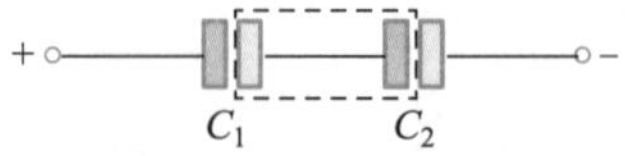

图 6-24 电容器的串联

设加在串联电容器组上的电压为 U,则两端的极板分别带有 $+Q$ 和 $-Q$ 的电荷.

由于静电感应,虚线框内的两块极板所带的电荷分别为 $-Q$ 和 $+Q$. 这就是说,串联电容器组中每个电容器极板上所带的电荷是相等的.

每个电容器的电压为

$$U_1=\frac{Q}{C_1},\quad U_2=\frac{Q}{C_2}$$

而总电压 U 则为各电容器上的电压 U_1、U_2 之和,即

$$U=U_1+U_2=\left(\frac{1}{C_1}+\frac{1}{C_2}\right)Q$$

如果用一个电容为 C 的电容器来等效地代替串联电容器组,使它两端的电压为 U 时,它所带的电荷也为 Q,则有

$$U=\frac{Q}{C}$$

把它与前式比较,可得

$$\frac{1}{C}=\frac{1}{C_1}+\frac{1}{C_2} \tag{6-15}$$

这说明,串联电容器组等效电容的倒数等于电容器组中各电容倒数之和.

上式可以改写为

$$C=\frac{C_1C_2}{C_1+C_2}$$

容易看出,串联电容器组的等效电容比其中任何一个电容器的电容都要小,但每一个电容器上的电压却小于总电压.

四、电容器的电能

接下来我们继续讨论电容器在充电之后所储存的电能.

如图 6-25 所示,电容为 C 的平行平板电容器处于充电过程中,设在某一时刻两极板之间电势差为 u,此时若继续把 $+\mathrm{d}q$ 电荷从带负电的极板移到带正电的

极板,外力因克服静电场力而需要做的功为

$$dW = u dq = \frac{1}{C} q dq$$

当电容器两极板的电势差为 U,且极板上分别带有 $\pm Q$ 的电荷,则外力做的总功为

$$W = \frac{1}{C}\int_0^Q q dq = \frac{Q^2}{2C} = \frac{1}{2}QU = \frac{1}{2}CU^2$$

根据广义的功能原理,这功将使电容器的能量增加,也就是电容器储存了电能 W_e.

于是,有

$$W_e = \frac{1}{2}\frac{Q^2}{C} = \frac{1}{2}CU^2 = \frac{1}{2}QU \tag{6-16}$$

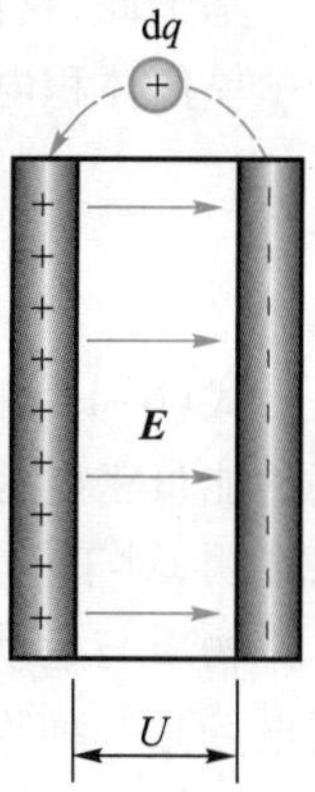

图 6-25 平行板电容器充电

从上述讨论可见,在电容器的带电过程中,外力通过克服静电力做功,把非静电能转化为电容器的电能.

6.4 静电场的能量和能量密度

紧接着上一节的讨论,电容器的能量储存在哪里? 我们仍然以平行平板电容器为例进行讨论.

对于极板面积为 S,间距为 d 的平板电容器,若不计边缘效应,则电场所占有的空间体积为 Sd.

平板电容器的电容为

$$C = \frac{\varepsilon_0 \varepsilon_r S}{d} = \frac{\varepsilon S}{d}$$

于是此电容器储存的能量也可以写成

$$W_e = \frac{1}{2}CU^2 = \frac{1}{2}\frac{\varepsilon S}{d}(Ed)^2 = \frac{1}{2}\varepsilon E^2 Sd \tag{6-17}$$

仔细看来,式(6-16)和式(6-17)的物理意义是不同的.

式(6-16)表明,电容器之所以储存有能量,是因为在外力作用下将电荷 Q 从一个极板移动到另一极板,因此电容器能量的携带者是电荷.

而式(6-17)却表明,在外力做功的情况下,使原来没有电场的电容器极板间建立了有确定电场强度的静电场,因此电容器能量的携带者应当是电场. 静电场总是伴随着静止电荷而产生,所以在静电学范围内,上述两种观点是等效的,没有区别.

但是对于变化的电磁场而言,情况就不是这样了.

电磁波是变化的电场和磁场在空间的传播,电磁波不仅含有电场能量 W_e,而且含有磁场能量 W_m. 而电磁波的传播过程,并没有伴随着电荷的传播,所以不能说电磁波能量的携带者是电荷,那么该空间就具有电场能量.

基于此,我们说式(6-17)比式(6-16)更具有普遍意义.

单位体积电场内所具有的电场能量

$$w_e=\frac{1}{2}\varepsilon E^2 \tag{6-18}$$

称为电场的能量密度.

式(6-18)表明,电场的能量密度与电场强度的二次方成正比. 场强越大,电场的能量密度也越大. 式(6-18)虽然是从平行板电容器这个特例求得的,但可以证明,对于任意电场,这个结论都是正确的.

物质与运动是不可分的,凡是物质都在运动,都具有能量,电场具有能量,表明电场是一种物质.

例 6.7 如图 6-26 所示,球形电容器的内、外半径分别为 R_1 和 R_2,所带电荷为 $\pm Q$. 若在两球壳间充以电容率为 ε 的电介质,问:此电容器储存的电场能量为多少?

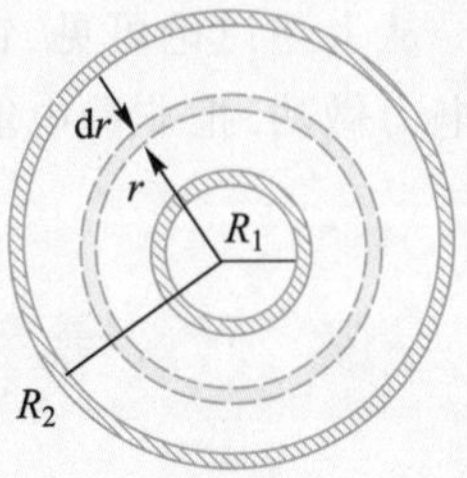

图 6-26

解:若球形电容器极板上的电荷均匀分布,则球壳间电场也是对称分布的. 由高斯定理可以求得球壳间的电场强度为

$$E=\frac{1}{4\pi\varepsilon}\frac{Q}{r^2}\qquad (R_1<r<R_2)$$

故球壳间的电场能量密度为

$$w_e=\frac{1}{2}\varepsilon E^2=\frac{Q^2}{32\pi^2\varepsilon r^4}$$

取半径为 r,厚度为 dr 的球壳,其体积元为 $dV=4\pi r^2 dr$. 因此,此体积元内电场的能量为

$$dW_e=w_e dV=\frac{Q^2}{8\pi\varepsilon r^2}dr$$

故球壳间电场的总能量为

$$W_e=\int dW_e=\frac{Q^2}{8\pi\varepsilon}\int_{R_1}^{R_2}\frac{dr}{r^2}=\frac{Q^2}{8\pi\varepsilon}\left(\frac{1}{R_1}-\frac{1}{R_2}\right)=\frac{1}{2}\frac{Q^2}{4\pi\varepsilon\dfrac{R_2R_1}{R_2-R_1}}$$

此外,由于我们已经知道球形电容器的电容为 $C=4\pi\varepsilon\dfrac{R_2R_1}{R_2-R_1}$,所以由电容器储存电能的式子 $W_e=\dfrac{Q^2}{2C}$ 也可以得到相同答案. 我们应该明确的是,电容器的能量是储存于电容器的电场之中的.

如果 $R_2\to\infty$,此带电系统就为一个半径为 R_1、电荷为 Q 的孤立球形导体.

由上述答案可知,它激发的电场所储存的能量为 $W_e=\dfrac{Q^2}{8\pi\varepsilon R_1}$.

思考题

6-1 简述静电平衡条件.

6-2 将一个带电小金属球与一个不带电的大金属球接触,小球上的电荷会全部转移到大球上去吗?

6-3 为什么高压电器设备上金属部件的表面要尽可能不带棱角?试用静电感应中净电荷分布理论说明.

6-4 何谓电容?电容器的电容与什么有关?写出平行板电容器电容公式.

6-5 简述电介质的极化和导体的静电感应现象达到稳定后,对于导体和电介质,它们的电场、电势、电荷分布有什么区别?

6-6 什么是感应电荷?什么是极化电荷?

习题

6-1 选无穷远处为电势零点,半径为 R 的导体球带电后,其电势为 V_0,则球外离球心距离为 r 处的电场强度的大小为(　　)

(A) R^2V_0/r^3.　(B) V_0/R.　(C) RV_0/r^2.　(D) V_0/r.

6-2 导体放在静电场中达到静电平衡时,下列说法正确的是(　　)

(A) 导体是等势体.　(B) 导体表面是等势面.

(C) 导体内部电场强度处处为零.　(D) 电场强度垂直于导体表面.

6-3 把 A、B 两块不带电的导体放在一带正电导体的电场中,如图所示.设无限远处为电势零点,A 的电势为 U_A,B 的电势为 U_B,则两导体电势为(　　)

(A) $U_B>U_A\neq0$.　(B) $U_B>U_A=0$.　(C) $U_B=U_A$.　(D) $U_B<U_A$.

6-4 两个导体球 A、B 相距很远(可以看成是孤立的),其中 A 球原来带电,B 球不带电.A、B 两球半径不等,且 $R_A>R_B$.若用一根细长导线将它们连接起来,则两球所带电荷密度 σ(　　)

(A) $\sigma_A=\sigma_B$.　(B) $\sigma_A>\sigma_B$.　(C) $q_A<q_B$.　(D) $\sigma_A<\sigma_B$.

6-5 在一个孤立的导体球壳内,若在偏离球中心处放一个点电荷,则在球壳内、外表面上将出现感应电荷,其分布将是(　　)

(A) 内表面均匀,外表面也均匀.　(B) 内表面不均匀,外表面均匀.

(C) 内表面均匀,外表面不均匀.　(D) 内表面不均匀,外表面也不均匀.

6-6 半径为 R 的金属球与地连接,在与球心 O 相距 $d=2R$ 处有一电荷为 q 的点电荷,如图所示.设地的电势为零,则球上的感生电荷为(　　)

(A) 0.　(B) $\frac{q}{2}$.　(C) $-\frac{q}{2}$.　(D) q.

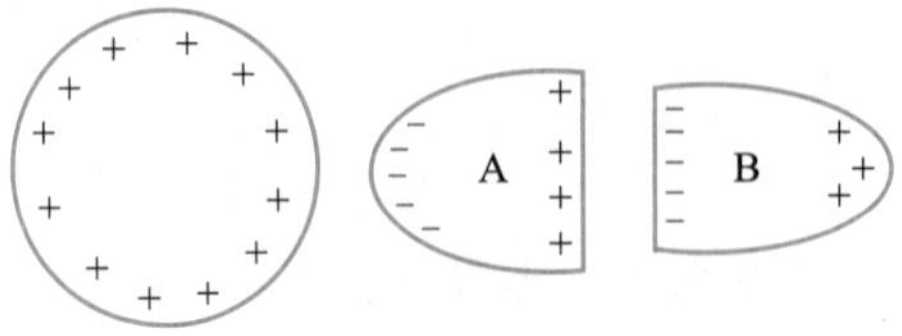

习题 6-3 图

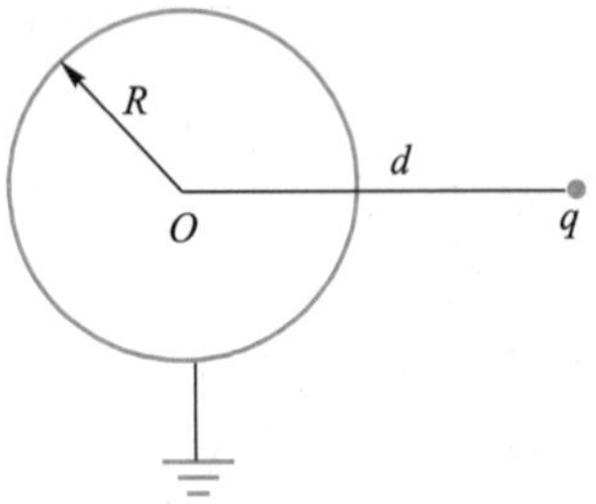

习题 6-6 图

6-7 根据电介质中的高斯定理，在电介质中电位移矢量沿任意一个闭合曲面的积分等于这个曲面所包围自由电荷的代数和. 下列推论正确的是(　　)

(A) 若电位移矢量沿任意一个闭合曲面的积分等于零，曲面内一定没有自由电荷.

(B) 若电位移矢量沿任意一个闭合曲面的积分等于零，曲面内电荷的代数和一定等于零.

(C) 若电位移矢量沿任意一个闭合曲面的积分不等于零，曲面内一定有极化电荷.

(D) 介质中的高斯定理表明电位移矢量仅仅与自由电荷的分布有关.

(E) 介质中的电位移矢量与自由电荷和极化电荷的分布有关.

6-8 一个平行板电容器，充电后与电源断开，现用绝缘手柄使两板距离增大，关于电势差 U、电场强度 E、电场能量 W 将发生的变化，下列说法正确的是(　　)

(A) U 减小，E 减小，W 减小.　　(B) U 增大，E 增大，W 增大.

(C) U 增大，E 不变，W 增大.　　(D) U 减小，E 不变，W 不变

6-9 一均匀电场中，沿着电场线方向平行放置一根长度为 l 的铜棒，则棒两端电势差为________.

6-10 一孤立带电导体球，其表面处场强方向垂直于导体表面，当把另一带电体放在这个导体球附近时，该导体球表面处场强的方向________.

6-11 如图所示，半径为 R_1 的金属球带有电荷为 $-q_1$，外面有一内径为 R_2，外径为 R_3 的金属球壳，带有电荷量 q_2，现将球壳的外表面接地. 求：(1) 电场分布；(2) 半径为 r 的 P 点处的电势；(3) 两球的电势 V_1、V_2 和它们的电势差.

6-12 同轴传输线由长直圆柱形导线和同轴的导体圆筒构成，导线的半径为 R_1，电势为 V_1，圆筒的半径为 R_2，电势为 V_2，如图所示. 试求它们之间距离轴线为 r 处($R_1<R_2$)的电场强度.

6-13 一导体球体半径为 R_1，外罩一半径为 R_2 的同心薄导体球壳，外球壳所带总电荷为 Q，而内球的电势为 V_0，求此系统的电势和电场分布.

6-14 如图所示，在一半径 $R_1=6.0$ cm 的金属球 A 外面套有一个同心的金属球壳 B，球壳 B 的内、外半径分别为 $R_2=8.0$ cm，$R_3=10.0$ cm. 设 A 球带有总电荷 $Q_A=3.0\times10^{-8}$C，球壳 B 带有总电荷 $Q_B=2.0\times10^{-8}$C，求

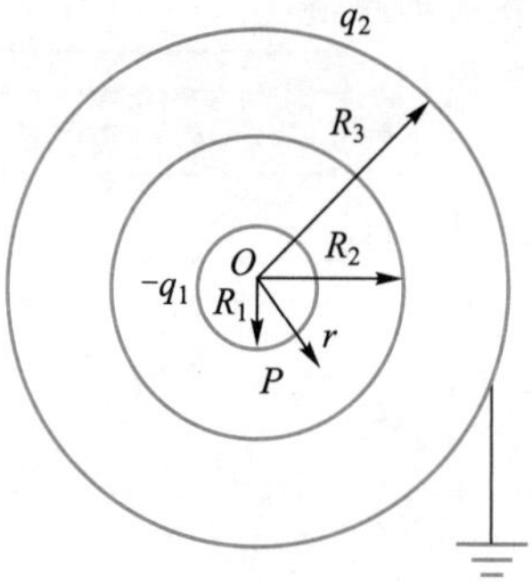

习题 6-11 图

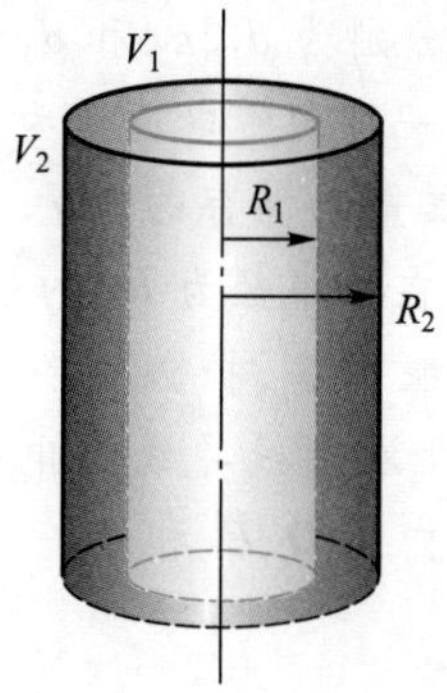

习题 6-12 图

(1) 整个空间区域的电场分布；

(2) 球壳 B 内、外表面上所带电荷及球 A、球壳 B 的电势；

(3) 将球壳 B 接地后断开，再把金属球 A 接地，求球 A、球壳 B 内、外表面上所带电荷及球 A、球壳 B 的电势.

6-15 半径为 R 的不带电的金属球旁，放置点电荷 $+q$，距离球心为 r，如图所示，求：

(1) 球心处的电势以及金属球上的感应电荷在球心处产生的场强.

(2) 若将金属球接地，球上的静电荷的电荷量.

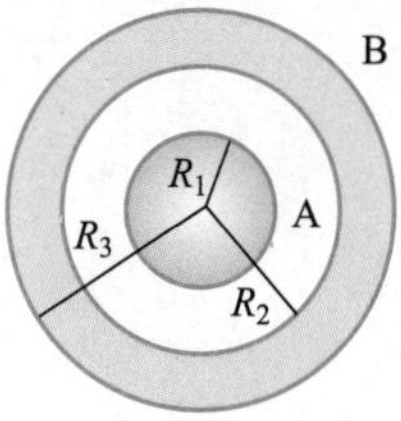

习题 6-14 图

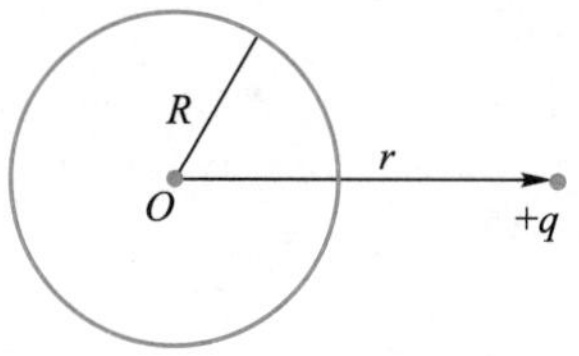

习题 6-15 图

6-16 如图所示，球形金属腔带电荷量为 $Q>0$，内半径为 a，外半径为 b，腔内距球心 O 为 r 处有一点电荷 q，求球心的电势.

6-17 半径为 R 的金属球与地连接，在与球心 O 相距 $d=2R$ 处有一电荷为 q 的点电荷，如图所示. 设大地电势为零，求金属球上的感应电荷.

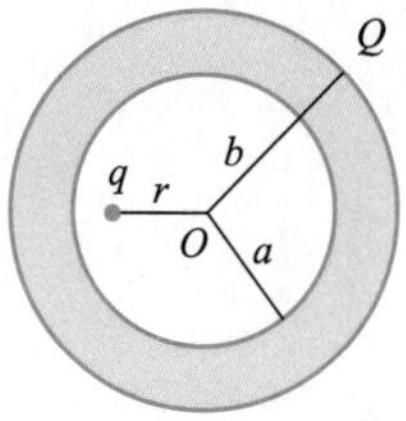

习题 6-16 图

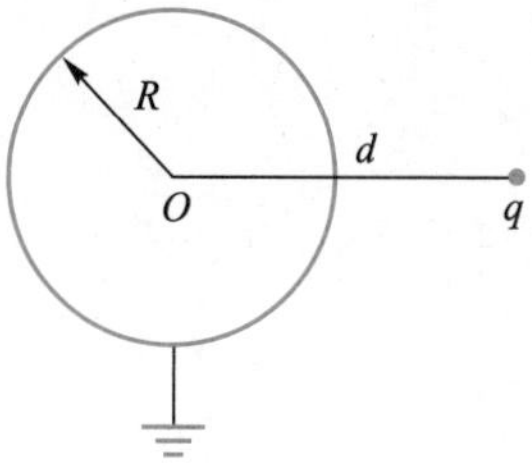

习题 6-17 图

6-18 如图所示，一平行板电容器极板面积为 S，中间充有两层介质，其厚

度和电容率分别为 d_1、ε_1 和 d_2、ε_2，求该电容器的电容.

6-19 一均匀带电荷量为 Q 的球体，半径为 R，试求其电场储存的能量.

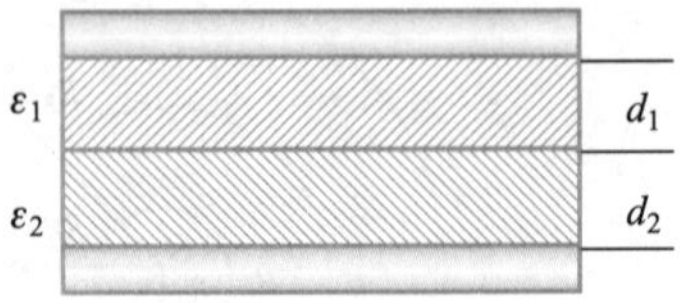

习题 6-18 图

6-20 在一半径为 R_1 的长直导线外套有氯丁橡胶绝缘护套，护套外半径为 R_2，相对电容率为 ε_r，设沿轴线导线的电荷线密度为 λ，试求介质层内的 $\boldsymbol{D}$、$\boldsymbol{E}$、和 $\boldsymbol{P}$.

第七章

恒定磁场

中国是世界上最早发现并利用磁现象的国家.据古籍记载,早在公元前,人们就发现了天然铁矿石(Fe_3O_4)能够吸引铁屑的现象,战国末年已可用司南判断方向,司南的主体是一个用天然磁石磨制的勺状指针,当放置在一个平滑的黄铜方形面上时,勺柄会指向南方,这是人们公认的最早的磁性定向工具.英国人吉伯(Gilbert)1600年发表的著名论文《论磁体》被认为是关于磁学的第一篇全面论著.

磁现象和电现象虽然早已被人们发现,但在很长时期内,人们并没有把此现象和电现象联系起来,磁学和静电学各自独立地发展着.直到1820年,奥斯特(H. C. Ørsted)发现放置在载流导线周围的磁针会受到磁力作用而偏转.这一年的12月,毕奥(J. B. Biot)和萨伐尔(F. Savart)发表了长直载流导线所激发的场正比于电流,而反比于场点至导线的垂直距离的实验结果,不久,在这个实验的基础上,拉普拉斯(P. S. Laplace)从数学上找出了电流元磁场的公式,但由于主要的实验工作是毕奥和萨伐尔完成的,所以通常称该公式为毕奥-萨伐尔定律.安培(A. M. Ampère)于1820年发现放在磁铁附近的载流导线也会受到磁力的作用而发生运动,随后又发现载流导线之间或载流线圈之间也有相互作用,并总结出两电流之同的作用力和两磁铁之间的作用力遵从相似的规律.这时人们才知道磁现象与电荷的运动是密切相关的,1822年,安培由此提出了有关物质磁性本质的假说,他认为一切磁现象的根源是电流,任何物质中的分子都存在回路电流,称为分子电流,分子电流相当于一个基元磁铁,物质对外显示出磁性,就是物质中的分子电流在外界作用下趋向于沿同一方向排列的结果,安培假说与现代对物质磁性的理解是相符合的,近代理论表明,原子核外电子绕核的运动和电子自旋等运动就构成了等效的分子电流.关于电流效应的实验和理论研究成果传到了英国以后,法拉第认为既然“电能生磁”,那么“磁也应能生电”,从1821年开始,法拉第就从事“磁生电”的研究,终于在1831年8月发现了电磁感应现象,从而为现代电磁理论和现代电工学的发展和应用奠定了基础.

本章主要讨论真空中恒定电流(或相对参考系以恒定速度运动的电荷)激发的磁场规律和性质,主要内容包括:恒定电流的电流密度,电源的电动势;描述磁场的重要物理量磁感应强度 $\boldsymbol{B}$;电流激发磁场的规律——毕奥-萨伐尔定律;反映磁场性质的基本定理——磁场的高斯定理和安培环路定理;以及磁场对运动电荷的作用力——洛伦兹力和磁场对电流的作用力——安培力;磁场中的介质等.

7.1 恒定电流及电流密度

电流的发现

大量电荷的定向运动形成电流.在常见的金属导体中(如铜或铝),部分电子可以自由运动,但是它们沿各个方向的运动是完全随机的,不引起沿任一方向的宏观迁移.处于静电平衡状态的导体(参见第六章6.1节),其内部电场强度处处为零,没有电荷作定向移动,因此导体内不能形成电流.如果在导体的两端加上一定的电势差,则在导体内部将建立起稳定的电场强度 $\boldsymbol{E}$.导体中的带电粒子(载流子)除了作无规则的热运动外,将会在电场力的作用下作宏观的定向运动,从而在导体中形成电流.通常情况下,载流子可以是自由电子或正负离子,由载流子在导电介质中作定向运动所形成的电流称为传导电流,而电子、离子或其他带电体在真空或气体中定向运动形成的电流称为运流电流.

金属中电流的载流子是自由电子,由前一章可知,电子是从低电势到高电势作定向运动的,但在历史上人们把带正电荷的载流子从高电势到低电势的运动方向规定为电流的方向,因此金属导体中电流的方向与电子的运动方向恰好相反.如图7-1所示,在一段导体中,其截面积为 S,假定有正电荷从左向右运动,我们定义通过导体截面的电流为单位时间通过截面的净电荷,若在时间 $\mathrm{d}t$ 内通过截面的电荷为 $\mathrm{d}Q$,则通过截面的电流 I 为

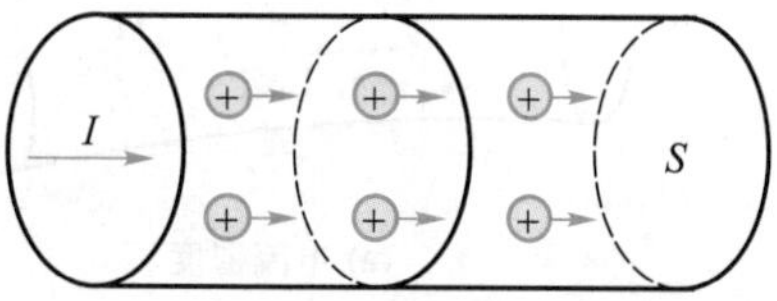

图 7-1 导体中的电流示意图

$$I=\frac{\mathrm{d}Q}{\mathrm{d}t} \tag{7-1}$$

如果导体中的电流不随时间而变化,则称这种电流为恒定电流.电流的国际单位制单位为安培,其符号为 A,在收音机、电视机以及电脑等电路中常用的电流单位还有 mA、μA 及 nA,1 nA = 10^{-3} μA = 10^{-9} A.应当注意的是,虽然人们在实际应用中常提及电流的方向,但电流不是矢量,而是标量.比如在通有电流的导线中,电流的方向总是沿着导线的,无论导线是直的还是弯曲的.

电流 I 只是反映了导线截面的整体电流的强弱,而没有描述每点的电流情况.例如,假定单位时间内通过粗细不均的各导线的电荷相等,则各个截面电流相同.但导线内部各点的电流情况却可以存在明显差异.为了更加细致地描述导体每一点的电流情况,有必要引入一个矢量场——电流密度 $\boldsymbol{J}$.规定导体中任一点的电流密度的方向为该点的正电荷运动方向,电流密度的大小则定义为过该点并与 $\boldsymbol{J}$ 垂直的单位面积上的电流.在导体中的某点附近取与 $\boldsymbol{J}$ 垂直的足够小的面元 $\Delta S_{\perp}$,设通过该面元的电流为 ΔI,则该点的电流密度大小为

$$J=\frac{\Delta I}{\Delta S_{\perp}} \tag{7-2}$$

I 和 $\boldsymbol{J}$ 均是描述电流的物理量,I 是描述某个面的电流情况的标量;$\boldsymbol{J}$ 是矢量,描述每点的电流大小和方向.对于导体,如图 7-2(a)所示,如果其内部某处的自由电子的密度为 n,电子的平均运动速度(漂移速度)为 $\boldsymbol{v}_{\mathrm{d}}$,考虑到每个电子的电荷为 e,则在 Δt 时间内通过 ΔS 的电荷为 $\Delta q=nev_{\mathrm{d}}\Delta t\Delta S$,$\Delta S$ 处的电流和电流密度分别为

$$\Delta I=nev_{\mathrm{d}}\Delta S \tag{7-3}$$

$$J=nev_{\mathrm{d}} \tag{7-4}$$

上式只给出了面元与 $\boldsymbol{J}$ 垂直的情况,若作任一面元 $\Delta\boldsymbol{S}$,如图 7-2(b)所示,法向单位矢量 $\boldsymbol{e}_{\mathrm{n}}$ 与该点的 $\boldsymbol{J}$ 夹角为 θ.则 $\Delta\boldsymbol{S}$ 在与 $\boldsymbol{J}$ 垂直的平面上的投影为 $\Delta S_{\perp}=\Delta S\cos\theta$,由式(7-2)得 $\Delta I=J\Delta S_{\perp}=J\Delta S\cos\theta=\boldsymbol{J}\cdot\boldsymbol{e}_{\mathrm{n}}\Delta S=\boldsymbol{J}\cdot\Delta\boldsymbol{S}$,当取面元

$\Delta S \to 0$ 时，有

$$dI = \boldsymbol{J} \cdot d\boldsymbol{S} \tag{7-5}$$

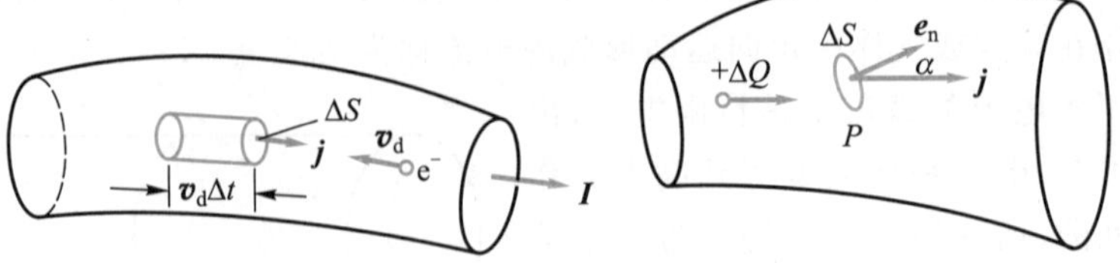

(a) 电流密度　　(b) 电流与电子漂移速度的关系

图 7-2

于是通过任意曲面的电流可以表示为

$$I = \int_S \boldsymbol{J} \cdot d\boldsymbol{S} \tag{7-6a}$$

由此可知通过任一曲面的电流是其电流密度的通量.

考虑导体中的一闭合曲面，规定其面元的法向向外，所以其电流密度通量是由曲面内向外流出的电流，根据电流的定义，即为单位时间内流出该闭合曲面的电荷. 根据电荷守恒定律，单位时间内从面内流出的电荷应等于闭曲面内单位时间所减少的电荷，设面内电荷为 Q，则以上表述可表示为

$$I = \oint_S \boldsymbol{J} \cdot d\boldsymbol{S} = -\frac{dQ}{dt} \tag{7-6b}$$

上式称为电流的连续性方程，是电荷守恒定律的一种数学表述. 通常电流密度是随时间而变的，它既是空间的函数也是时间的函数. 空间中各点的电流密度都不随时间而变化的电流称为恒定电流，本章我们主要讨论恒定电流.

要维持恒定电流，空间各点的电荷分布（密度）需不随时间而变，这称为恒定条件. 对任意闭曲面 S 内的电荷 Q 都不随时间而改变（$dQ/dt = 0$），由连续方程可知

$$I = \oint_S \boldsymbol{J} \cdot d\boldsymbol{S} = 0 \tag{7-7}$$

此式即为恒定条件的数学表达式.

7.2 电源、电动势

从欧姆定律可知，只要保持线状导体两端的电压不变，导体中就能维持恒定电流，导体两端的恒定电压对应于导体内部的恒定电场，如何实现在导体内建立恒定电场呢？

如图 7-3(a) 所示，设导体板 A 带正电荷，导体板 B 带等量的负电荷，由于两导体间存在电势差 ΔV，在金属导线内出现沿导线从 A 指向 B 的电场. 由于这电场的作用，导体内部的自由电子从 B 沿导线向 A 作宏观定向运动而形成电

流，但是随着自由电子的不断迁移，A 和 B 间的电势差逐渐减小，导线中的电流也随着减小，直至 A 和 B 的电势相等，金属导线内的场强为零，电流消失，达到静电平衡. 所以，仅仅依靠静电场，不可能使金属导体内的自由电子保持持久的宏观流动. 在电流流动过程中，如果我们把每一瞬时到达 A 端的负电荷不断地送回到 B 端（或者说，把到达 B 上的正电荷不断地输送到 A 上），那么就能保持 A 和 B 之间的电势差不变，即在金属导线内建立了恒定电场，显然，这个过程只靠静电力是不能实现的，因为静电力不能使正电荷从低电势的 B 移向高电势的 A. 为此，必须有一种提供非静电力的装置，这种装置称为电源，利用它所产生的非静电力，驱使正电荷逆着静电场从低电势处流向高电势处，从而维持 A 和 B 之间有稳定的电势差. 在此过程中，电源不断地消耗其他形式的能量以克服静电力做功，所以电源实质上是把其他形式的能量转化为电势能的一种能源，其作用与水泵可以使水由低处经水泵移动到高处类似.

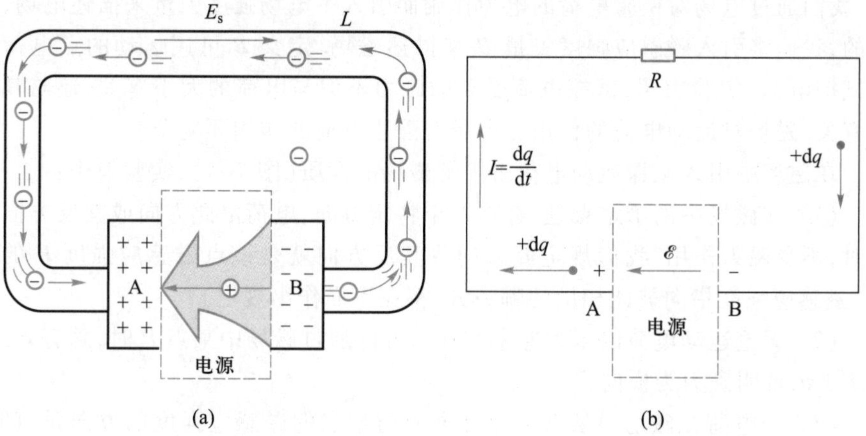

图 7-3　电源内的非静电力把正电荷从负极板移至正极板

为了描述电源内非静电力做功的本领，引入电动势这个物理量，以 $\mathscr{E}$ 表示. 定义把单位正电荷绕闭合回路一周时，非静电力所做的功为电源的电动势. 如以 $\boldsymbol{E}_k$ 表示非静电电场强度，W 为非静电力所做的功，$\mathscr{E}$ 表示电源电动势，那么由上述电动势的定义，有

$$\mathscr{E}=\frac{W}{q}=\oint_l \boldsymbol{E}_k\cdot d\boldsymbol{l}$$

考虑到图示闭合回路，外电路只存在静电场而没有非静电场，非静电场只存在于电源内部，$\int_{外}\boldsymbol{E}_k\cdot d\boldsymbol{l}=0$，因此电动势表达式改写为

$$\mathscr{E}=\int_{BA}\boldsymbol{E}_k\cdot d\boldsymbol{l} \tag{7-8}$$

上式表明，电动势的大小是把单位正电荷从电源负极经电源内部移到正极时非静电力所做的功. 电动势是标量，但为了判断电流流过时非静电力做功的正负，一般规定电动势的方向从电源负极经电源内部指向正极. 易知，电动势的单位与电势的单位相同.

7.3 磁感应强度

丹麦物理学家奥斯特在给学生做演示实验时发现通有电流的导线附近的磁针发生偏转，这表明电流具有磁效应. 在奥斯特的发现公布后，法国物理学家安培实验上得到了载流导线之间的磁相互作用的结果，安培发现，两条平行导线电流同向时相互吸引，电流反向时则相互排斥. 研究表明，电流间的相互作用是通过场作为媒介来传递的，这种场称为磁场. 电流或磁铁的周围存在磁场，磁场对处于其中的电流或磁铁产生力的作用，更进一步地说，磁场是运动电荷所产生的，磁场对磁铁或电流的作用本质上是磁场对运动电荷的作用.

电流的磁效应的发现

要定量地研究磁场，需要定义一个描述磁场的物理量. 正如在静电场的研究中，我们通过电场对检验电荷的电力作用而引入了电场强度矢量来描述电场，类似的，我们将引入磁感应强度矢量 $\boldsymbol{B}$ 来描述磁场. 定义 $\boldsymbol{B}$ 可用运动的点电荷作为试探电荷. 实验表明，试探电荷受到的磁力不但与电荷的大小有关，还与其速度有关. 磁场对运动电荷的作用比电场对静止电荷的作用要复杂.

在磁场中引入试探运动电荷来了解磁场的性质(图 7-4)，实验发现：

(1) 在磁场中的给定点处，存在一个特定方向，电荷沿此方向或其反方向运动时，不受磁力作用. 我们规定此方向或其反方向就是该点磁感应强度 $\boldsymbol{B}$ 的方向(磁感应强度指向彼此相反的哪一方，将在下面作出规定)；

(2) 无论运动电荷以多大速率和什么方向通过磁场中某点 P 时，总有 $\boldsymbol{F}\perp\boldsymbol{B}$ 及 $\boldsymbol{F}\perp\boldsymbol{v}$，说明磁力为横向力；

(3) 当电荷在磁场中某点的速度方向与该点的磁感应强度的方向垂直时，即 $\boldsymbol{v}\perp\boldsymbol{B}$，电荷受磁场力最大，用 $F_{\perp}$ 表示，且 $F_{\perp}$ 正比于运动电荷的电荷量和速率的乘积(qv)；而当 $\boldsymbol{v}/\!/\boldsymbol{B}$ 时，$\boldsymbol{F}=0$.

对磁场中某一确定点，$F_{\perp}/qv$ 有确定的值且与 q、v 无关，此值在不同的位置有不同的量值，能够反映空间中磁场的分布情况，故把 $F_{\perp}/qv$ 定义为磁场中某点磁感应强度的大小，即

$$B=\frac{F_{\perp}}{qv} \tag{7-9}$$

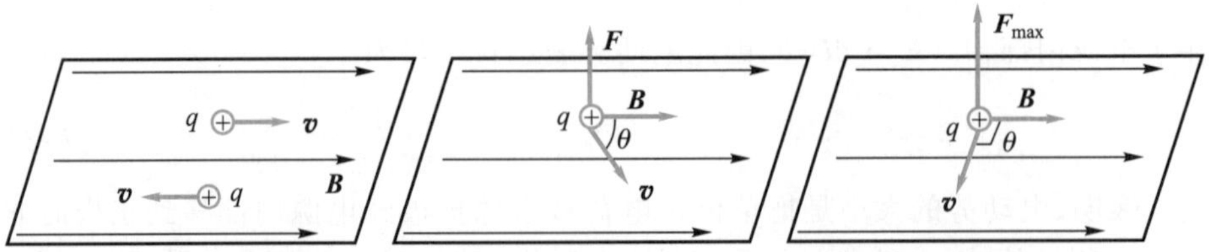

(a) (b) (c)

图 7-4 运动电荷在磁场中所受的磁场力

由于试探电荷所受的磁场力与电荷的速度垂直，又与磁感应强度 $\boldsymbol{B}$ 垂直，且三者之间构成右手螺旋系统，根据矢量叉乘的性质，三个矢量之间满足：

$$\boldsymbol{F}=q\boldsymbol{v}\times\boldsymbol{B} \tag{7-10}$$

设 $\boldsymbol{v}$ 与 $\boldsymbol{B}$ 之间的夹角为 θ，那么 $\boldsymbol{F}$ 的大小为 $F=qvB\sin\theta$. 当 $\theta=0$ 时，即 $\boldsymbol{v}/\!/\boldsymbol{B}$，$F=0$；当 $\theta=\pi/2$ 时，即 $\boldsymbol{v}\perp\boldsymbol{B}$，$\boldsymbol{F}=\boldsymbol{F}_{\perp}$，这与上述实验结果是一致的. 由式(7-10)可知，磁力 $\boldsymbol{F}$ 总是垂直于 $\boldsymbol{v}$ 与 $\boldsymbol{B}$ 所组成的平面，于是可以根据最大磁力 $\boldsymbol{F}_{\perp}$ 和 $\boldsymbol{v}$ 的方向，确定 $\boldsymbol{B}$ 的方向如下：由正电荷所受磁力 $\boldsymbol{F}_{\perp}$ 的方向，按右手螺旋定则，沿小于 π 的角度转向正电荷运动速度的方向，这时螺旋前进的方向便是该点 $\boldsymbol{B}$ 的方向. 容易看出，等量异号电荷在磁场中以相同的速度运动时所受到的磁场力大小相等，方向相反. 在国际单位制中，磁感应强度的单位名称为特斯拉(tesla)，符号为 T，也是 $\mathrm{N\cdot S\cdot C^{-1}\cdot m^{-1}}$，或者 $\mathrm{N\cdot A^{-1}\cdot m^{-1}}$.

7.4 毕奥-萨伐尔定律

在静电场中，从点电荷的场强公式出发并根据静电场的叠加原理，我们可以通过求和或积分计算任意带电体在某点所激发的静电场强度 $\boldsymbol{E}$. 为了计算恒定电流激发的静磁场(或称恒定磁场)，把流过某一线元的电流(I)与该线元矢量($\mathrm{d}\boldsymbol{l}$)的乘积 $I\mathrm{d}\boldsymbol{l}$ 称为电流元，并且线元矢量的方向规定为该电流元中电流的方向. 因此，任一载流导线就可以看成是由很多个电流元 $I\mathrm{d}\boldsymbol{l}$ 连接而成的. 这样，任何形状载有恒定电流的导线的磁场就是组成它的所有电流元的磁场的矢量和. 实验研究表明，电流元 $I\mathrm{d}\boldsymbol{l}$ 在真空中某点 P 产生的磁感应强度与 $I\mathrm{d}\boldsymbol{l}$ 成正比，与电流元到 P 点的矢量 $\boldsymbol{r}$ 的夹角的正弦成正比，与电流元到 P 点的距离 r 的平方成反比，即

毕奥简介

$$\mathrm{d}B=\frac{\mu_0}{4\pi}\frac{I\mathrm{d}l}{r^2}\sin\theta \tag{7-11}$$

在国际单位制中，$\mu_0=4\pi\times10^{-7}\,\mathrm{N/A}$，称为真空磁导率. 如图 7-5 所示，$\mathrm{d}\boldsymbol{B}$ 的方向垂直于 $I\mathrm{d}\boldsymbol{l}$ 与 $\boldsymbol{r}$ 所确定的平面，满足右手螺旋定则，矢量式表示为

$$\mathrm{d}\boldsymbol{B}=\frac{\mu_0}{4\pi}\frac{I\mathrm{d}\boldsymbol{l}\times\boldsymbol{r}}{r^3} \tag{7-12}$$

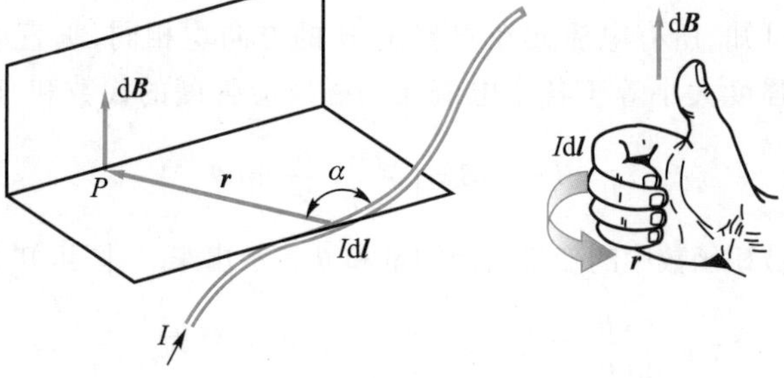

图 7-5　电流元的磁感应强度方向

式(7-12)称为毕奥-萨伐尔定律(Biot-Savart law).于是,任意载有恒定电流的导线在某一点的磁感应强度可从上式积分求得,即

$$\boldsymbol{B}=\int \mathrm{d}\boldsymbol{B}=\int \frac{\mu_0}{4\pi}\frac{I\mathrm{d}\boldsymbol{l}\times\boldsymbol{r}}{r^3} \tag{7-13}$$

毕奥-萨伐尔定律并不能通过实验直接证明,因为并不存在孤立的电流元,但从这个定律出发得到各种形状导线的磁场都与实验符和得很好,这使人们相信该定律是正确的.下面将利用毕奥-萨伐尔定律计算并讨论几种载流导体所激发的磁场.

1. 长直载流导线的磁场

设位于真空中的长直载流导线中通有电流 I(方向如图 7-6 所示),计算距导线为 r_0 的任意一点 P 的磁感应强度 $\boldsymbol{B}$.

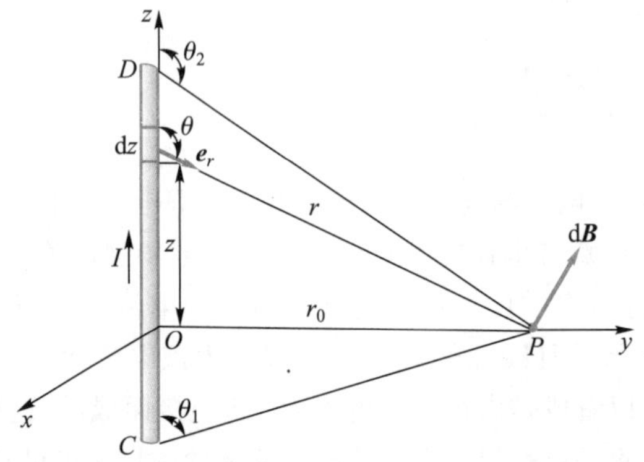

图 7-6 载流长直导线的磁场

过 P 点作垂线与电流交于垂足 O 点,在离 O 点为 z 的地方取电流元 $I\mathrm{d}z$,选取如图 7-6 所示的坐标轴.

根据毕奥-萨伐尔定律,电流元 $I\mathrm{d}\boldsymbol{z}$ 在点 P 所激发的磁场强度为(如图所示,方向与 I 相同)

$$\mathrm{d}\boldsymbol{B}=\frac{\mu_0}{4\pi}\frac{I\mathrm{d}\boldsymbol{z}\times\boldsymbol{r}}{r^3}$$

其大小为 $\mathrm{d}B=\dfrac{\mu_0}{4\pi}\dfrac{I\mathrm{d}z}{r^2}\sin\theta$,其中 θ 为 $\boldsymbol{r}$ 与 $\mathrm{d}z$ 的夹角,由 $\mathrm{d}z$ 旋转到 $\boldsymbol{r}$(转角为 $0-\pi$ 内).由图判断可知,所有电流元在 P 点的 $\boldsymbol{B}$ 的方向均相同,垂直纸面向内.因此点 P 的磁感应强度大小等于各个电流元的磁感应强度的代数和,以积分表示为

$$B=\int \mathrm{d}B=\int \frac{\mu_0}{4\pi}\frac{I\mathrm{d}z}{r^2}\sin\theta$$

以 θ 为变量,将被积函数中的变量由已知量和 θ 表示出来.由图可知 $z=r\cos(\pi-\theta)=-r\cos\theta$,$r=\dfrac{r_0}{\sin\theta}$,$z=-r_0\dfrac{\cos\theta}{\sin\theta}$,于是 $\mathrm{d}z=\dfrac{r_0\mathrm{d}\theta}{\sin^2\theta}$,上式可写为

$$B=\int \mathrm{d}B=\frac{\mu_0 I}{4\pi}\int_{\theta_1}^{\theta_2}\frac{\sin\theta}{r_0}\mathrm{d}\theta=\frac{\mu_0 I}{4\pi r_0}(\cos\theta_1-\cos\theta_2)$$

若导线为“无限长”时，$\theta_1=0,\theta_2=\pi$，则代入上式可得

$$B=\frac{\mu_0}{2\pi}\frac{I}{r_0}$$

此即“无限长”载流直导线周围的磁感应强度 $\boldsymbol{B}$，它与场点到导线的垂直距离 r_0 的一次方成反比，与电流 I 成正比. 磁感线是在垂直于导线的平面内以导线为圆心的一系列的同心圆.

2. 圆形载流导线的磁场

如图 7-7 所示，在线圈上 C 点取电流元 $I\mathrm{d}\boldsymbol{l}$，它在轴线上 P 点产生的元磁场 $\mathrm{d}\boldsymbol{B}$ 位于 POC 平面内且与 $PC(\boldsymbol{r})$ 垂直，所以 $\mathrm{d}\boldsymbol{B}$ 与轴线 OP 的夹角 α 等于 $\angle PCO$.

现取 C 点关于圆心对称的另一点 C' 处的电流元 $I\mathrm{d}\boldsymbol{l}'$，$\boldsymbol{r}'$ 也在平面 POC 内. 由对称性知：所有电流元在 P 点的磁感应强度的垂直分量总和为零，只有沿轴线方向的分量，所以，圆形电流的所有电流元在 P 点的 $\mathrm{d}\boldsymbol{B}$ 只有 $\mathrm{d}\boldsymbol{B}_{/\!/}$ 对 $\boldsymbol{B}$ 有贡献.

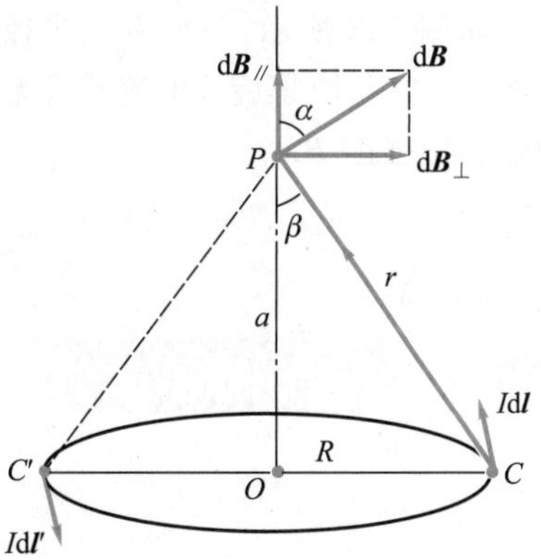

图 7-7 圆形电流的磁场

$$\mathrm{d}B=\frac{\mu_0}{4\pi}\frac{I\mathrm{d}l}{r^2}\sin\theta$$

$$\mathrm{d}B_{/\!/}=\mathrm{d}B\cos\alpha$$

其中 θ 为 $I\mathrm{d}\boldsymbol{l}$ 与 $\boldsymbol{r}$ 夹角. 当 P 点在轴线上时，P 点的位矢 $\boldsymbol{r}$ 垂直于 $\mathrm{d}\boldsymbol{l}$，即 $\theta=\pi/2$，

$$B=\oint\frac{\mu_0}{4\pi}\frac{I\mathrm{d}l}{r^2}\cos\alpha$$

将被积函数中的积分变量统一起来，由图 7-7 可知 $r=\dfrac{a}{\sin\alpha}$，有

$$\begin{aligned}B&=\oint\frac{\mu_0}{4\pi}\frac{I}{a^2}\sin^2\alpha\cos\alpha\mathrm{d}l\\&=\frac{\mu_0 I}{4\pi a^2}\sin^2\alpha\cos\alpha\oint\mathrm{d}l\\&=\frac{\mu_0 I}{4\pi a^2}\left(\frac{a}{\sqrt{a^2+R^2}}\right)^2\left(\frac{R}{\sqrt{a^2+R^2}}\right)2\pi R\\&=\frac{\mu_0}{2}\frac{IR^2}{(a^2+R^2)^{3/2}}\end{aligned}$$

在圆心处，$a=0$，由上式可知圆心处的磁感应强度 $\boldsymbol{B}$ 的大小为

$$B=\frac{\mu_0 I}{2R}$$

方向沿着轴向向上.

若 $a \gg R$,P 点位于距圆形电流较远处的轴线上,则 P 点的磁感应强度值为

$$B=\frac{\mu_0}{2}\frac{IR^2}{(a^2+R^2)^{3/2}}\approx\frac{\mu_0 IR^2}{2a^3}$$

圆电流所围的面积 $S=\pi R^2$,上式亦可写为

$$B=\frac{\mu_0 IS}{2\pi a^3}$$

3. 载流螺线管轴线上的磁场

如图 7-8 所示,一长为 L,半径为 R 的螺线管通有电流 I,单位长度匝数为 n(n 足够大). 将每匝螺旋状电流看成无限靠近的圆形电流,计算螺线管轴线上一点 P 的磁感应强度 $\boldsymbol{B}$.

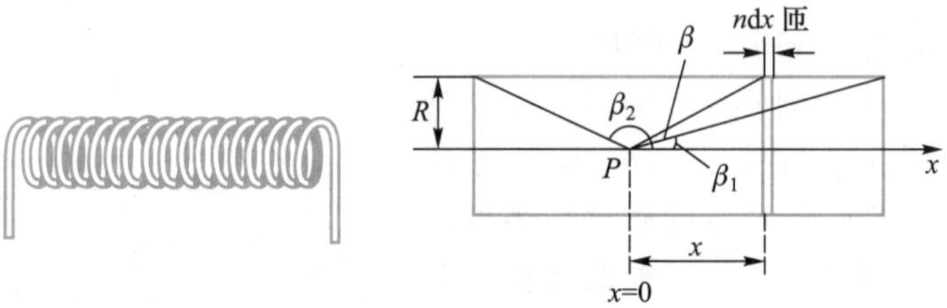

图 7-8 长直螺线管中的磁场

在螺线管中取长为 $\mathrm{d}x$ 的一小段,则对应通有电流 $nI\mathrm{d}x$ 的圆形电流,该圆形电流在 P 点的磁感应强度 $\mathrm{d}\boldsymbol{B}$ 的数值为

$$\mathrm{d}B=\frac{\mu_0}{2}\frac{R^2 nI\mathrm{d}x}{(R^2+x^2)^{3/2}} \tag{7-14}$$

方向沿 Ox 轴正向,并且由于螺线管上所有的线圈在 P 点的磁场都是沿该方向,所以整个载流螺线管在 P 点的磁感应强度值为 $B=\int \mathrm{d}B$. 而 $x=R\cot\beta$,$\mathrm{d}x=-R\dfrac{\mathrm{d}\beta}{\sin^2\beta}=-R\csc^2\beta\mathrm{d}\beta$,代入积分得

$$B=\int \mathrm{d}B=-\frac{\mu_0 nI}{2}\int_{\beta_2}^{\beta_1}\frac{R^3\csc^2\beta\mathrm{d}\beta}{R^3\csc^3\beta}=-\frac{\mu_0 nI}{2}\int_{\beta_2}^{\beta_1}\sin\beta\mathrm{d}\beta$$

积分得

$$B=\frac{\mu_0 nI}{2}(\cos\beta_1-\cos\beta_2) \tag{7-15}$$

讨论:

(1) P 点位于螺线管轴线的中点,$\beta_2=\pi-\beta_1$,$\cos\beta_1=\dfrac{L/2}{\sqrt{R^2+(L/2)^2}}$,由式(7-15)可得

$$B=\frac{\mu_0 nI}{2}\frac{L}{\sqrt{R^2+(L/2)^2}}$$

若 $R \ll L$,则螺线管可视为无限长,$\beta_1=0,\beta_2=\pi$,则

$$B=\mu_0 nI$$

此结果表明密绕长直螺线管内部的磁场是均匀的.

(2) 若 P 点位于"半无限长"螺线管的一端,$\beta_2=\frac{\pi}{2},\beta_1=0$ 或 $\beta_2=\pi,\beta_1=\frac{\pi}{2}$,于是螺线管端点的磁感应强度大小为

$$B=\frac{\mu_0 nI}{2}$$

可见,半无限长螺线管端点的磁感应强度值是其中点的磁感应强度的一半. 有限长螺线管轴线上磁场分布如图 7-9 所示.

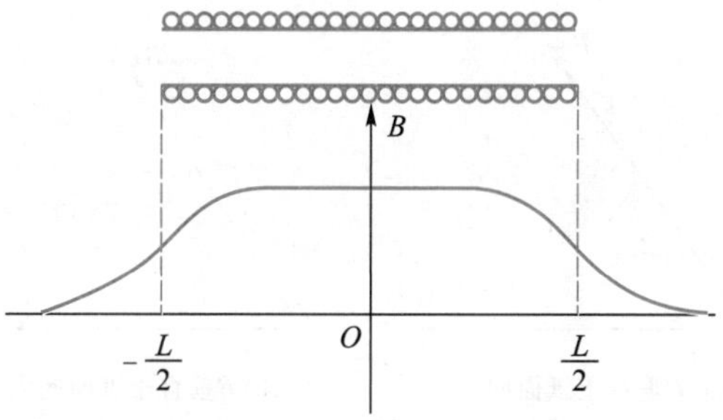

图 7-9　螺线管轴线上的磁场分布

7.5　运动电荷的磁场

根据经典电子理论,导体中的电流是由大量自由电子作定向运动形成的,因此可知,所谓电流激发磁场,实质上就是运动的带电粒子在其周围空间激发的磁场,下面将从毕奥-萨伐尔定律出发导出运动电荷的磁场表达式.

设在导体单位体积内有 n 个可以作自由运动的带电粒子,每个粒子带有电荷 q(为简单起见,这里讨论正电荷),均以速度 $\boldsymbol{v}$ 沿电流元 $I\mathrm{d}\boldsymbol{l}$ 的方向作匀速运动而形成导体中的电流(图 7-10). 若电流元的截面为 S,那么单位时间内通过截面 S 的电荷量为 $qvnS$,即电流为 $I=qvnS$,注意到 $I\mathrm{d}\boldsymbol{l}$ 的方向和 $\boldsymbol{v}$ 相同,在电流元 $I\mathrm{d}\boldsymbol{l}$ 内有 $\mathrm{d}N=nS\mathrm{d}l$ 个带电粒子以速度 $\boldsymbol{v}$ 运动着,$\mathrm{d}\boldsymbol{B}$ 就是这些运动电荷共同激发的磁感应强度,将 $\mathrm{d}N$、I 代入毕奥-萨伐尔定律得

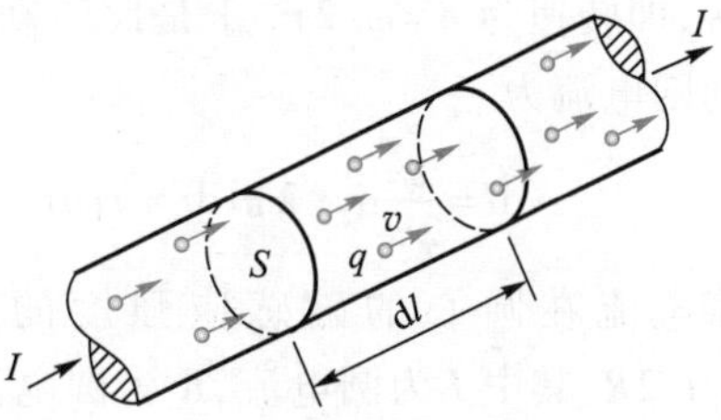

图 7-10　电流元中的运动电荷

$$\mathrm{d}\boldsymbol{B}=\frac{\mu_0}{4\pi}\frac{nS\mathrm{d}lq\boldsymbol{v}\times\boldsymbol{r}}{r^3} \tag{7-16}$$

于是得到每一个以速度 $\boldsymbol{v}$ 运动的电荷所激发的磁感强度为

$$B=\frac{\mathrm{d}\boldsymbol{B}}{\mathrm{d}N}=\frac{\mu_0}{4\pi}\frac{q\boldsymbol{v}\times\boldsymbol{r}}{r^3} \tag{7-17}$$

式中 $\boldsymbol{r}$ 是运动电荷所在点指向场点的位矢，$\boldsymbol{B}$ 的方向垂直于 $\boldsymbol{v}$ 和 $\boldsymbol{r}$ 所组成的平面，如果运动电荷是正电荷，那么 $\boldsymbol{B}$ 的指向符合右手螺旋定则；如果运动电荷带负电荷，那么 $\boldsymbol{B}$ 的指向与之相反（图 7-11）. 由式(7-17)可知，两个等量异号的电荷作相反方向运动时，其磁场相同. 因此，金属导体中假定正电荷运动的方向作为电流的流向所激发的磁场，与金属中实际上是电子作反向运动所激发的磁场是相同的，进一步的理论表明，只有当电荷运动的速度远小于光速（$v\ll c$）时，才可近似得到与恒定电流元的磁场相对应的式(7-17)，当带电粒子的速度接近光速 c 时，它就不再成立.

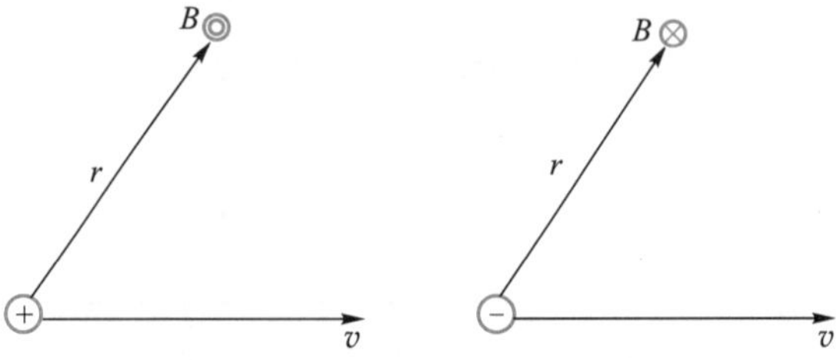

图 7-11 运动电荷的磁场

例 7.1 如图 7-12 所示，半径为 R 的带电薄圆盘的电荷面密度为 σ，并以角速度 ω 绕通过盘心垂直于盘面的轴转动，求圆盘中心的磁感应强度.

解：设圆盘带正电荷，且绕轴 O 逆时针旋转. 在如图 7-12 所示的圆盘上取一半径分别为 r 和 $r+\mathrm{d}r$ 的细环带，此环带的电荷为 $\mathrm{d}q=\sigma\cdot 2\pi r\mathrm{d}r$. 考虑到圆盘以角速度 ω 绕轴 O 旋转，即转速为 $n=\omega/2\pi$. 于是此转动环带相当的圆电流为

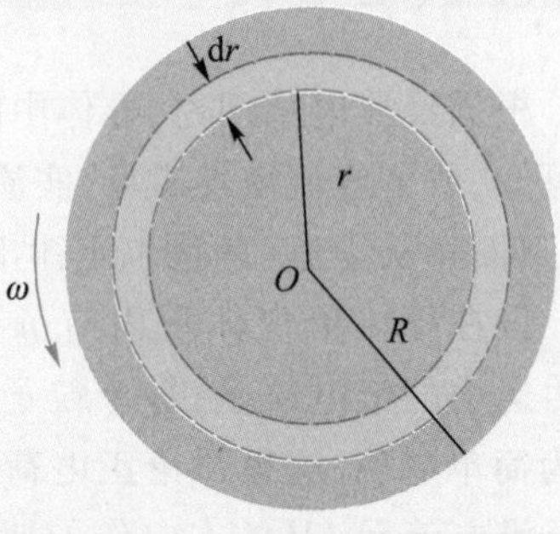

图 7-12 转动的带电薄圆盘

$$\mathrm{d}I=\frac{\omega}{2\pi}\sigma\cdot 2\pi r\mathrm{d}r=\sigma\omega r\mathrm{d}r$$

圆电流在圆心的磁感应强度的值为 $B=\mu_0 I/2R$，其中 I 为圆电流，R 为圆电流半径，因此，圆盘上细环带在盘心 O 处的磁感应强度的值为

$$\mathrm{d}B=\frac{\mu_0\mathrm{d}I}{2r}=\frac{\mu_0\sigma\omega}{2}\mathrm{d}r$$

于是整个圆盘转动时，在盘心 O 处产生的磁感应强度大小为

$$B=\int\mathrm{d}B=\frac{\mu_0\sigma\omega}{2}\int_0^R\mathrm{d}r=\frac{\mu_0\sigma\omega R}{2}$$

7.6 磁场的高斯定理和环路定理

一、磁感线

在研究电场时,我们引入了电场线以形象地描述静电场的分布情况,类似地,我们将用一些设想的曲线来表示磁场的分布.对于给定磁场中每一点的磁场大小和方向都是确定的,因此我们可以在磁场中描绘一系列曲线,并规定曲线上每一点的切线方向就是该点的磁感应强度的方向,即为检验小磁针放在该点其 N 极所指的方向,而曲线的疏密程度则表示该点的磁感应强度的大小.这样的曲线称为磁感线或 $\boldsymbol{B}$ 线,与电场线一样,磁感线也是人为画出来的,磁场中并不存在这些曲线.

撒一些铁粉在磁场中,就能把磁场分布的大致情况显示出来.因为铁粉在磁场作用下被磁化成小磁针,这些小磁针将沿着磁感应强度的方向排列起来,它们排成的曲线与磁场中的磁感线大致相似,图 7-13 给出了几种载流回路的磁场的磁感线示意图.可以看出,电流的磁场的磁感线都是围绕着电流的无头无尾的闭合曲线(或两端伸向无穷远处),因为恒定电流本身也是闭合的,所以闭合的电流线与闭合的磁感线是相互交链着的.为了表示磁场的强弱,规定通过垂直于 $\boldsymbol{B}$ 的单位面积上的磁感线的条数等于该点 $\boldsymbol{B}$ 矢量的值.因此,磁场强的地方,磁感线较密,反之,磁感线就较疏.

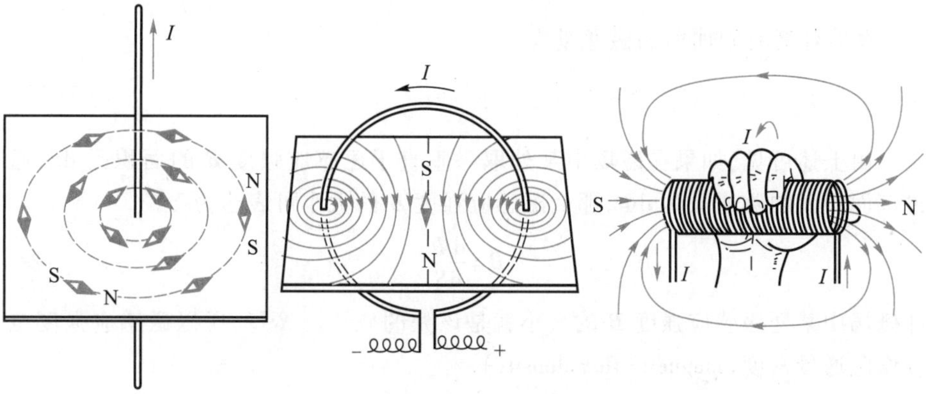

图 7-13 不同电流的磁感线分布

从磁感线的图示中,可以得到磁感线具有如下重要特点:由于在磁场中任一点的磁场方向是确定的,所以磁感线不会相交;每一条磁感线都是和闭合电流相互套链的无头无尾的闭合线,而且磁感线的环绕方向和电流流向形成右手螺旋的关系.

二、磁通量

在讨论电场时,为了描述电场的基本性质,引入了场强 $\boldsymbol{E}$ 的通量及环流,这里我们用类似的方法来讨论磁感应强度 $\boldsymbol{B}$ 的通量和环流.

磁场中,通过某一给定曲面的磁感线数称为通过该曲面的磁通量.设在磁感应强度 $\boldsymbol{B}$ 的均匀磁场中,取一面矢量 $\boldsymbol{S}$,其大小为 S,方向用其单位法向矢量 $\boldsymbol{e}_n$ 表示,即 $\boldsymbol{S}=S\boldsymbol{e}_n$,如图 7-14 所示,$\boldsymbol{e}_n$ 与 $\boldsymbol{B}$ 的夹角为 θ.根据磁通量的定义,$\boldsymbol{B}$ 对面 S 的磁通量为

$$\Phi=BS\cos\theta=\boldsymbol{B}\cdot\boldsymbol{S} \tag{7-18}$$

对于非均匀磁场,如图 7-15 所示,在曲面上取一小面元矢量 $\mathrm{d}\boldsymbol{S}$,面元上的磁感强度 $\boldsymbol{B}$ 与单位法向矢量 $\boldsymbol{e}_n$ 之间的夹角为 θ,$\boldsymbol{B}$ 对面元 $\mathrm{d}\boldsymbol{S}$ 的磁通量为

$$\mathrm{d}\Phi=B\mathrm{d}S\cos\theta=\boldsymbol{B}\cdot\mathrm{d}\boldsymbol{S}$$

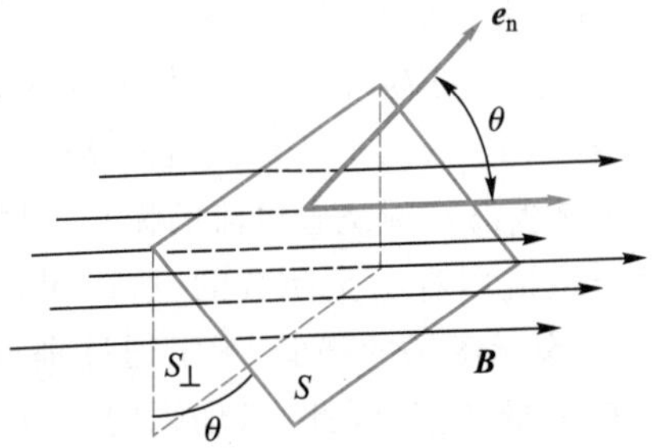

图 7-14 均匀磁场穿过平面的磁通量

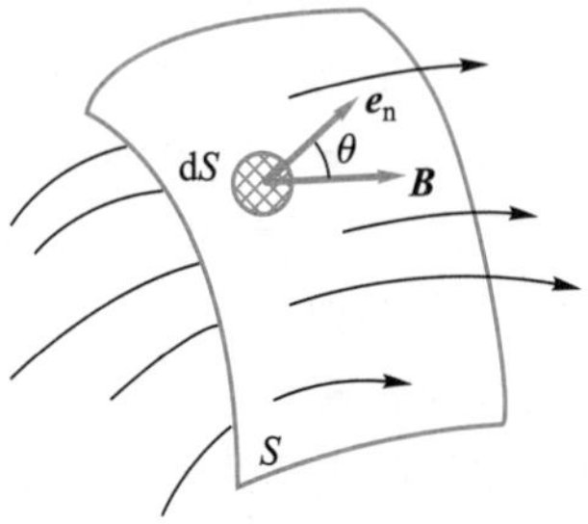

图 7-15 非均匀磁场穿过曲面的磁通量

$\boldsymbol{B}$ 对任意有限曲面的磁通量为

$$\Phi=\int\mathrm{d}\Phi=\int B\mathrm{d}S\cos\theta=\int\boldsymbol{B}\cdot\mathrm{d}\boldsymbol{S} \tag{7-19}$$

由上述可见,如果在磁场中某处取一垂直于磁感应强度 $\boldsymbol{B}$ 的面积元 $\mathrm{d}S$,通过该面积元的磁通量为 $\mathrm{d}\Phi$,那么磁感应强度 $\boldsymbol{B}$ 的大小可表达为

$$B=\frac{\mathrm{d}\Phi}{\mathrm{d}S}$$

即磁场中某处磁感应强度 $\boldsymbol{B}$ 的大小就是该处的磁通量密度,所以磁感应强度也称作磁通量密度(magnetic flux density).

在国际单位制中,磁通的单位名称为韦伯,符号为 Wb,1 Wb=1 T · m^2.

三、磁场的高斯定理

在学习静电场时,我们由库仑定律和电场的叠加原理导出了反映静电场性质的高斯定理.用类似的方法,在恒定电流产生的磁场中,我们可以从毕奥-萨伐尔定律和磁场的叠加原理推出磁场的高斯定理.

高斯定理的表述为:通过任意闭合曲面的磁通量恒等于零,即

$$\oint \boldsymbol{B}\cdot \mathrm{d}\boldsymbol{S}=0 \tag{7-20}$$

高斯定理可以从如下的分析来理解，由于磁感线是闭合曲线，穿入闭合曲面的磁感线条数等于穿出闭合曲面的磁感线条数，所以通过任一闭合曲面的总磁通量必然为零.

四、安培环路定理

在静电场一章，我们证明静电场是保守场，其对任一闭合路径的线积分等于零，即$\oint_l \boldsymbol{E}\cdot \mathrm{d}\boldsymbol{l}=0$，这是静电场的一个重要性质. 与此相似，我们将讨论磁感应强度 $\boldsymbol{B}$ 对任意闭合路径的的积分$\oint_l \boldsymbol{B}\cdot \mathrm{d}\boldsymbol{l}$，这将反映出磁场的一个重要特征.

下面首先讨论一种比较简单的情况. 磁场是由一"无限长"载流直导线所产生的，如图 7-16(a)所示. 在与直导线垂直的平面上作一圆周，其圆心就是平面与导线的交点 O，由 7-4 节可知，长直载流导线在该圆周上的任意一点的磁感应强度的大小为 $B=\dfrac{\mu_0 I}{2\pi R}$. 若选圆周的绕向为逆时针方向，则圆周上每一点的磁感应强度方向与该处的线元的方向相同，于是，磁感应强度 $\boldsymbol{B}$ 对此圆周的环路积分为

$$\oint_L \boldsymbol{B}\cdot \mathrm{d}\boldsymbol{l}=\oint_L B\mathrm{d}l=\frac{\mu_0 I}{2\pi R}\oint_L \mathrm{d}l$$

上述公式中的积分值即是圆周的周长 $2\pi R$，所以

$$\oint_L \boldsymbol{B}\cdot \mathrm{d}\boldsymbol{l}=\mu_0 I \tag{7-21}$$

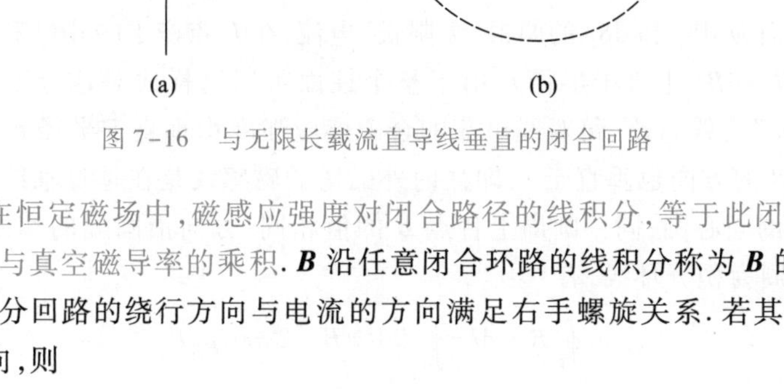

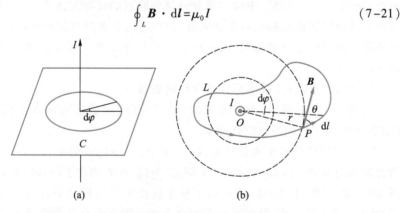

图 7-16　与无限长载流直导线垂直的闭合回路

上式说明，在恒定磁场中，磁感应强度对闭合路径的线积分，等于此闭合路径所包围的电流与真空磁导率的乘积. $\boldsymbol{B}$ 沿任意闭合环路的线积分称为 $\boldsymbol{B}$ 的环流. 上式所选的积分回路的绕行方向与电流的方向满足右手螺旋关系. 若其他条件不变，电流反向，则

$$\oint_L \boldsymbol{B}\cdot \mathrm{d}\boldsymbol{l}=-\oint_L B\mathrm{d}l=-\mu_0 I=\mu_0(-I)$$

此时可认为,对于逆时针绕行方向来说,电流取负值.

显然上式是在特殊情况下导出的. 如果 $\boldsymbol{B}$ 的环流是沿任意的闭合路径[如图 7-16(b)所示],则按图示的绕行方向沿这条闭合曲线的线积分为

$$\oint_L \boldsymbol{B}\cdot \mathrm{d}\boldsymbol{l}=\oint_L B\cos\theta \mathrm{d}l=\oint_L Br\mathrm{d}\varphi=\oint_L \frac{\mu_0 I}{2\pi r}r\mathrm{d}\varphi=\frac{\mu_0 I}{2\pi}\oint_L \mathrm{d}\varphi=\mu_0 I$$

以上结果虽然是从长直载流导线的磁场的特例导出的,但其结论具有普遍性,对任意几何形状的通电导线的磁场都是适用的,而且当闭合曲线围多根载流导线时也同样适用,因此可以得到以下规律,在真空恒定磁场中,磁感应强度沿任意闭合环路的线积分(也称 $\boldsymbol{B}$ 的环流)等于真空磁导率 μ_0 乘以该闭合回路所包围的所有电流的代数和,即

$$\oint_L \boldsymbol{B}\cdot \mathrm{d}\boldsymbol{l}=\mu_0\sum I \tag{7-22}$$

这就是真空中磁场的安培环路定理. 在上式中,若电流流向与积分回路满足右手螺旋关系,电流取正值(+),反之,电流取负值(-). 由式(7-22)可以看出,当安培环路不包围电流,或所包围的电流的代数和为零时,总有 $\oint_L \boldsymbol{B}\cdot \mathrm{d}\boldsymbol{l}=0$,但这一般并不意味着闭合路径上的各点磁感应强度都为零.

由安培环路定理可知,磁场中 $\boldsymbol{B}$ 的环流一般并不为零,因此恒定磁场的基本性质与静电场是明显不同的. 我们已经知道,静电场是保守场,而磁场是涡旋场.

安培环路定理以积分形式表达了恒定电流和它所激发磁场的普遍关系,而毕奥-萨伐尔定律是部分电流和部分磁场相联系的微分表达式. 原则上两者都可以用来求解已知电流分布的磁场问题,但当电流分布具有某种对称性时,利用安培环路定理可以很简单地求出磁感应强度,以下举几个安培环路定理的应用案例来说明.

1. 均匀“无限长”载流圆柱直导线的磁场

如图 7-17(a)所示,半径为 R 的均匀“无限长”载流圆柱直导线,其电流为 I,求距轴线为 r 处的磁感应强度 $\boldsymbol{B}$.

将“无限长”圆柱电流想象成许多“无限长”线电流的集合. 在 OP 两侧对称位置取截面为 $\mathrm{d}S_1$ 和 $\mathrm{d}S_2$ 的两根“无限长”电流,在 P 点产生的 $\mathrm{d}\boldsymbol{B}_1$ 和 $\mathrm{d}\boldsymbol{B}_2$ 的合磁场 $\mathrm{d}\boldsymbol{B}=\mathrm{d}\boldsymbol{B}_1+\mathrm{d}\boldsymbol{B}_2$ 垂直于半径 r. 由于整个柱面可以这样成对地分割为许多对称的“无限长”直线电流,每对线电流的合磁感应强度均垂直于半径 $\boldsymbol{r}$,因而总电流 I 产生的 $\boldsymbol{B}$ 的方向也垂直于 $\boldsymbol{r}$,即柱内外磁场的磁感线是在垂直轴线平面内以轴线为中心的同心圆,同一圆周上各点 $\boldsymbol{B}$ 的值相同,方向沿圆周的切线方向. 取过 P 点的圆周为积分环线,有

$$\oint_l \boldsymbol{B}\cdot \mathrm{d}\boldsymbol{l}=\oint_l B\mathrm{d}l=B\cdot 2\pi r=\mu_0 I'$$

$$B=\frac{\mu_0}{2\pi}\frac{I'}{r}$$

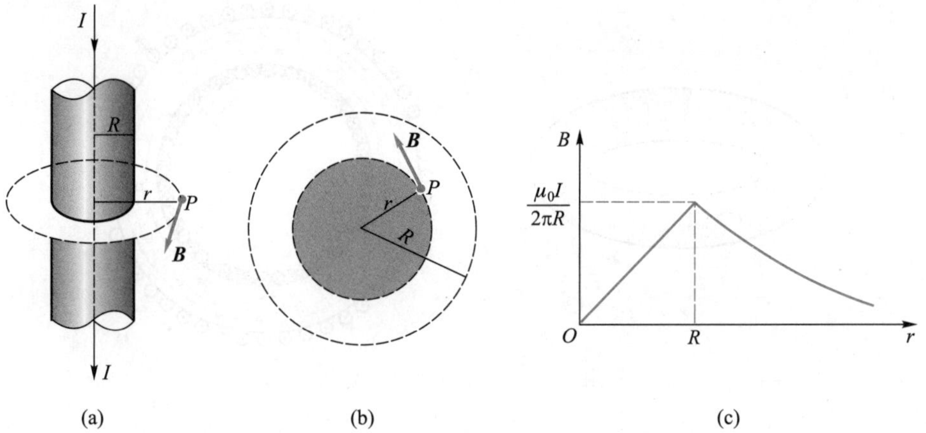

图 7-17 无限长载流圆柱直导线的磁场

（1）在圆柱形导体外（$r>R$）

$$I'=I$$

$$B=\frac{\mu_0}{2\pi}\frac{I}{r}$$

与“无限长”线电流的磁感应强度相同.

（2）在圆柱形导体内（$r<R$）

如图 7-17（b）所示，在柱内取以 r 为半径的圆周作环路 L，穿过此圆面的电流为

$$I'=\frac{\pi r^2}{\pi R^2}I=\frac{r^2}{R^2}I$$

$$B=\frac{\mu_0 I}{2\pi R^2}r$$

（3）在圆柱形导体表面上（$r=R$）

$$B=\frac{\mu_0 I}{2\pi R}$$

通过以上分析可知，磁感应强度在柱表面处连续并且具有最大值. 图 7-17（c）给出了 B 的值随 r 的变化曲线.

2. 载流螺绕环的磁场

密绕在圆环上的螺线形线圈称为螺绕环. 如图 7-18 所示，设螺绕环通有电流 I，环的平均半径为 R，而环上每个载流线圈的半径远小于 R，螺绕环的剖面图如图 7-18 所示. 由于对称性，环内外磁场的磁感线是与环共轴的一些同心圆，且同一条圆周上各点的磁感应强度 $\boldsymbol{B}$ 的数值相等，方向沿圆周的切线.

（1）环内 $\boldsymbol{B}$ 的大小

在环内取某点 P，过 P 点作半径为 r，并且与环同轴的圆形环路 L，由于 L 上任一点 $\boldsymbol{B}$ 的量值相等，方向与 $\mathrm{d}\boldsymbol{l}$ 相同，故得 $\boldsymbol{B}$ 矢量的环流：

$$\oint_L \boldsymbol{B}\cdot \mathrm{d}\boldsymbol{l}=B\oint_L \mathrm{d}l=B\cdot 2\pi r$$

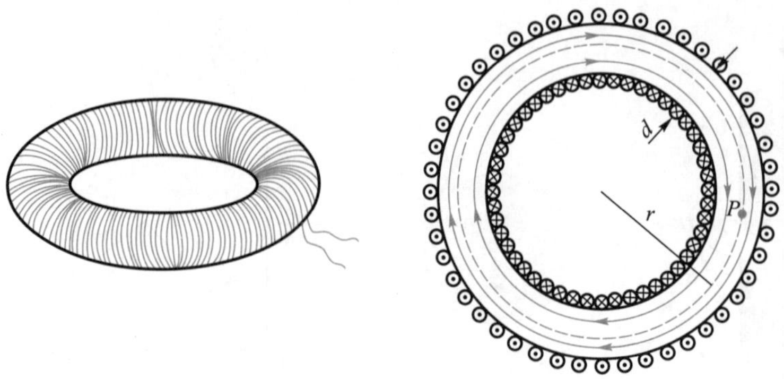

图 7-18 螺绕环内外的磁场

设环上线圈的总匝数为 N,电流为 I,由安培环路定理有

$$\oint_L \boldsymbol{B}\cdot d\boldsymbol{l}=B\cdot 2\pi r=\mu_0 NI$$

$$B=\frac{\mu_0 NI}{2\pi r}$$

B 与 r 成反比,所以环内磁场不均匀.

在螺绕环的轴线上,设 $n=\dfrac{N}{2\pi R}$,代入上式得

$$B=\mu_0 nI$$

当螺绕环的平均半径远大于环上线圈的半径时,管内的磁场可近似认为是均匀的. 此结果与无限长螺线管的结果相同,事实上,当螺绕环的半径 R 无限增大时,则螺绕环就过渡为一无限长螺线管.

(2) 环外 $\boldsymbol{B}$ 的大小

将安培环路定理用于环外与环同心的闭合路径 L' 上,可知进入 L' 的电流等于流出 L' 的电流,于是有

$$\oint_{L'} \boldsymbol{B}\cdot d\boldsymbol{l}=B\oint_{L'} dl=0$$

得

$$B=0$$

7.7 带电粒子在电场和磁场中的运动

若点 P 处的磁感应强度为 $\boldsymbol{B}$,且电荷为 $+q$ 的带电粒子以速度 $\boldsymbol{v}$ 通过点 P,如图 7-19 所示,那么,作用在带电粒子上的磁场力为

$$\boldsymbol{F}_m=q\boldsymbol{v}\times\boldsymbol{B} \tag{7-23}$$

磁场对运动电荷的作用力称为洛伦兹力,力的方向垂直于 $\boldsymbol{v}$ 和 $\boldsymbol{B}$ 组成的平面,$q>0$ 时,$\boldsymbol{F}_m$,$\boldsymbol{v}$,$\boldsymbol{B}$ 三个矢量的方向符合右手螺旋定则,以右手四指由 $\boldsymbol{v}$ 经小于 180°的角度转向 $\boldsymbol{B}$,此时拇指的指向就是电荷所受洛伦兹力的方向,若电荷为正时,$\boldsymbol{F}_m$ 与 $\boldsymbol{v}\times\boldsymbol{B}$ 同向,当电荷为负时,$\boldsymbol{F}_m$ 与 $\boldsymbol{v}\times\boldsymbol{B}$ 相反.

此外，若除了磁场之外，点 P 的电场强度为 $\boldsymbol{E}$，则处于该点的电荷为 $+q$ 的带电粒子所受的电场力为 $\boldsymbol{F}_{\mathrm{e}}=q\boldsymbol{E}$，那么作用在带电粒子上的力应为电场力 $\boldsymbol{F}_{\mathrm{e}}$ 与洛伦兹力 $\boldsymbol{F}_{\mathrm{m}}$ 之和，即

$$\boldsymbol{F}=q\boldsymbol{v}\times\boldsymbol{B}+q\boldsymbol{E} \tag{7-24}$$

虽然 $\boldsymbol{F}_{\mathrm{m}}$ 因为与 $\boldsymbol{v}$ 垂直而不做功，但它会改变粒子运动的方向，在某些情况下，通过巧妙地与适当的电场 $\boldsymbol{E}$ 配合，可以非常有效地控制带电粒子的运动，从而达到一定的目的.

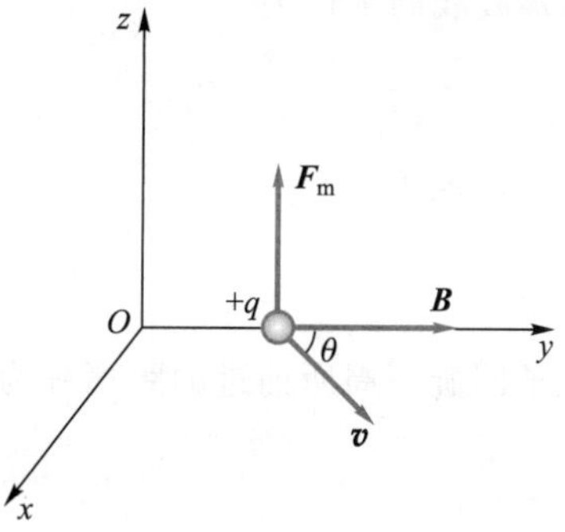

图 7-19 洛伦兹力

下面列举几个带电粒子在磁场中运动的案例.

1. 回旋半径和回旋频率

设电荷为 $+q$、质量为 m 的带电粒子，以初速度 $\boldsymbol{v}_0$ 进入均匀磁场中，磁感应强度为 $\boldsymbol{B}$，且 $\boldsymbol{v}_0$ 与 $\boldsymbol{B}$ 相互垂直，如图 7-20 所示. 忽略重力作用，则作用在带电粒子上的力仅为洛伦兹力 $\boldsymbol{F}_{\mathrm{m}}$，其值为 $F_{\mathrm{m}}=qv_0B$，而 $\boldsymbol{F}_{\mathrm{m}}$ 的方向垂直于 $\boldsymbol{v}_0$ 与 $\boldsymbol{B}$ 所确定的平面. 所以，带电粒子进入磁场后将以速率 v_0 作匀速圆周运动. 根据牛顿第二定律可得其圆周运动的半径为

$$R=\frac{mv_0}{qB} \tag{7-25}$$

R 称为回旋半径，它与电荷的速度成正比，与磁感应强度值成反比. 粒子运动一周的时间称为回旋周期，用符号 T 表示

$$T=\frac{2\pi R}{v_0}=\frac{2\pi m}{qB} \tag{7-26}$$

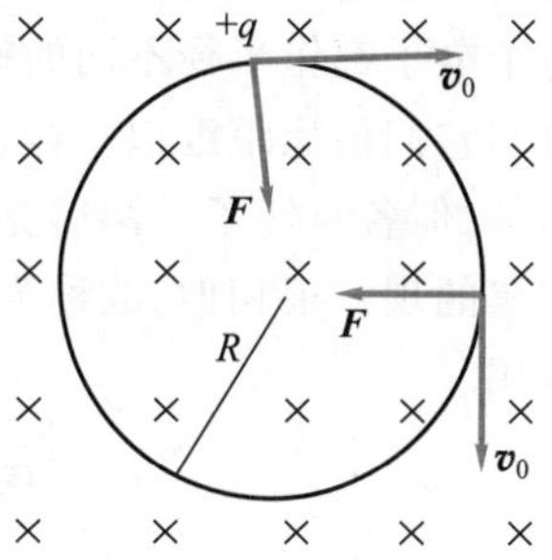

图 7-20 带电粒子在均匀磁场中的圆周运动

单位时间内带电粒子所运行的圈数称为回旋频率，用符号 f 表示，有

$$f=\frac{1}{T}=\frac{qB}{2\pi m}$$

需要指出的是，上述各结论只适用于带电粒子速度远小于光速的非相对论情形.

2. 磁聚焦

上面讨论了粒子的速度与磁感应强度垂直的情况，下面再讨论 $\boldsymbol{v}$ 与 $\boldsymbol{B}$ 为任意夹角的一般情况下带电粒子的运动规律(图 7-21). 将 $\boldsymbol{v}$ 分解为 $\boldsymbol{v}=\boldsymbol{v}_{\perp}+\boldsymbol{v}_{/\!/}$，其中 $\boldsymbol{v}_{\perp}$ 与 $\boldsymbol{v}_{/\!/}$ 分别代表与 $\boldsymbol{B}$ 垂直的横向分量和平行于 $\boldsymbol{B}$ 的纵向分量，他们的大小各为 $v_{\perp}=v\sin\theta$，$v_{/\!/}=v\cos\theta$. 前面已经知道，速度的横向分量在磁场力的作用下使粒子在与 $\boldsymbol{B}$ 垂直的面内作匀速圆周运动；而速度的纵向分量矢量不受磁场的影响，使带电粒子沿着 z 轴作匀速直线运动. 在 $\boldsymbol{v}_{\perp}$ 与 $\boldsymbol{v}_{/\!/}$ 皆不为零的情况下，粒子的运动自然是上述两个运动的合成，其运动轨迹是一条螺旋线. 由式(7-25)可

知螺旋线的半径为

$$R=\frac{mv_{\perp}}{qB}$$

回旋周期为

$$T=\frac{2\pi R}{v_{\perp}}=\frac{2\pi m}{qB}$$

粒子回旋一周所前进的距离称为螺距,其值为

$$d=v_{/\!/}T=\frac{2\pi mv_{/\!/}}{qB} \tag{7-27}$$

以上结果表明,螺旋线的半径 R 仅与 $\boldsymbol{v}$ 的垂直分量 $\boldsymbol{v}_{\perp}$ 有关,而螺距 d 则只与 $\boldsymbol{v}$ 的平行分量 $\boldsymbol{v}_{/\!/}$ 有关,利用该结果可实现磁聚焦.

带电粒子在磁场中的螺旋线运动被广泛应用于"磁聚焦"技术.图 7-21 是用于电真空器件的一种磁聚焦装置的示意图.从电子枪射出的电子以各种不同的初速进入近似均匀的恒定磁场 $\boldsymbol{B}$ 中.电子枪的构造保证:各电子初速度的大小相差很小(由枪内加速阳极与阴极间的电压决定),并且各个电子的 $\boldsymbol{v}$ 与 $\boldsymbol{B}$ 的夹角足够小,即纵向速度 $v_{/\!/}=v\cos\theta\approx v$, $v_{\perp}=v\sin\theta\approx v\theta$.因为各电子的 $\boldsymbol{v}_{\perp}$ 不同,每个电子都作半径不同的螺旋线运动,但各电子的 $\boldsymbol{v}_{/\!/}$ 相差较小,故由式(7-27)可知它们的螺距近似一样,于是就有这样的结果:虽然开始时各电子以不同轨迹运动,但各自转了一圈后竟又彼此交于屏幕上同一点,这种现象与光束通过透镜聚焦的现象很相似,故称为磁聚焦现象.磁聚焦在电子光学领域中得到了广泛的应用.

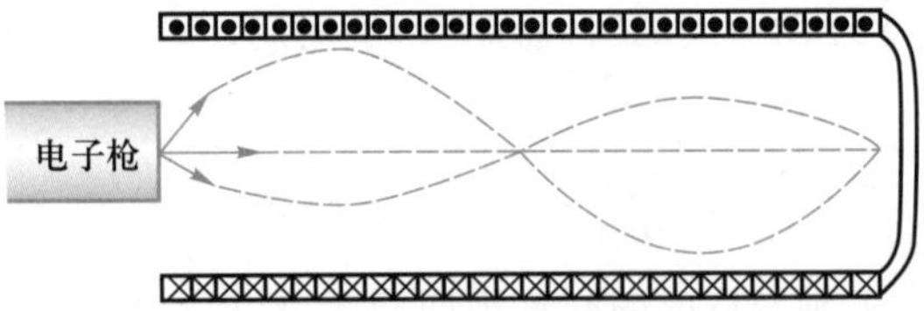

图 7-21 磁聚焦示意图

3. 回旋加速器

回旋加速器是研究粒子物理最重要的实验设备之一,它可用于加速带电粒子.这种设备实际上非常庞大和复杂,但基本原理却较简单,其结构示意图如图 7-22 所示.D_1 和 D_2 是两个半圆形的金属扁盒,分别接在振荡器的两个电极上,因而两扁盒间的狭缝中存在一交变的电场.两扁盒放在由一对大电磁铁产生的磁场中,磁场方向与扁盒垂直.当带电粒子进入狭缝时,因电场的作用,粒子被加速,并进入扁盒 D_1(图 7-23).粒子在扁盒中不受电场力作用,但在磁场作用下作圆周运动,其半径由式(7-24)决定.当粒子在扁盒内完成半个圆周运动之后,又来到狭缝,相隔的时间为

$$\tau=\frac{T}{2}=\frac{\pi m}{qB}$$

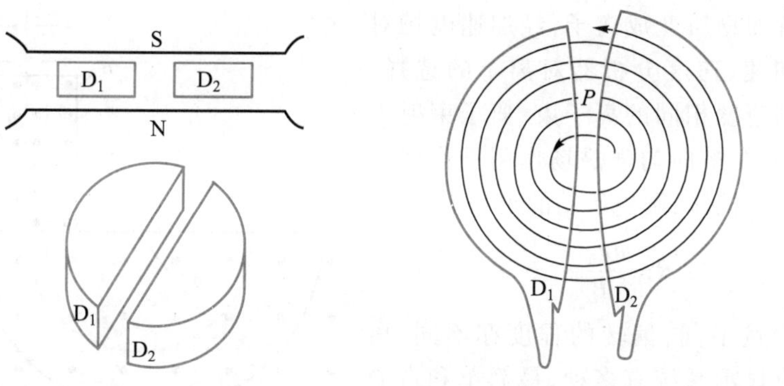

(a) 回旋加速器D形盒示意图　　(b) 带电粒子在回旋加速器中的运动示意图

图 7-22

τ 与质点的速度无关,若狭缝中的电场每经过时间 τ 便改变一次方向,就能保证粒子进入狭缝,便得到加速,使粒子以更大的速度进入另一扇盒,作半径较大的半圆运动,这样经一次又一次反复加速,最后粒子便以很大的速度离开扇盒. 从以上的讨论可知,带电粒子在横向磁场中作圆周运动的周期与粒子的速度无关是回旋加速器工作原理的主要根据. 但是,当粒子的速度很大时,相对论效应不能忽略,粒子的质量将与速度有关,即 $m=m_0/\sqrt{1-(v/c)^2}$,其中 m_0 为粒子静止时的质量. 这时周期也将与速度有关,如果电场振荡的周期仍保持不变,粒子进入狭缝时并不能被电场加速,故回旋加速器加速粒子时,粒子获得的最大动能是有限制的,不过,我们可以根据相对论效应调节振荡电源的频率,使之与粒子在扇盒中运动所经历的时间同步,从而制成同步回旋加速器. 用同步回旋加速器加速粒子,可使粒子的能量大大提高. 但粒子在作圆周运动的过程中,有很大的向心加速度,作加速运动的电荷要辐射电磁波,而当粒子的速度很大时,粒子在同步加速过程中辐射损失的能量非常大,实际上限制了粒子可能获得的最大能量. 同步回旋加速器中粒子辐射电磁波对加速粒子来说是一种损耗,但这种辐射(称为同步辐射)却成为一种极有使用价值的光源. 回旋加速器中的强磁场,是由很大的电磁铁产生的,例如,一台使质子获得 100 MeV 能量的回旋加速器的电磁铁重达4 000 t.

4. 质谱仪

质谱仪是一种将物质电离成离子,然后通过电场与磁场对离子作用以达到把不同质量的离子分离开的目的,并对离子的质量进行定性或定量分析的仪器. 20 世纪 20 年代,科学家通过磁偏转的方法发现同一种化学元素的原子的质量不一定相等,这些质量不等的原子称为同位素,它们的原子核中含有不同数量的中子. 质谱仪成为寻找同位素的主要设备,而同位素的研究又促进了质谱仪的发展. 图 7-23 是当今常用的一种磁偏转质谱仪的示意图,它包括三部分:离子源、磁偏转器和离子接收系统. 离子源把液体状或固体状的待测物质加热成气体,然后用阴极射线将气体电离成离子. 也可用激光蒸发、快速粒子轰击及火花放电等方法使待测物质变成离子，经加速电场对离子的加速、速度分析器对离子的选择，最终得到速度相同的离子束.离子束射入磁偏转器，在横向匀强磁场作用下作圆周运动而发生偏转，圆周运动的半径为

$$R=\frac{mv_{\perp}}{qB}$$

粒子的质量不同，偏转的程度亦不同.离子的接收显示系统有多种，最简单和古老的是照相底板，不同质量的离子因轨道半径不同而落在照相底板上不同的位置并成像，通过测量像的位置就能确定离子的质量.

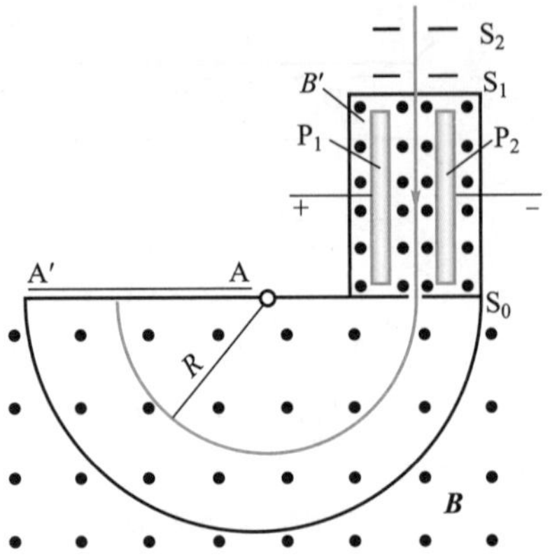

图 7-23　质谱仪示意图

7.8 磁场对载流导线的力

一、安培力

安培定律的提出

由前节知，运动电荷在磁场中将受到洛伦兹力，而电流是由电荷的定向运动产生的，因此磁场中的载流导体内的每一定向运动的电荷都要受到洛伦兹力.由于这些电荷（例如金属导体中的自由电子）受到导体的约束，而将这个力传递给导体，表现为载流导体受到一个磁场力，通常称为安培力.下面从运动电荷所受的洛伦兹力导出安培力公式.

任取一电流元 $I\mathrm{d}\boldsymbol{l}$，如图 7-24 所示，并认为在电流元范围内有相同的磁感强度 $\boldsymbol{B}$.设导体单位体积内有 n 个载流子，则在电流元 $I\mathrm{d}\boldsymbol{l}$ 中运动的载流子数目为 $\mathrm{d}N=n\mathrm{d}S\mathrm{d}l$ 个，$\mathrm{d}S$ 为电流元的横截面积.每个载流子带电荷量 q，每个载流子受洛伦兹力 $q\boldsymbol{v}\times\boldsymbol{B}$，则电流元受到的磁力等于电流元 $I\mathrm{d}\boldsymbol{l}$ 内所有定向运动载流子所受到的合磁场力，即

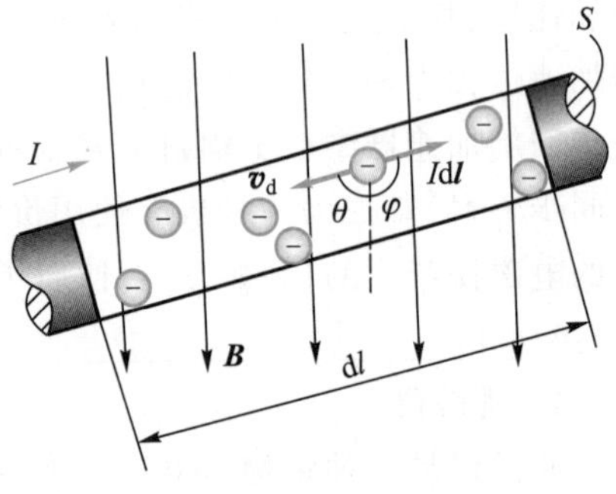

图 7-24　磁场对电流元的作用力

$$\mathrm{d}\boldsymbol{F}=\mathrm{d}Nq\boldsymbol{v}\times\boldsymbol{B}=n\mathrm{d}S\mathrm{d}lq\boldsymbol{v}\times\boldsymbol{B}$$

又因为正电荷运动的方向为电流元 $I\mathrm{d}\boldsymbol{l}$ 的方向，且 $I=nqv\mathrm{d}S$，则有

$$n\mathrm{d}S\mathrm{d}lq\boldsymbol{v}=I\mathrm{d}\boldsymbol{l}$$

因此，电流元在磁场中所受的力，即安培力为

$$\mathrm{d}\boldsymbol{F}=I\mathrm{d}\boldsymbol{l}\times\boldsymbol{B} \tag{7-28}$$

上式就是安培力公式，也称为安培定律.此式是一小段电流元所受的磁力，一载

流导体所受的磁力等于作用在它各段电流元上的安培力的矢量和：

$$\boldsymbol{F}=\int_L \mathrm{d}\boldsymbol{F}=\int_L I\mathrm{d}\boldsymbol{l}\times\boldsymbol{B} \tag{7-29}$$

上式说明，安培力是作用在整个载流导线上，而不是集中作用于一点上的.

例 7.2 如图 7-25 所示，一段半圆形导线，通有电流 I，圆的半径为 R，放在均匀磁场 I 中，磁场与导线平面垂直，求磁场作用在半圆形导线上的力.

解：取坐标系 Oxy 如图 7-25 所示，这时各段电流元受到的安培力数值上都等于

$$\mathrm{d}F=BI\mathrm{d}l$$

但方向沿各自的半径离开圆心向外. 整段导线受力为各个电流元所受力的矢量和：

$$\boldsymbol{F}=\int \mathrm{d}\boldsymbol{F}$$

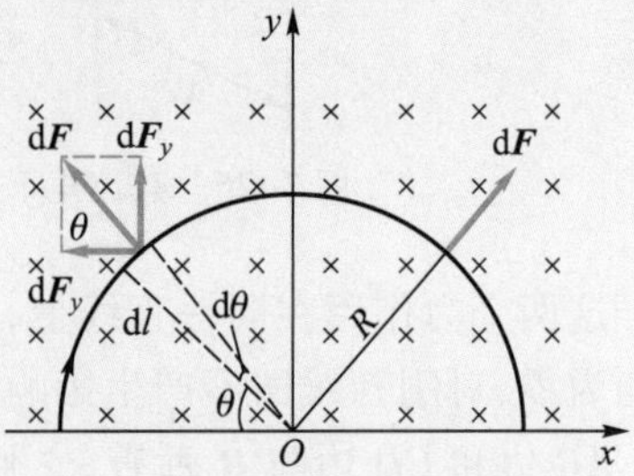

图 7-25

因此，我们应将各个电流元所受的力 d$\boldsymbol{F}$ 分解为 x 方向与 y 方向的分力 $\mathrm{d}F_x$ 和 $\mathrm{d}F_y$，由于电流分布的对称性，半圆形导线上各段电流元在 x 方向分力的总和为零，只有 y 方向分力对合力有贡献，因为

$$\mathrm{d}F_y=\mathrm{d}F\sin\theta=BI\mathrm{d}l\sin\theta$$

于是合力沿 y 方向，大小为

$$\int_L \mathrm{d}F_y=\int_L BI\mathrm{d}l\sin\theta$$

由于 $\mathrm{d}l=R\mathrm{d}\theta$，所以有

$$F=\int_L BI\mathrm{d}l\sin\theta=\int_0^{\pi} BI\sin\theta R\mathrm{d}\theta=BIR\int_0^{\pi}\sin\theta\mathrm{d}\theta=2BIR$$

显然，合力 $\boldsymbol{F}$ 作用在半圆中点，方向向上，其大小相当于连接圆弧始末两点直线电流所受到的作用力，从本例题所得结果还可以推断，一个任意弯曲的载流导线放在均匀磁场中所受到的磁场力，等效于弯曲导线起点到终端的一段载有等量电流的长直导线在磁场中所受的力.

二、均匀磁场中的载流线圈所受到的磁力矩

如图 7-26 所示，在均匀磁场（磁感应强度为 $\boldsymbol{B}$）中有一刚性的矩形平面载流线圈 $ABCD$，其边长分别为 l_1 和 l_2，通电流 I，电流方向与线圈平面法线方向之间满足右手关系，线圈平面的单位法向矢量 $\boldsymbol{e}_{\mathrm{n}}$ 与磁感应强度 $\boldsymbol{B}$ 成夹角 θ，并且对边 AB、CD 与 $\boldsymbol{B}$ 垂直.

根据安培定律，BC 边和 DA 边所受的磁场力大小分别为

$$F_{BC}=F_1=\int_0^{l_1} IB\mathrm{d}l\sin\theta=IBl_1\sin\theta$$

$$F_{DA}=F_1'=\int_0^{l_1} IB\mathrm{d}l\sin(\pi-\theta)=IBl_1\sin\theta$$

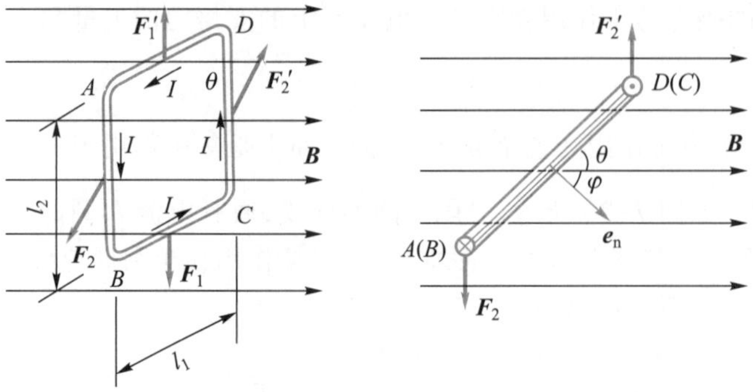

图 7-26 载流矩形线圈在均匀磁场中受到的安培力

这两个力作用在同一直线上，大小相等而方向相反，互相抵消，合力及合力矩均为零，对刚性线圈不产生影响.

AB 边和 CD 边与 $\boldsymbol{B}$ 垂直，它们受力 $\boldsymbol{F}_2$ 和 $\boldsymbol{F}_2'$ 的方向如图所示（$\boldsymbol{F}_2$ 指向读者，$\boldsymbol{F}_2'$ 背离读者），大小为

$$F_2=F_2'=\int_0^{l_2} IB\mathrm{d}l=IBl_2$$

这一对力大小相等，方向相反，但不在同一直线上，它们的合力为零，但对线圈产生磁力矩 $\boldsymbol{M}$，由图可知 $\boldsymbol{M}$ 的大小为

$$M=F_2 l_1\cos\theta=IBl_1 l_2\cos\theta$$

而 $S=l_1 l_2$ 为矩形线圈的面积，并且 $\theta+\varphi=\pi/2$，所以

$$M=IBS\sin\varphi \tag{7-30}$$

若线圈不只一匝，而是有 N 匝，则线圈所受的磁力矩应为

$$M=NIBS\sin\varphi$$

在此引入一矢量 $\boldsymbol{m}$，称为载流线圈的磁矩（前面已定义过）：

$$\boldsymbol{m}=NIS\boldsymbol{e}_n$$

大小为 $m=NIS$，方向沿线圈平面的法线方向.

于是可把载流线圈所受的磁力矩写成矢量积：

$$\boldsymbol{M}=\boldsymbol{m}\times\boldsymbol{B} \tag{7-31}$$

此式类似于电偶极子（电矩 $\boldsymbol{p}=q\boldsymbol{l}$）在均匀电场 $\boldsymbol{E}$ 中所受的力偶矩公式，所以载流线圈的磁矩与电偶极子的电矩处于等价的位置.

下面讨论几种情况.

（1）当载流线圈的 $\boldsymbol{e}_n$ 方向与磁感应强度 $\boldsymbol{B}$ 的方向相同（即 $\theta=90°$），亦即磁通量为正向极大时，$M=0$，磁力矩为零. 此时线圈处于平衡状态[图 7-27(a)].

（2）当载流线圈的 $\boldsymbol{e}_n$ 方向与磁感应强度 $\boldsymbol{B}$ 的方向相垂直（即 $\theta=0°$），即磁通量为零时，$M=NBIS$，磁力矩最大[图 7-27(b)].

（3）当载流线圈的 $\boldsymbol{e}_n$ 方向与磁感强度 $\boldsymbol{B}$ 的方向相反时，$M=0$，这时也没有磁力矩作用在线圈上[图 7-27(c)]，不过，在这种情况下，只要线圈稍稍偏过一

个微小角度,它就会在磁力矩作用下离开这个位置,而稳定在 $\theta=90°$时的平衡状态. 所以常把此时线圈的状态称为不稳定平衡状态,而 $\theta=90°$时线圈的状态称为稳定平衡状态,总之,磁场对载流线圈作用的磁力矩,总是要使线圈转到它的 $\boldsymbol{e}_n$ 方向与磁场方向相一致的稳定平衡位置.

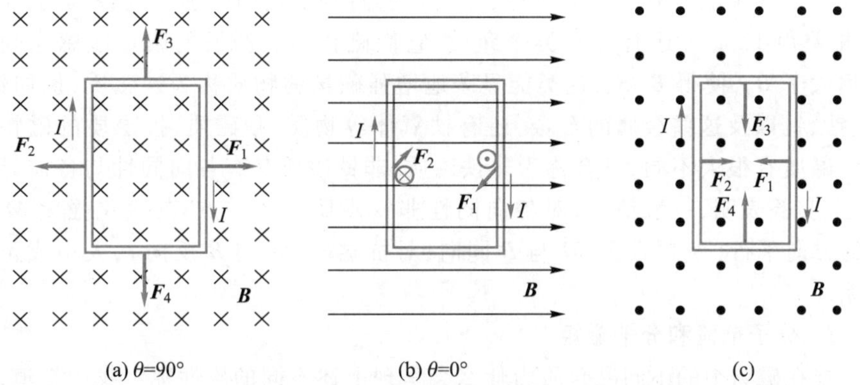

图 7-27 载流线圈方向与磁场方向成不同角度时的磁力矩

(4) 平面载流线圈处在非均匀磁场中时,一般说来合力和合力矩均不为零,即线圈除了转动外还有平动.

需要指出的是,式(7-31)虽然是从矩形线圈推导出来的,但可以证明它对均匀磁场中任意形状的平面线圈都是适用的.

7.9 磁场中的磁介质

一、磁介质磁化强度

前面我们讨论了恒定电流的磁场,产生磁场的载流导线处在真空中,所以是真空中的静磁场理论. 实际上,任何载流导体或运动电荷的周围,都存在着各种各样的物质(空气也是一种介质),而任何一种物质在磁场的作用下,都会受到磁场的影响并发生变化,即处于磁场中的物质都会被磁场磁化,磁化了的物质反过来又影响原来的磁场. 一切在磁场的作用下能够发生磁化并反过来影响原磁场的物质称为磁介质.

磁介质对磁场的影响比电介质对磁场的影响要复杂很多. 正如有电介质时的电场 $\boldsymbol{E}$ 是自由电荷的电场 $\boldsymbol{E}_0$ 与极化电荷的电场 $\boldsymbol{E}'$的叠加那样,有磁介质时的磁感应强度 $\boldsymbol{B}$ 也由两部分叠加而成,即

$$\boldsymbol{B}=\boldsymbol{B}_0+\boldsymbol{B}'$$

其中 $\boldsymbol{B}_0$ 及 $\boldsymbol{B}'$分别是传导电流的磁感应强度和磁介质被磁化而激发的磁感应强度,实验研究表明,由于磁介质有不同的磁化特性,它们磁化后所激发的附加磁

场会有所不同.有一些磁介质磁化后使磁介质中的磁感应强度 $\boldsymbol{B}$ 稍大于 $\boldsymbol{B}_0$,即 $B>B_0$,这类磁介质称为顺磁质,例如锰、铬、铂、氮等都属于顺磁性物质;另一些磁介质磁化后使磁介质中的磁感应强度 $\boldsymbol{B}$ 稍小于 $\boldsymbol{B}_0$,即 $B<B_0$,这类磁介质称为抗磁质,例如水银、铜、硫、氯、氢、银、金、锌、铅等都属于抗磁性物质.一切抗磁质以及大多数顺磁质有一个共同点,那就是它们所激发的附加磁场极其弱,B 和 B_0 相差很小.此外还有另一类磁介质,它们磁化后所激发的附加磁感应强度 $\boldsymbol{B}'$远大于 $\boldsymbol{B}_0$,使得 $B>B_0$,这类能显著地增强磁场的物质称为铁磁质,例如铁、锰、钴、钆以及这些金属的合金,还有铁氧体等物质.顺磁质、抗磁质的磁特性与铁磁质有很大不同,可合称为非铁磁质.非铁磁质又有各向同性与各向异性之分.实验表明,一般地说,对各向同性非铁磁质的每一点,其磁化强度 $\boldsymbol{M}$ 与 $\boldsymbol{B}$ 的方向平行(对顺磁质,$\boldsymbol{M}$ 与 $\boldsymbol{B}$ 同向;对抗磁质,$\boldsymbol{M}$ 与 $\boldsymbol{B}$ 反向),大小成正比关系.

1. 分子电流和分子磁矩

处在磁场中的不同磁介质为什么会呈现上述不同的磁性呢?我们知道,物体所表现的宏观特性,都是物体内大量原子或分子特性的平均效应,因此,应该从物质的微观结构去探讨磁性的根源.根据物质电结构学说,任何物质都是由分子、原子组成的,而分子或原子中任何一个电子都不停地同时参与两种运动,即环绕原子核的轨道运动和电子本身的自旋,这两种运动都等效于一个电流分布,可用一个等效的圆电流表示,统称为分子电流,分子电流具有一定的磁矩(称为分子磁矩,用符号 $\boldsymbol{m}_0$ 表示),从而产生磁效应.原子核也具有磁矩,它是质子在核内的轨道运动以及质子和中子的自旋运动所产生的磁效应,但是它比电子的磁矩差不多小 3 个数量级,在计算分子或原子的总磁矩时,核磁矩的影响可以忽略.

在抗磁质中,每个原子或分子中所有电子的轨道磁矩和自旋磁矩的矢量和等于零,在外磁场 $\boldsymbol{B}_0$ 中电子轨道运动的平面在磁场中会发生进动,而且其轨道角动量进动的方向在任何情况下都是沿着磁场的方向,和电子轨道运动的速度方向无关,并在同一外磁场 $\boldsymbol{B}_0$ 中都以相同的角速度进动,因此,这时抗磁质中每个分子或原子中所有的电子形成一个整体绕外磁场进动,从而产生一个附加磁矩 $\Delta\boldsymbol{m}_0$,$\Delta\boldsymbol{m}_0$ 的方向与 $\boldsymbol{B}_0$ 的方向相反,大小与 $\boldsymbol{B}_0$ 的大小成正比.这样,抗磁材料在外磁场的作用下,体内任一体积元中大量分子或原子的附加磁矩的矢量和 $\sum\Delta\boldsymbol{m}_0$ 有一定的量值,结果在磁体内激发一个和外磁场方向相反的附加磁场,这就是抗磁性的起源.抗磁性起源于外磁场对电子轨道运动作用的结果,在任何原子或分子的结构中都会产生,因此它是一切磁介质所共有的性质.

对顺磁质而言,虽然每个原子或分子有一定的磁矩,但由于分子的无规则热运动,各个分子磁矩排列的方向是十分纷乱的,对顺磁质内任何一个体积元来说,其中各分子的分子磁矩的矢量和 $\sum\boldsymbol{m}_0=0$,因而对外界不显示磁效应,在外磁场 $\boldsymbol{B}_0$ 的作用下,分子磁矩 $\boldsymbol{m}_0$ 的大小不改变,但是外磁场 $\boldsymbol{B}_0$ 要促使 $\boldsymbol{m}_0$ 绕磁场方向进动,并具有一定的能量.同时,介质中存在着大量原子或分子,由于这些原子或分子之间的相互作用和碰撞,促使分子磁矩 $\boldsymbol{m}_0$ 改变方向,从而改变 $\boldsymbol{m}_0$ 在外磁场中的能量状态.一方面,从能量的角度来看,分子磁矩尽可能要处于低的能量状态,即 $\boldsymbol{m}_0$ 与外磁场方向一致的状态;另一方面,分子热运动又是破坏分子磁矩沿磁场方向有序排列的因素,使之不可能取向完全一致.当达到热平衡时,原于或分子的能量遵守玻耳兹曼分布律,处在较低能量状态的原子数或分子数比高能量状态的要多,亦即其分子磁矩 $\boldsymbol{m}_0$ 靠近外磁场方向的分子数较多.显然,磁场越强,温度越低,分子磁矩 $\boldsymbol{m}_0$ 排列也越整齐,这时,在顺磁体内任取一体积元 ΔV,其中各分子磁矩的矢量和 $\sum \boldsymbol{m}_0$ 将有一定的量值,因而在宏观上呈现出一个与外磁场同方向的附加磁场,这便是顺磁性的来源,应当指出,顺磁质受到外磁场的作用后,其中的原子或分子也会产生抗磁性,但在通常情况下,多数顺磁质分子的附加磁矩比 $\boldsymbol{m}_0$ 小很多,所以这些磁介质主要显示出顺磁性.

2. 磁化强度

为了描写磁介质磁化的程度,可以仿照极化强度 $\boldsymbol{P}$ 定义一个磁化强度,用符号 $\boldsymbol{M}$ 表示.设磁介质中某物理无限小体元 ΔV 内的分子磁矩矢量和为 $\sum \boldsymbol{m}_0 + \sum \Delta \boldsymbol{m}_0$.则磁化强度为

$$\boldsymbol{M}=\frac{\sum(\boldsymbol{m}_0+\Delta \boldsymbol{m}_0)}{\Delta V} \tag{7-32}$$

即磁介质中单位体积内分子的合磁矩.磁化强度也是空间中的宏观矢量场,磁化强度的微观值没有意义.磁介质被磁化后,介质内各点 $\boldsymbol{M}$ 可以不同.如果磁介质中各点的 $\boldsymbol{M}$ 相同,就说它是均匀磁化的,真空可以看成磁介质的特例,其中各点 $\boldsymbol{M}$ 为零.在国际单位制中,磁化强度的单位名称是安培每米,符号为 $\mathrm{A \cdot m^{-1}}$.

二、有磁介质时的安培环路定理磁场强度

设“无限长”直螺线管内充满着各向同性均匀磁介质,单位长度的匝数为 n,线圈内的电流为 I_0,电流在螺线管内激发的磁感应强度为 $\boldsymbol{B}_0$($B_0=\mu_0 n I_0$).而磁介质在磁场 $\boldsymbol{B}_0$ 中被磁化,从而使磁介质内的分子磁矩在磁场 $\boldsymbol{B}_0$ 的作用下作有规则排列[图 7-28(c)].从图 7-28(c)和图 7-28(d)中可以看出,在磁介质内部各处的分子电流总是方向相反,相互抵消,只在边缘上形成近似环形电流,这个电流称为磁化电流.

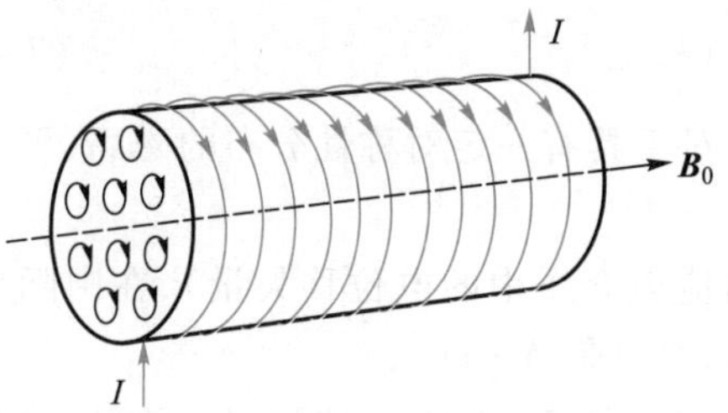

(a)

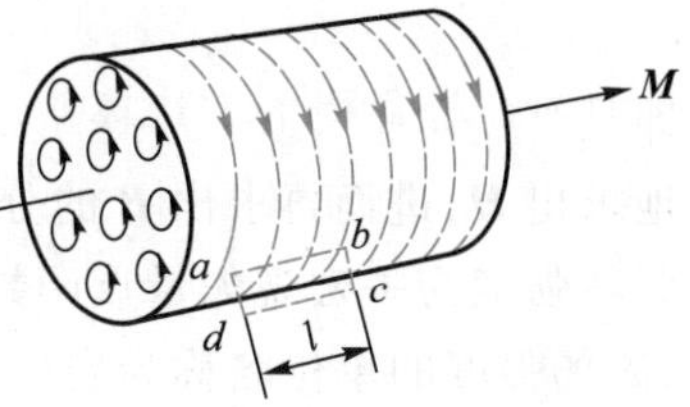

(b)

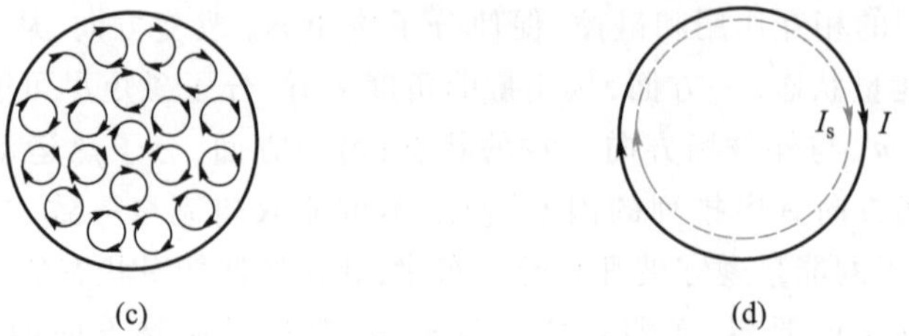

图 7-28 有磁介质时导出安培环路定理示意图

我们把圆柱形磁介质表面上沿柱体母线方向单位长度的磁化电流称为磁化电流面密度 I_s. 那么,在长为 L、截面积为 S 的磁介质里,由于被磁化而具有的磁矩值为 $\sum m=I_sLS$. 于是由磁化强度定义式(7-30)可得磁化电流面密度和磁化强度之间的关系为

$$I_s=M$$

若选取如图 7-28(b)所示的 $abcda$ 矩形闭合环路,设 $ab=l$,那么磁化强度沿此环路的积分为

$$\oint \boldsymbol{M}\cdot \mathrm{d}\boldsymbol{l}=\int_a^b \boldsymbol{M}\cdot \mathrm{d}\boldsymbol{l}=M|ab|=Ml=I_sl \tag{7-33}$$

此外,对 $abcda$ 环路 $\boldsymbol{B}$ 的环路定理写为

$$\oint \boldsymbol{B}\cdot \mathrm{d}\boldsymbol{l}=\mu_0\sum(I_0+I_s)$$

其中 $\sum(I_0+I_s)$ 表示环路所包围线圈流过的传导电流与磁化电流之和,由式(7-33)知 $\sum I_s=I_sl=\oint \boldsymbol{M}\cdot \mathrm{d}\boldsymbol{l}$,代入上式得

$$\oint \boldsymbol{B}\cdot \mathrm{d}\boldsymbol{l}=\mu_0\sum\left(I_0+\oint \boldsymbol{M}\cdot \mathrm{d}\boldsymbol{l}\right)$$

整理得

$$\oint\left(\frac{\boldsymbol{B}}{\mu_0}-\boldsymbol{M}\right)\cdot \mathrm{d}\boldsymbol{l}=\sum I_0$$

引入辅助性矢量 $\boldsymbol{H}$,称为磁场强度,令

$$\boldsymbol{H}=\frac{\boldsymbol{B}}{\mu_0}-\boldsymbol{M} \tag{7-34}$$

则上式变为

$$\oint \boldsymbol{H}\cdot \mathrm{d}\boldsymbol{l}=\sum I_0 \tag{7-35}$$

上式即是有磁介质时的安培环路定理,对于具有一定对称性分布的磁场,可用其方便地求出 $\boldsymbol{H}$,进而再求出 $\boldsymbol{B}$ 的分布.

磁场强度为一宏观矢量点函数(对应电介质中的电位移矢量),在国际单位制中,磁场强度的单位名称为安培每米,符号是 $\mathrm{A}\cdot\mathrm{m}^{-1}$;

满足 $\boldsymbol{M}\propto\boldsymbol{H}$ 的磁介质称为线性磁介质,即 $\boldsymbol{M}=\kappa\boldsymbol{H}$,$\kappa$ 是量纲一的量,称为磁介质的磁化率,它随磁介质的性质而异. 将上式代入 $\boldsymbol{H}$ 的定义式可得

$$H=\frac{B}{\mu_0}-M=\frac{B}{\mu_0}-\kappa H$$

$$B=\mu_0(1+\kappa)H$$

若令 $\mu_r=(1+\kappa)$，μ_r 称为磁介质的相对磁导率，则上式可写为

$$B=\mu_0\mu_r H \tag{7-36}$$

令 $\mu=\mu_0\mu_r$，称 μ 为磁导率，则上式变为

$$B=\mu H$$

在真空条件下，$M=0$，因此 $\mu_r=1$，$B=\mu_0 H$. 实验表明，对于顺磁质，其 $\kappa>0$，故 $\mu_r>1$. 对抗磁质来说，$\kappa<0$，故 $\mu_r<1$. 表 7-1 给出了部分顺磁质和抗磁质的磁化率的实验值.

表 7-1 几种顺磁质和抗磁质的磁化率的实验值

(27 ℃，气压为 1.013×10^5 Pa)

顺磁质	κ	抗磁质	κ
氧	2.09×10^{-6}	氮	-5.0×10^{-9}
铝	2.3×10^{-5}	铜	-9.8×10^{-6}
钨	6.8×10^{-5}	铅	-1.7×10^{-5}
钛	7.06×10^{-5}	汞	-2.9×10^{-5}

可以看出，顺磁质和抗磁质是两种磁质，它们的磁化率都比较小，它们的相对磁导率与真空相对磁导率十分接近. 因此他们对电流的磁场产生微弱的影响，一般可以忽略.

思考题

7-1 两根截面不相同而材料相同的金属导体串接在一起，如图所示，两端加一定电压. 问通过这两根导体的电流密度是否相同？

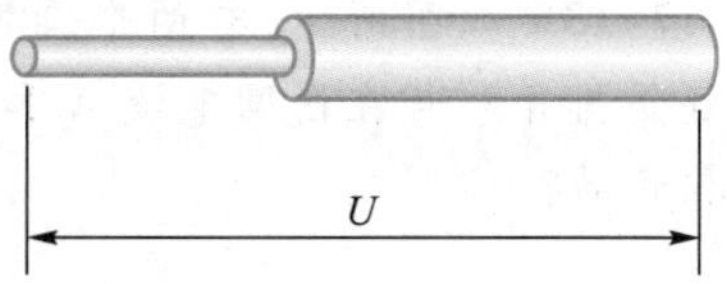

思考题 7-1 图

7-2 一正电荷在磁场中运动，已知其速度沿着 x 轴方向，若它在磁场中所受力有下列几种情况，试指出各种情况下磁感应强度 B 的方向.

(1) 电荷不受力；

(2) $\boldsymbol{F}$ 的方向沿 z 轴方向，且此时磁力的值最大；

(3) $\boldsymbol{F}$ 的方向沿 $-z$ 轴方向，且此时磁力的值是最大值的一半.

7-3 试说出有关电流元 $I\mathrm{d}\boldsymbol{l}$ 激发磁场 $\mathrm{d}\boldsymbol{B}$ 与电荷元激发电场 $\mathrm{d}\boldsymbol{E}$ 有何异同.

7-4 如果一带电粒子作匀速直线运动通过某区域,是否能断定该区域的磁场为零?

7-5 方程 $\boldsymbol{F}=q\boldsymbol{v}\times\boldsymbol{B}$ 中的三个矢量,哪些矢量始终是正交的,哪些矢量之间可以成任意角度?

7-6 为什么当磁铁靠近电视的屏幕时会使图像变形?

7-7 在载有电流的圆形回路中,回路平面内各点磁感应强度的方向是否相同?回路内各点的 B 是否均匀?

7-8 一个半径为 R 的假想球面中心有一运动电荷,问:

(1) 球面上哪些点的磁场最强?

(2) 球面上哪些点的磁场为零?

(3) 穿过球面的磁通量是多少?

7-9 有两“无限长”的平行载流直导线,电流的流向相同.如果取一平面垂直这两根导线,此平面上的磁感线分布大致是怎样的?

7-10 电流分布如图所示,图中有三个环路 1、2 和 3.磁感应强度沿其中每一个环路的线积分各为多少?

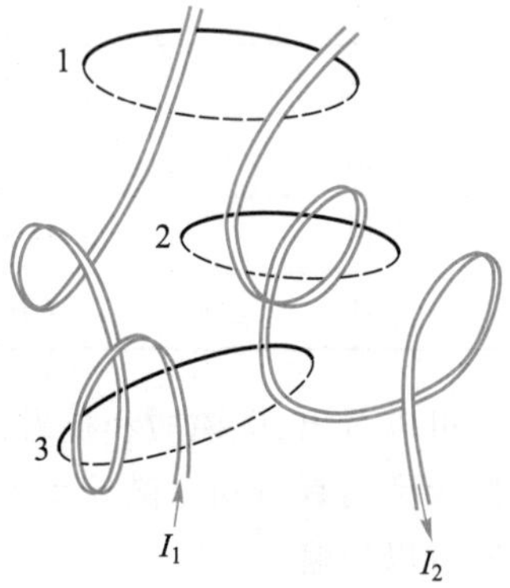

思考题 7-10 图

7-11 在下面三种情况下,能否用安培环路定理来求磁感应强度?为什么?

(1) 有限长载流直导线产生的磁场;(2) 圆电流产生的磁场;(3) 两无限长同轴载流圆柱面之间的磁场.

7-12 在一均匀磁场中,两个面积相等,通有相同电流的线圈,一个是三角形,一个是圆形,这两个线图所受的磁力矩是否相等?所受的最大磁力矩是否相等?所受磁力的合力是否相等?两线圈的磁矩是否相等?当它们在磁场中处于稳定位置时,由线圈中电流所激发的磁场的方向与外磁场的方向是相同、相反还是相互垂直?

7-13 如图所示,有两个圆电流 A 和 B 平行放置,这两个圆电流间是吸引还是排斥?若在两圆电流 A 和 B 之间放置一平行的圆电流 C,这个圆电流如何运动?

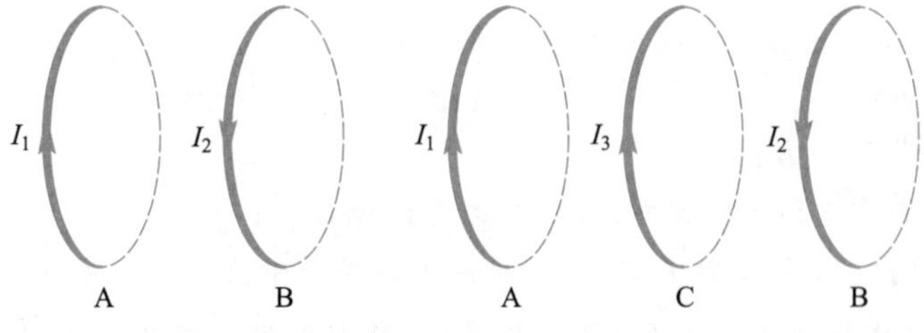

思考题 7-13 图

7-14 一有限长的载流直导线在均匀磁场中沿着磁感线移动，磁力对它是否总是做功？什么情况下磁力做功？什么情况下磁力不做功？

7-15 如图所示，一对正、负电子同时在同一点射入一均匀磁场中，已知它们的速率分别为 $2v$ 和 v，都和磁场垂直，指出它们的偏转方向；经磁场偏转后，哪个电子先回到出发点？

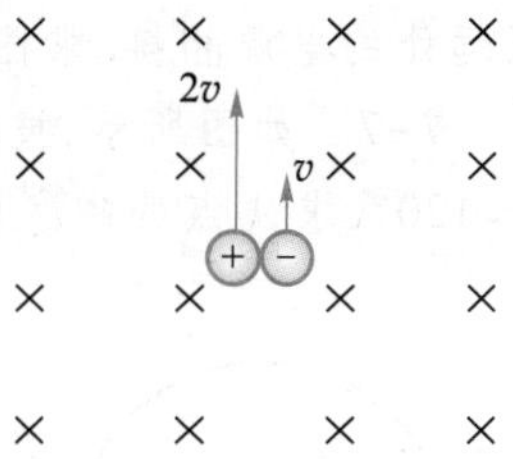

思考题 7-15 图

习题

7-1 空间某点的磁感应强度 B 的方向，一般可以用下列几种办法来判断，其中哪个是错误的？（ ）

(A) 小磁针北极(N)在该点的指向.

(B) 运动正电荷在该点所受最大的力与其速度的矢积的方向.

(C) 电流元在该点不受力的方向.

(D) 载流线圈稳定平衡时，磁矩在该点的指向.

7-2 根据磁场的高斯定理：$\oint \boldsymbol{B}\cdot \mathrm{d}\boldsymbol{S}=0$，下面的叙述正确的是（ ）

a. 穿入闭合曲面的磁感线条数必然等于穿出的磁感线条数；

b. 穿入闭合曲面的磁感线条数不等于穿出的磁感线条数；

c. 一根磁感线可以终止在闭合曲面内；

d. 一根磁感线可以完全处于闭合曲面内.

(A) ad (B) ac (C) cd (D) ab

7-3 一载有电流 I 的细导线分别均匀密绕在半径为 R 和 r 的两个长直圆管上形成两个螺线管 $(R=2r)$，两螺线管单位长度上的匝数相等. 两螺线管中的磁感应强度大小应满足：（ ）

(A) $B_R=2B_r$. (B) $B_R=B_r$. (C) $2B_R=B_r$. (D) $B_R=4B_r$.

7-4 取一闭合积分回路 L，使三根载流导线穿过它所围成的面. 现改变三根导线之间的相互间隔，但不越出积分回路，则（ ）

(A) 回路 L 内的 $\sum I$ 不变，L 上各点的 B 不变.

(B) 回路 L 内的 $\sum I$ 不变，L 上各点的 B 改变.

(C) 回路 L 内的 $\sum I$ 改变，L 上各点的 B 不变.

(D) 回路 L 内的 $\sum I$ 改变，L 上各点的 B 改变.

7-5 有两个同轴导体圆柱面，它们的长度均为 20 m，内圆柱面的半径为 3.0 mm，外圆柱面的半径为 9.0 mm. 若两圆柱面之间有 10 μA 电流沿径向流过，求通过半径为 6.0 mm 的圆柱面上的电流密度.

7-6 如图所示，有两根导线沿半径方向连接到一金属环的 a、b 两点，并与很远处的电源相接. 求图中环心 O 处的磁场.

7-7 如图所示,被折成钝角的长导线中通有 $I=20$ A 的电流,其 $d=5$ cm, $\alpha=120°$,求 A 点的磁感应强度.

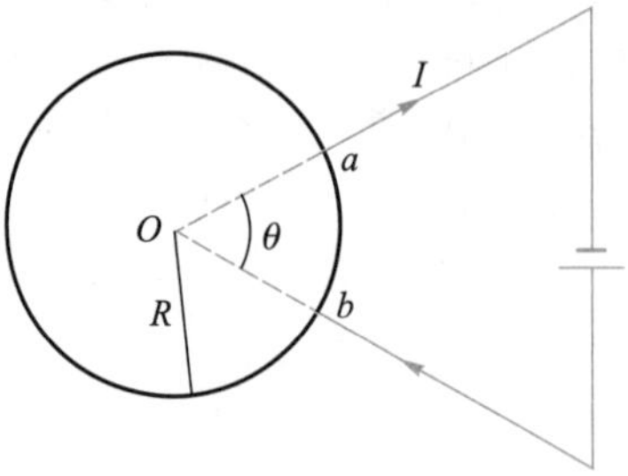

习题 7-6 图

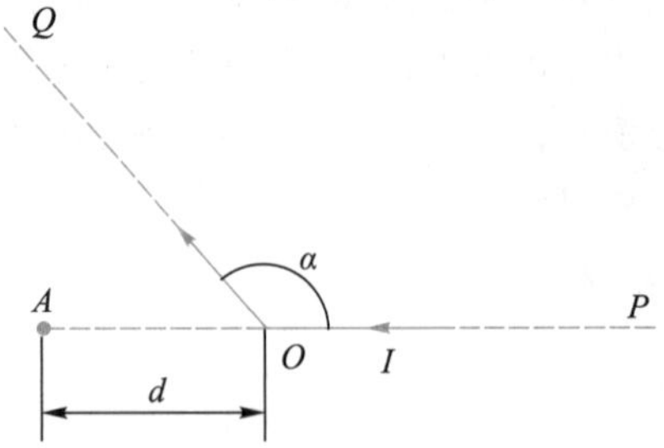

习题 7-7 图

7-8 载流导线形状如图所示(图中直线部分导线延伸到无穷远),求 O 点的磁感应强度 B.

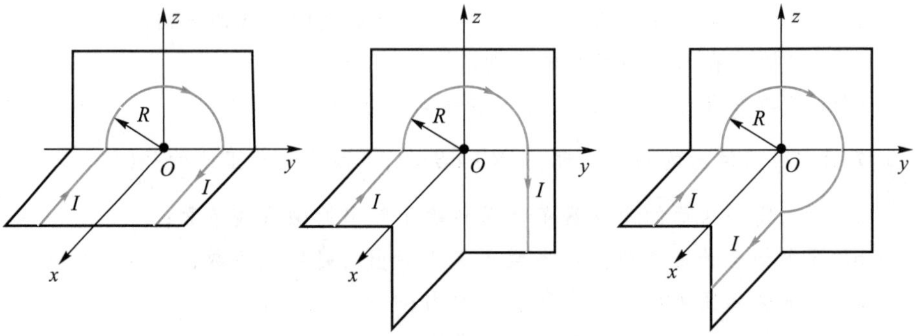

(a) (b) (c)

习题 7-8 图

7-9 如图所示,载流长直导线的电流为 I,试求通过矩形面积的磁通量.

7-10 将半径为 R 的无限长导体薄壁管(厚度不计)沿轴向割去一宽度为 $h(h\ll R)$ 的无限长狭缝后,再沿轴向均匀地流有电流,其面电流密度为 i,求管轴线上的磁感应强度.

7-11 有一无限长通电的扁平铜片,宽度为 a,厚度不计,电流 I 在铜片上均匀分布,求铜片外与铜片共面、离铜片边缘为 d 的点 P 处(如图所示)的磁感应强度.

7-12 强度为 I 的电流均匀流过 1/4 圆环形带状导体(厚度不计),如图所示,内半径为 R_1,外半径为 R_2,求圆心处的磁感应强度. $\left(\text{提示:电流沿半径均匀分布 } \mathrm{d}I=\dfrac{I}{R_2-R_1}\mathrm{d}r.\right)$

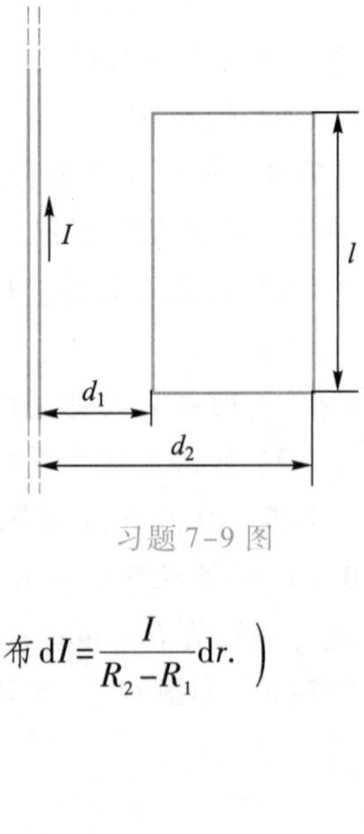

习题 7-9 图

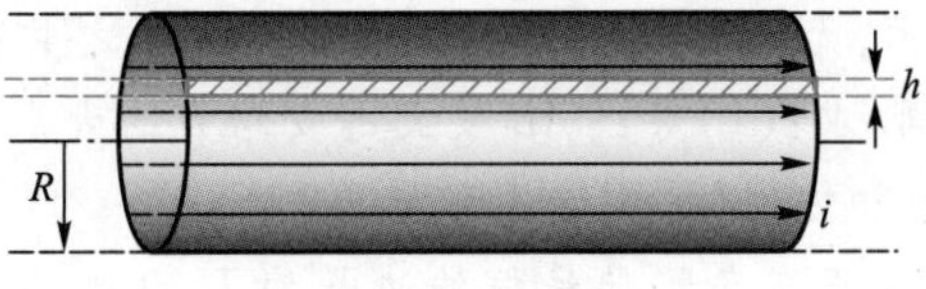

习题 7-10 图

7-13 在半径 $R=1$ cm 的“无限长”半圆柱形金属薄片中，有电流 $I=5$ A 自下而上通过，如图所示，试求圆柱轴线上一点 P 处的磁感应强度.

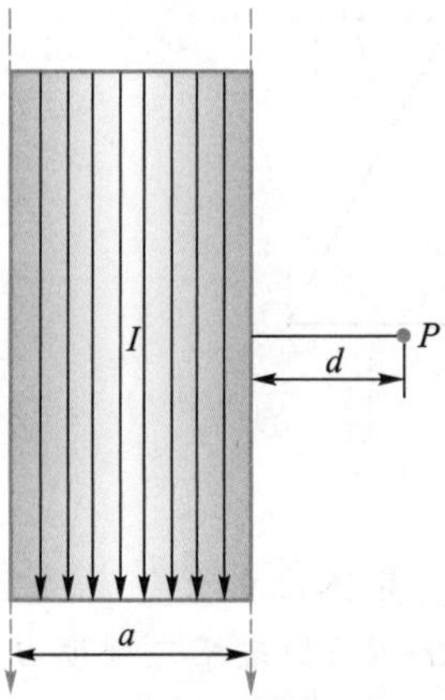

习题 7-11 图

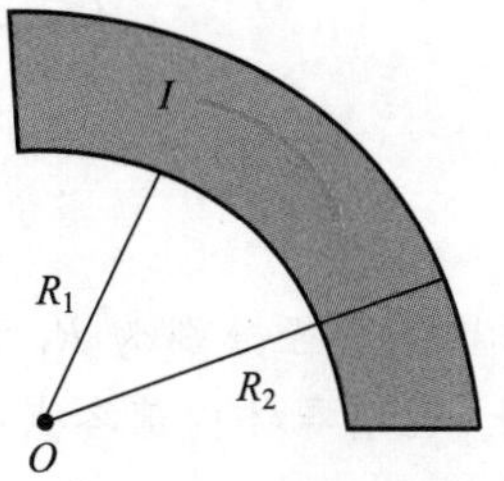

习题 7-12 图

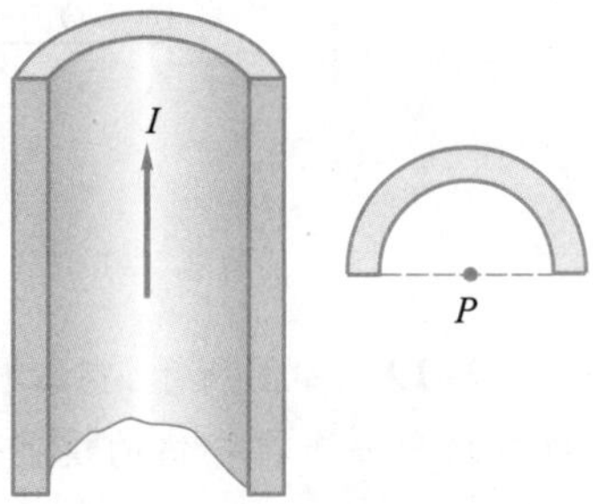

习题 7-13 图

7-14 半径为 R 的非导体球面均匀带电，电荷面密度为 σ. 球面以过球心的直线为轴旋转，角速率为 ω，求球心的磁场 B 的大小.

7-15 边长为 0.5 m 的正方体放在 0.6 T 的均匀磁场中，磁场方向平行于正方体的一边（如图所示的 x 轴）. 折线导线段 $abcdeO$ 通有 $I=4$ A 的电流，方向如图所示. 求 ab、bc、cd、de 及 eO 各段所受的安培力的大小和方向.

7-16 如图所示，一根长直导线载有电流 I_1，矩形回路载有电流 I_2. 计算作用在回路上的合力.

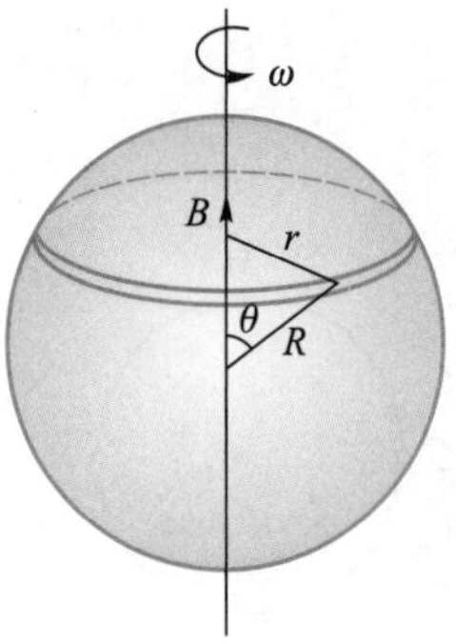

习题 7-14 图

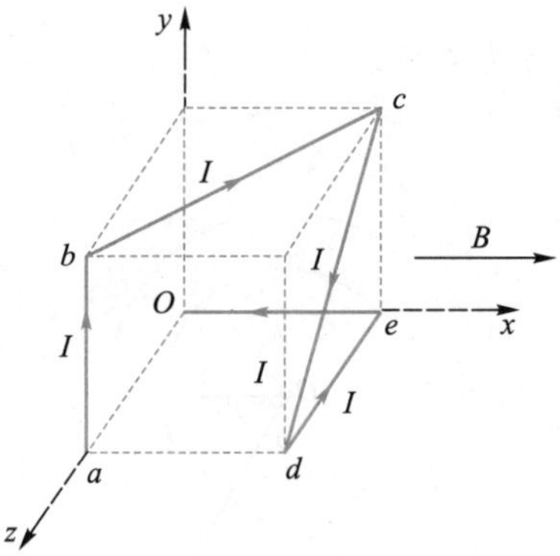

习题 7-15 图

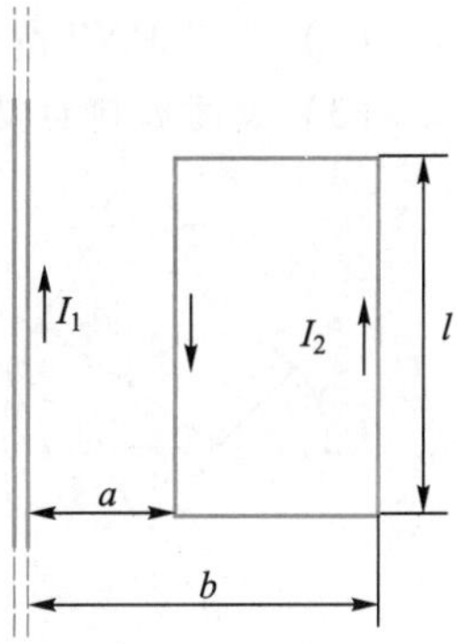

习题 7-16 图

7-17 如图所示,无限长载流直导线旁放置一与之共面的导线 ABC,导线 AB 和 BC 的长度相同. 求:(1) 导线 AB 受到的安培力的大小和方向;(2) 导线 BC 受到的安培力的大小和方向(方向在图中标出).

7-18 如图所示,正三角形导线框的边长为 L,电阻均匀分布. 求线框中心 O 点处的磁感应强度.

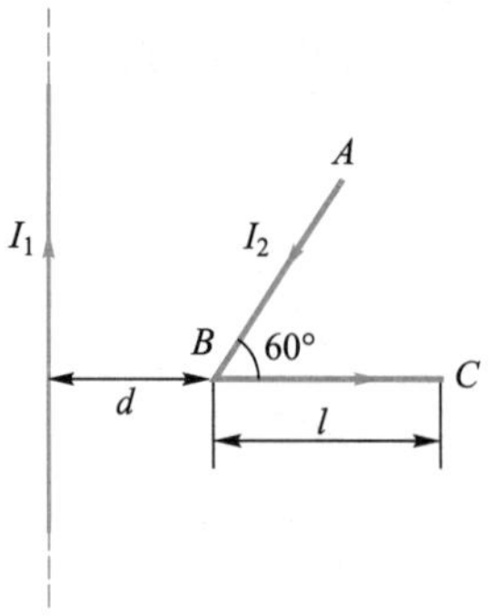

习题 7-17 图

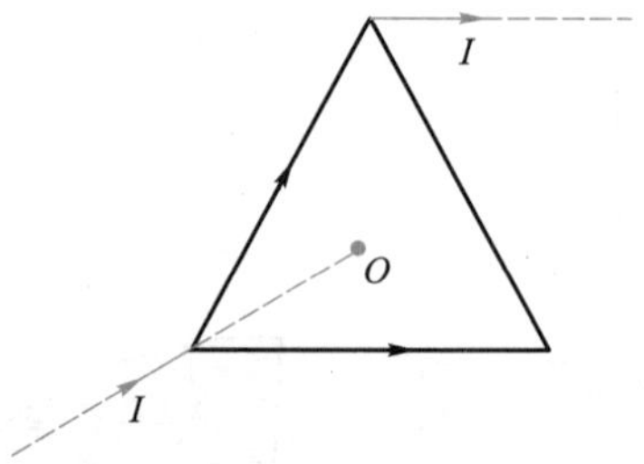

习题 7-18 图

7-19 如图所示,空心柱形导体半径分别为 R_1 和 R_2,导体内通有电流,设电流均匀分布在导体的横截面上. 证明导体内部各点($R_1<r<R_2$)的磁感应强度 B 由下式给出:$\dfrac{\mu_0 I}{2\pi(R_2^2-R_1^2)}\dfrac{r^2-R_1^2}{r}$.

7-20 同轴电缆由一导体圆柱和一同轴导体圆筒构成. 使用时电流 I 从一导体流去,从另一导体流回,电流都是均匀地分布在横截面上. 设圆柱的半径为 R_1,圆筒的半径分别为 R_2 和 R_3(如图所示),以 r 代表场点到轴线的距离,求 r 从 0 到 ∞ 的范围内的磁场 B 的大小.

7-21 半径 $R=0.2$ m、电流 $I=10$ A 的圆形线圈位于 $B=1$ T 的均匀磁场中,线圈平面与磁场方向垂直(见图),线圈为刚性,且无其他力作用.

(1) 求线圈 M、N、P、Q 各处 1 cm 长电流元所受的力(1 cm 长电流元近似看成直线段).

(2) 半圆 MNP 所受合力如何?

(3) 线圈如何运动?

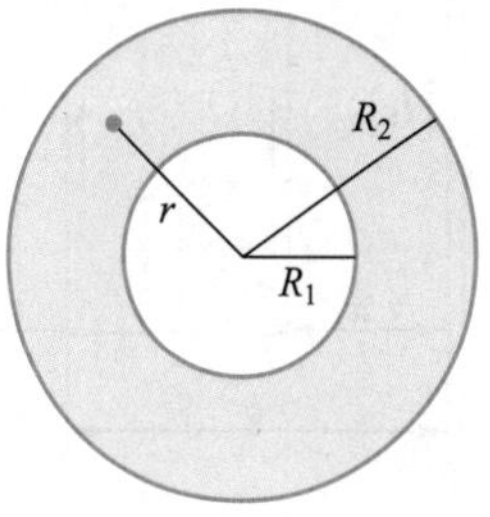

习题 7-19 图

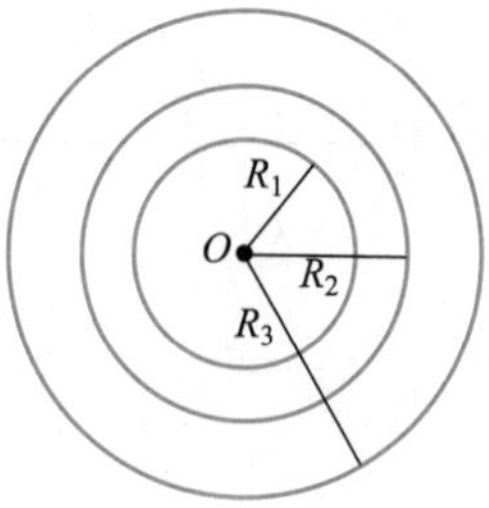

习题 7-20 图

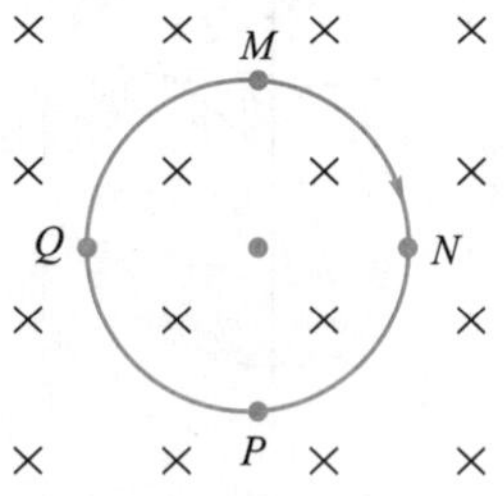

习题 7-21 图

7-22 在半径为 R 的无限长金属圆柱内挖去一个半径为 r 的“无限长”圆柱体(见图),柱轴线平行,轴间距离为 a. 在此空心导体上通以沿截面均匀分布的电流 I. 试证空心部分为均匀磁场,并写出 B 的表达式.

7-23 一根很长的铜导线,载有电流 10 A,在导线内部通过中心线作一平面 S,如图所示,试计算通过导线中 1 m 长的 S 平面内的磁感应通量.

7-24 将一电流均匀分布的无限大载流平面放入磁感应强度为 B_0 的均匀磁场中,电流方向与磁场垂直,放入后,平面两侧磁场的磁感应强度分别为 B_1 和 B_2(如图所示),求该载流平面上单位面积所受的磁场力的大小和方向.

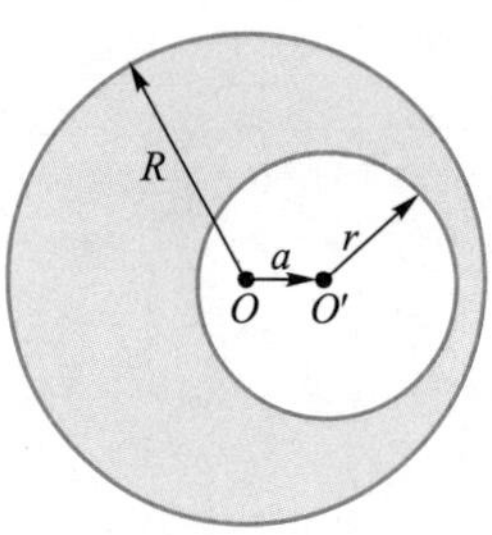

习题 7-22 图

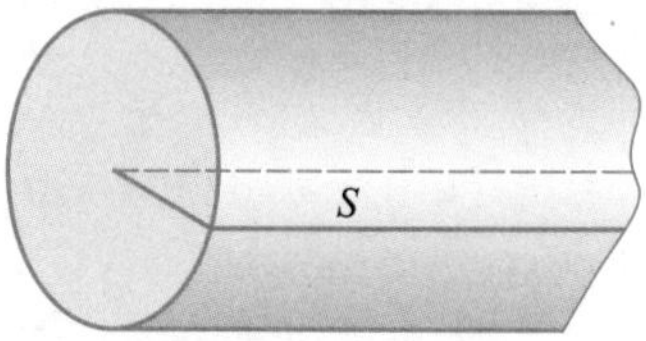

习题 7-23 图

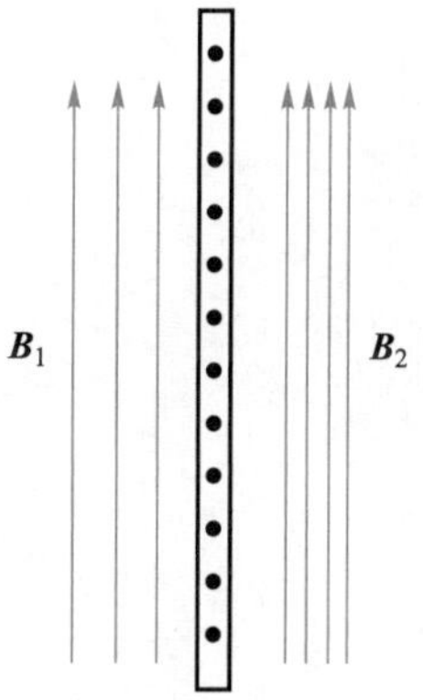

习题 7-24 图

7-25 半径 $R=0.10$ m、电流 $I=10$ A 的半圆形闭合线圈放在 $B=0.5$ T 的均匀外磁场中,磁场方向与线圈平面平行(见图).

(1) 求线圈所受磁力矩的大小和方向;

(2) 线圈在磁力矩作用下转了 90°(即转到线圈平面与 R 垂直),求磁力矩所做的功.

7-26 图示为测定离子质量所用的装置,离子源 S 产生一质量为 m、电荷量为 $+q$ 的离子,离子从离子源出来时的速度很小,可以看成是静止的,离子经电势差 U 加速后进入磁感应强度为 B 的均匀磁场,在这磁场中,离子沿半圆周运动后射到离入口缝隙 x 远处的感光底片上,并予以记录,试证明离子的质量 m 为 $m=\frac{B^2q}{8U}x^2$.

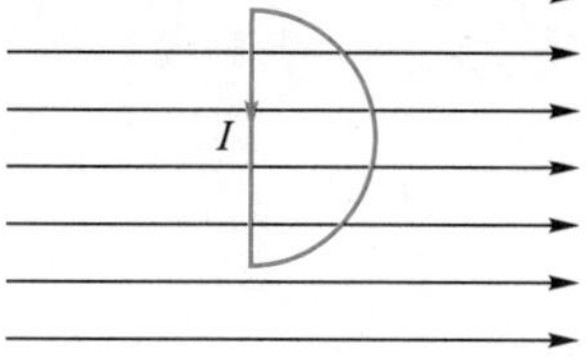

习题 7-25 图

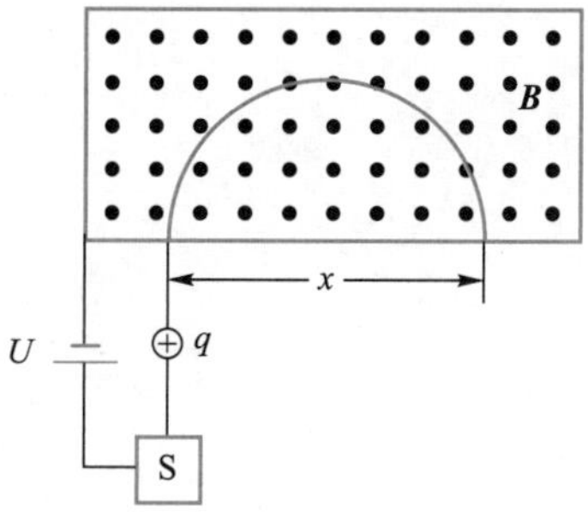

习题 7-26 图

第八章

电磁感应和电磁场

1820 年奥斯特发现电流的磁现象之后，英国实验物理学家法拉第即于 1821 年重复了奥斯特和安培的实验，并对棒的一极绕载流导线旋转进行了研究，法拉第和奥斯特一样，也笃信自然力的统一，1824 年他提出了“磁能否生电”的设想.经过 7 年的努力，法拉第发现了电磁感应现象.后经诺埃曼、麦克斯韦等人的工作，给出了电磁感应定律的数学表达式，电磁感应现象的发现，不仅阐明了变化的磁场能够激发电场这一关系，还进一步揭示了电与磁之间的内在联系，为麦克斯韦电磁场理论的建立奠定了坚实的基础，促进了电磁理论的发展.电磁感应的发现奠定了现代电工技术的基础，标志着新的技术革命和工业革命即将到来.

本章主要内容包括：在电磁感应现象的基础上讨论电磁感应定律，以及动生电动势和感生电动势，自感和互感，磁场的能量.

8.1 电磁感应定律

一、电磁感应现象

法拉第简介

法拉第（Michael Faraday，1791—1867），伟大的英国物理学家和化学家.他创造性地提出场的思想，磁场这一名称是法拉第最早引入的，法拉第是电磁理论的创始人之一，于 1831 年发现电磁感应现象，后来又相继发现电解定律，物质的抗磁性和顺磁性，以及光的偏振面在磁场中旋转等重要物理现象.

法拉第

电磁感应现象发现的历史

1819 年，奥斯特通过电流磁效应实验说明电流在其周围激发磁场，这使人们很自然地想到：磁场是否也会引起电流呢？也就是所谓的“磁生电”问题.这个问题提出以后，一大批知名物理学家（如安培、菲涅耳、科拉顿等）都投身于“磁生电”的研究中.1820 年 10 月，菲涅耳向法国科学院报告说，他将磁铁放入螺线管内，使螺线管中产生的电流分解了水，并宣称已成功地把磁转化为电了.但这一重要发现很快被其他人的重复试验否定.1821 年，安培进行了“同心线圈”实验，他把一个铜质圆形线圈悬挂在另一个固定在绝缘支架上的、稍大的多匝铜线圈的里面[如图 8-1(a)所示]，安培认为，只要固定线圈中通有持续的强大电流，悬挂线圈就会产生电流.产生电流的悬挂线圈相当于一块磁铁，只要用一块磁铁靠近它，悬挂线圈就会转动.由于安培只在稳态情况下进行实验，所以没有观察到他预想的结果.

电磁感应现象的发现

电流的磁效应发现

同时期，瑞士科学家科拉顿用一个线圈和电流计连成一个闭合电路，为了使磁铁不影响电流计的小指针，他把线圈和电流计分别放在两个房间里.他一次次地将磁棒插入或抽出线圈，然后迅速跑到隔壁房间去观察电流计指针的偏转，然而没观察到任何结果.1824 年，阿拉果即将一个铜圆盘装在一根垂直轴上，让它自由旋转，再在铜盘上方自由悬挂一根磁针，如图 8-1(b)所示.阿拉果发现，当铜盘旋转时，磁针跟着旋转但稍有滞后；当磁针旋转时，铜盘也会跟着旋转，同样铜盘也稍有滞后. 这一现象在当时无法解释.

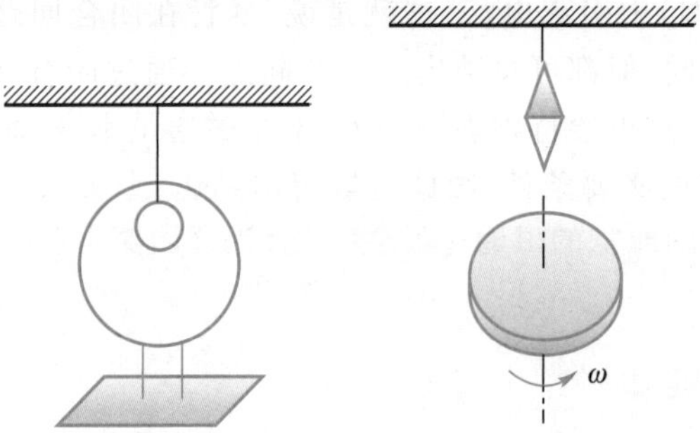

(a) “同心线圈”示意图 (b) “圆盘实验”示意图

图 8-1 实验示意图

1825 年，法拉第将导线和电流计连接起来构成一个闭合电路，并在闭合电路附近放置一连接电池的导线回路，观察电流计指针的偏转，以判断和电流计连接的闭合电路中是否产生了电流，但实验结果是否定的. 1828 年，他重做了安培的“同心线圈”实验同样没有观察到“磁生电”的现象. 1831 年 8 月 29 日，法拉第在人类历史上首次发现，处在随时间变化的电流附近的闭合回路中有感应电流产生.

如图 8-2 所示，在软铁环形铁芯上绕两个彼此用布隔开的线圈 A 和 B，线圈 A 与开关 S 和电源连接，线圈 B 与一只电流计 G 相连组成闭合电路. 当线圈 A 所在回路的开关接通或断开的瞬时，线圈 B 连接的电流计指针都会发生偏转，并且这两种情况下的电流方向相反. 但导线继续接着电源时，这种效应却不继续存在，电流计指针回到平衡位置；取一图 8-3 所示的线圈，把它的两端和一电流计 G 连成一闭合回路，若将一磁铁插入线圈或从线圈中拔出，或者磁铁不动，线圈向着(或背离)磁铁运动，即两者发生相对运动时，电流计的指针都将发生偏转，电流计指针的偏转方向与两者的相对运动情况有关. 这些实验使法拉第意识到这就是他寻找了十年的“磁生电”现象，并且他进一步意识到这是一种瞬时效应(暂态过程). 接下来法拉第做了各种各样的实验都证明了“磁生电”的现象.

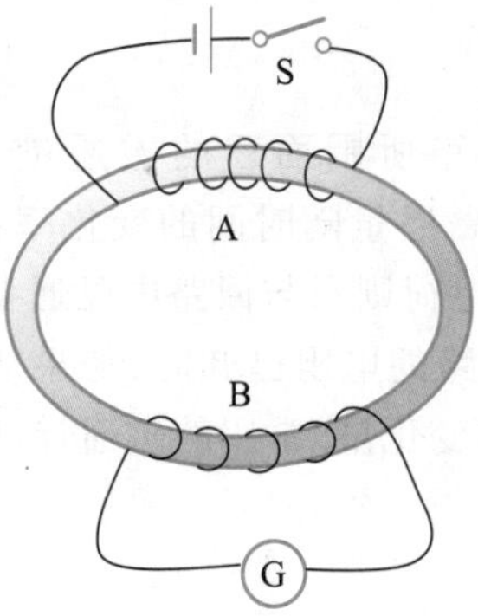

图 8-2 开关 S 闭合或断开的瞬时，电流计指针发生偏转

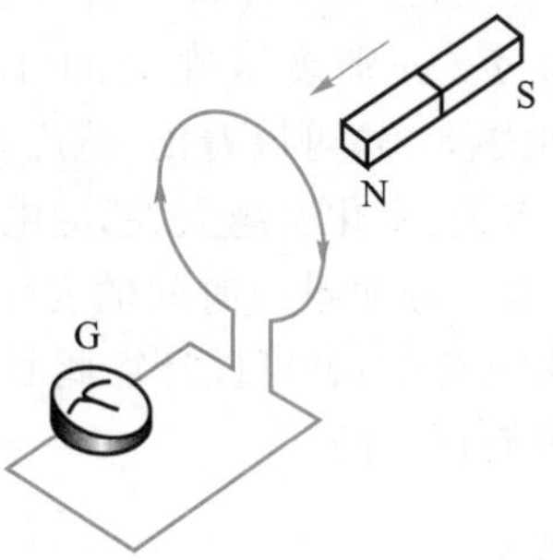

图 8-3 磁棒插入线圈时电流计发生偏转

从上述实验可以看出，闭合回路（或线圈）保持不动闭合回路（或线圈）中的磁场发生变化，或者是磁场保持不变闭合回路（或线圈）在磁场中运动，都可以在闭合回路（或线圈）中引起电流，这就是说，尽管在闭合回路（或线圈）中引起电流的方式有所不同，但都可总结出一个共同点即通过闭合回路（或线圈）的磁通量都发生了变化. 这里要特别强调一下，不是磁通量本身，而是磁通量的变化，才是引发感应电流的必要条件，因此可以得出结论：不论用什么方法，当穿过一个闭合导体回路所围面积的磁通量发生变化，闭合回路中就产生电流. 这种现象就叫电磁感应.

二、电磁感应定律

根据上述讨论，电磁感应定律可表述为：当穿过一个闭合导体回路所围面积的磁通量发生变化时，不论这种变化是什么原因引起的，回路中都将建立起感应电动势，以符号 $\mathscr{E}$ 表示. 并且感应电动势 $\mathscr{E}$ 的大小与穿过该回路的磁通量的变化率成正比. 数学表示为：

$$\mathscr{E}=k\frac{\mathrm{d}\Phi}{\mathrm{d}t} \tag{8-1}$$

k 为比例常量，在国际单位制之中，$\mathscr{E}$ 的单位为 V（伏特），实验测得 $k=-1$.

需要指出的是，由于 $\boldsymbol{\Phi}$ 是穿过回路所围面积的磁通量. 如果回路是由 N 匝密绕线圈组成，而穿过每匝线圈的磁通量都等于 $\boldsymbol{\Phi}$，那么通过 N 匝密绕线圈的磁通匝数则为 $\boldsymbol{\Psi}=N\boldsymbol{\Phi}$，$\boldsymbol{\Psi}$ 也称为磁链，因此，电磁感应定律就可写成

$$\mathscr{E}=-\frac{\mathrm{d}\Psi}{\mathrm{d}t} \tag{8-2}$$

如果闭合回路的电阻为 R，那么根据闭合回路的欧姆定律 $\mathscr{E}=IR$，则回路中的感应电流为

$$I_{\mathrm{i}}=-\frac{1}{R}\frac{\mathrm{d}\Phi}{\mathrm{d}t} \tag{8-3}$$

利用上式以及 $I=\dfrac{\mathrm{d}q}{\mathrm{d}t}$，可计算出在时间间隔 $\Delta t=t_2-t_1$ 内，由于电磁感应而流过回路的电荷：

$$q=\int_{t_1}^{t_2}I\mathrm{d}t=-\frac{1}{R}\int_{\Phi_1}^{\Phi_2}\mathrm{d}\Phi=\frac{1}{R}(\Phi_1-\Phi_2) \tag{8-4}$$

其中 Φ_1 和 Φ_2 分别表示在 t_1 和 t_2 时刻穿过回路所围面积的磁通量，比较式（8-2）和式（8-3）可以看出，感应电流与回路中磁通量随时间的变化率（即变化的快慢）有关，变化率越大，感应电流越强；感应电荷则只与回路中磁通量的变化量有关，而与磁通量随时间的变化率无关. 当回路的电阻已知时，如果从实验中测出感生电荷量，就可以计算此回路内磁通量的变化量. 常用的磁通计就是根据这个原理而设计的.

三、楞次定律

法拉第电磁感应定律只给出了感应电动势 $\mathscr{E}$ 的大小与磁通变化率的关系，

但电动势这一物理量不仅只有大小，同时还具有正负以及方向性. 1833 年，楞次在法拉第的工作基础上，对大量电磁感应实验进行了概括总结，得出判断感应电流方向的规律，即楞次定律.

为分析方便，规定回路的绕行方向与回路的正法线 $\boldsymbol{e}_n$ 的方向之间的关系遵守右手螺旋定则（如图 8-4 所示）. 回路中的感应电动势取负值（即 $\mathscr{E}<0$）时，感应电动势的方向与回路绕行方向相反；若感应电动势取正值（即 $\mathscr{E}>0$）时，感应电动势的方向与回路的绕行方向相同. 下面我们根据上述规定来具体确定感应电动势的正负值. 如图 8-5(a) 所示，选取回路的绕行方向为顺时针方向，当磁铁的 N 极插入线圈时，线圈的正法线 $\boldsymbol{e}_n$ 的方向与磁感应强度 $\boldsymbol{B}$ 的方向一致，所以穿过线圈所包围面积的磁通量为正值，即 $\Phi>0$. 当磁铁插入线圈时，穿过线圈的磁通量增加，故磁通量随时间的变化率 $\dfrac{\mathrm{d}\Phi}{\mathrm{d}t}>0$. 由式(8-1)可知，$\mathscr{E}<0$，即线圈中的感应电动势的方向与回路的绕行方向相反，线圈中感应电流所激发的磁场与 $\boldsymbol{B}$ 的方向相反，它阻碍磁铁向线圈运动.

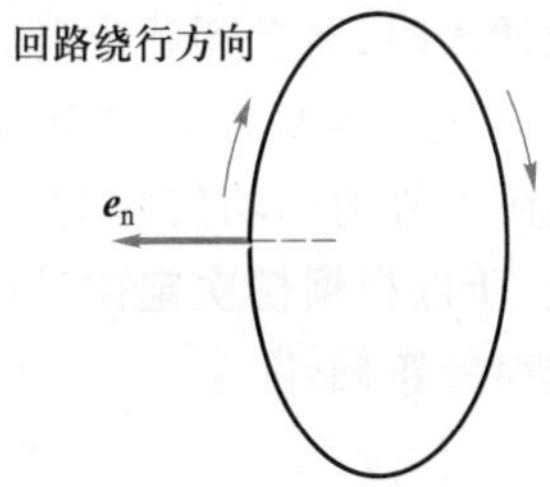

图 8-4 回路的绕行方向与其正法线方向

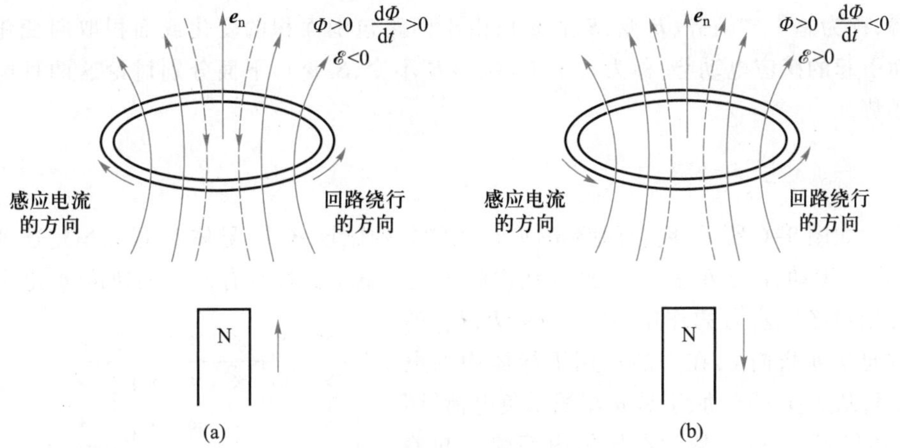

图 8-5 感应电动势及感应电流的方向

当磁铁从线圈中抽出时，如图 8-5(b) 所示，穿过线圈的磁通量虽仍为正值，即 $\Phi>0$，但因磁铁是从线圈中抽出，所以穿过线圈的磁通量将减少，故有 $\dfrac{\mathrm{d}\Phi}{\mathrm{d}t}<0$. 由式(8-1)可知，感应电动势 $\mathscr{E}>0$，感应电动势的方向与回路的绕行方向相同. 此时，感应电流所激发的磁场与 $\boldsymbol{B}$ 相同，它阻碍磁铁远离线圈运动，“阻碍”的含义是当磁通增加时，感应电流的磁通与原来磁通方向相反（阻碍它的增加）；当磁通减少时，感应电流的磁通与原来磁通方向相同（阻碍它的减少）. 综上所述，可以得到如下规律：当穿过闭合的导线回路所包围面积的磁通量发生变化时，回路中将会有感应电流,感应电流的方向总是使它自己的磁通抵偿或者反抗引起感应电流的磁通量的变化.这个规律称为楞次定律.

楞次定律实际上是符合能量守恒定律的一种体现,如图 8-4(a)所示,当 N 极插入时,要受到感应电流 I 的磁场的阻碍,此时必须有外力做功来反抗阻碍,从而使得 N 极插入线圈.以功能角度看,在整个过程中外力做功到哪里去了呢?实际上外力的功转化为产生的感应电流的焦耳热(电能),即机械能转化为电能.所以根据楞次定律设计的整个过程符合能量守恒定律,也反过来说明了楞次定律的正确性.

8.2 动生电动势和感生电动势

电磁感应定律表明,只要穿过闭合回路的磁通量发生变化,回路中就会产生感应电动势.但磁通量$\left(\Phi=\int \boldsymbol{B}\cdot \mathrm{d}\boldsymbol{S}\right)$变化的原因可以不同.由于穿过回路所围面积的磁通量是由磁感应强度、回路面积的大小以及面积在磁场中的取向等三个因素决定的,因此,只要这三个因素中任一因素发生变化,都可使磁通量变化,从而引起感应电动势.为便于区分,通常把由于磁感应强度变化而引起的感应电动势,称为感生电动势($\boldsymbol{B}$ 变,$\boldsymbol{S}$ 不变);由于回路包围面积的变化或面积取向变化而引起的感应电动势,称为动生电动势($\boldsymbol{B}$ 不变,$\boldsymbol{S}$ 变).下面分别讨论这两种电动势.

一、动生电动势

如图 8-6 所示,闭合回路 $abcd$,放入均匀的磁场 $\boldsymbol{B}$ 中,导体 bc 段以恒定速度 $\boldsymbol{v}$ 向右运动,$\boldsymbol{v}$ 与 $\boldsymbol{B}$ 垂直,因此导线内的每一个电子都将具有向右的速度 $\boldsymbol{v}$,电子要受到洛伦兹力的作用:$\boldsymbol{F}_{\mathrm{m}}=-e\boldsymbol{v}\times\boldsymbol{B}$,$\boldsymbol{F}_{\mathrm{m}}$ 的方向从 b 指向 c,在力的作用下导体中的电子将从 b 向 c 运动,于是 a 端积累负电荷,而 b 端积累正电荷,从而在导体内部建立起静电场.当作用在电子的静电场力与洛伦兹力相等时,b、c 两端便建立起稳定的电势差.这里非静电力是洛伦兹力,则非静电场的电场强度为

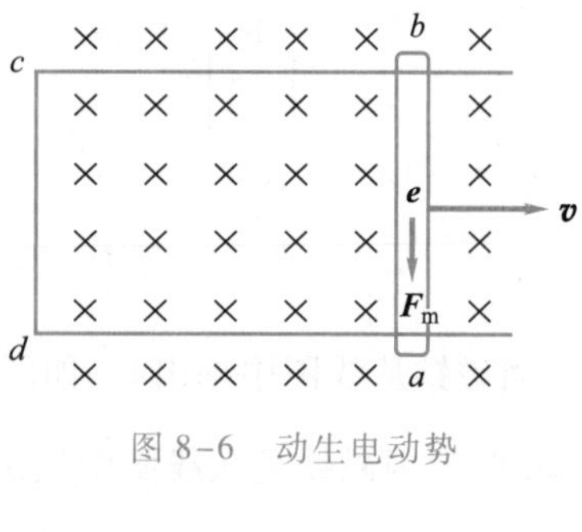

图 8-6 动生电动势

$$\boldsymbol{E}_{\mathrm{k}}=\frac{\boldsymbol{F}_{\mathrm{m}}}{-e}=\boldsymbol{v}\times\boldsymbol{B}$$

由于回路中的其他部分相对磁场是静止的,非静电场强度为零.根据电动势的值是非静电力对单位正电荷所做的功,所以 bc 段产生的动生电动势的值(绝对值)为

$$\mathscr{E}=\int_{ba}\boldsymbol{E}_{\mathrm{k}}\cdot\mathrm{d}\boldsymbol{l}=\int_{ba}\boldsymbol{v}\times\boldsymbol{B}\cdot\mathrm{d}\boldsymbol{l} \tag{8-5}$$

由于 $\boldsymbol{v}$ 与 $\boldsymbol{B}$ 垂直，并且 $\boldsymbol{v}\times\boldsymbol{B}$ 与 $\mathrm{d}\boldsymbol{l}$ 的方向一致，故上式为

$$\mathscr{E}=\int_0^l vB\mathrm{d}l=vBl$$

感应电动势的方向是从 b 指向 c（即正电荷运动的方向）. 在一般情况下，磁场可以是非均匀的，导线在磁场中运动时各部分的速度也可以不同，且 $\boldsymbol{v}$ 与 $\boldsymbol{B}$ 也可以不相互垂直，这时运动导线内总的动生电动势需要通过式(8-5)进行计算.

例 8.1 如图 8-7 所示，铜棒 OA 长 L，在垂直纸面向内的匀强磁场（磁感应强度为 $\boldsymbol{B}$）中，以角速度 ω 沿顺时针方向绕其一端 P 转动，求铜棒中动生电动势的大小和方向.

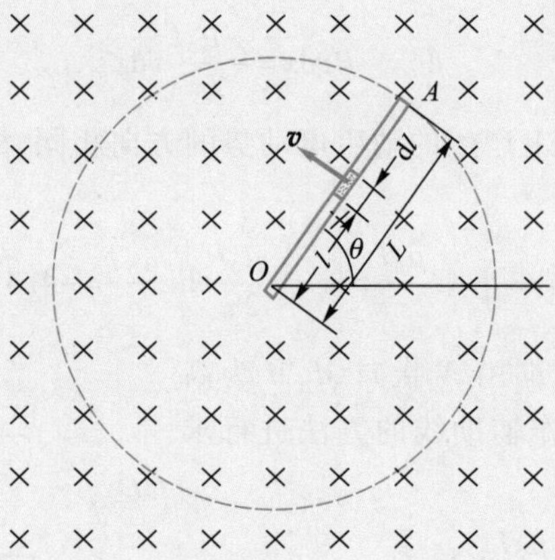

图 8-7

解法一：铜棒绕点 O 作匀速转动时，铜棒上各个点的速度不同. 在铜棒上距点 O 为 l 处取一小段线元 $\mathrm{d}\boldsymbol{l}$，其速度为 ωl，根据式(8-4)，$\mathrm{d}\boldsymbol{l}$ 两端的动生电动势为

$$\mathrm{d}\mathscr{E}=\boldsymbol{v}\times\boldsymbol{B}\cdot\mathrm{d}\boldsymbol{l}=Bv\mathrm{d}l=B\omega l\mathrm{d}l$$

而各个小线元上的感生电动势方向均相同，于是铜棒两端的感生电动势为

$$\mathscr{E}=\int_L\mathrm{d}\mathscr{E}=\int_L B\omega l\mathrm{d}l=\frac{1}{2}\omega BL^2$$

动生电动势的方向由 A 指向 O.

解法二：设铜棒在 $\mathrm{d}t$ 时间内所转过的角度为 $\mathrm{d}\theta$，则在这段时间内铜棒所切割的磁感线数等于它所扫过的扇形面积内所通过的磁通量 $\mathrm{d}\Phi=\frac{1}{2}BL^2\mathrm{d}\theta$，如图 8-7 所示，于是根据法拉第电磁感应定律有

$$|\mathscr{E}|=\frac{\mathrm{d}\Phi}{\mathrm{d}t}=\frac{1}{2}BL^2\frac{\mathrm{d}\theta}{\mathrm{d}t}=\frac{1}{2}BL^2\omega$$

例 8.2 如图 8-8 所示，一长直导线中通有电流$I=10$ A，有一长 $l=0.2$ m 的金属棒 MN，以 $v=2$ m/s 的速度平行于长直导线作匀速运动，棒的近导线端距导线 $a=0.1$ m，求金属棒中的动生电动势.

解：金属棒处在通电导线的非均匀磁场中，将金属棒分成很多长度元 dx，每一个 dx 处的磁场可看成是均匀的，磁感应强度大小 $B=\dfrac{\mu_0 I}{2\pi x}$.

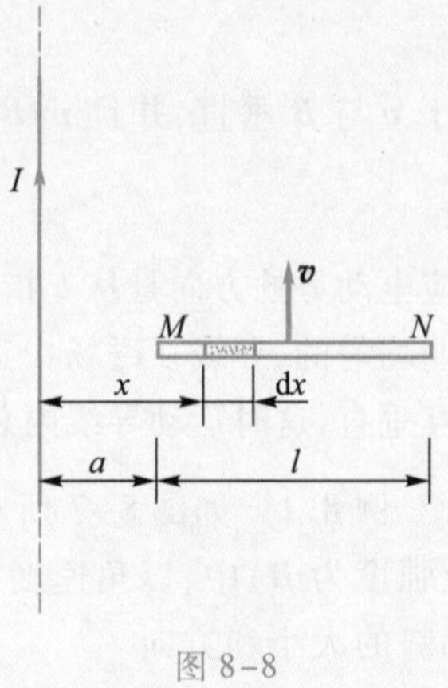

图 8-8

由动生电动势公式知 dx 小段上的动生电动势为

$$\mathrm{d}\mathscr{E}=-Bv\mathrm{d}x=-\frac{\mu_0 I}{2\pi x}v\mathrm{d}x$$

由于所有长度元上产生的动生电动势的方向相同，故金属棒中的总电动势为

$$\mathscr{E}=\int \mathrm{d}\mathscr{E}=-\int_a^{a+l}\frac{\mu_0 I}{2\pi x}v\mathrm{d}x=-\frac{\mu_0 I}{2\pi}v\ln\frac{a+l}{a}=-4.4\times10^{-6}\ \mathrm{V}$$

说明电动势的方向由 N 指向 M，M 为高电势端. 此题也可用作辅助线的方法进行求解，如图8-9 所示.

$$\mathrm{d}\Phi=\frac{\mu_0 I}{2\pi x}l'\mathrm{d}x$$

$$\Phi=\int \mathrm{d}\Phi=\int_a^{a+l}\frac{\mu_0 I}{2\pi x}l'\mathrm{d}x=l'\frac{\mu_0 I}{2\pi}\ln\frac{a+l}{a}$$

$$\mathscr{E}=-\frac{\mathrm{d}\Phi}{\mathrm{d}t}=-\frac{\mu_0 I}{2\pi}\ln\frac{a+l}{a}\frac{\mathrm{d}l'}{\mathrm{d}t}=-\frac{\mu_0 I}{2\pi}\ln\frac{a+l}{a}v$$

$$=-4.4\times10^{-6}\ \mathrm{V}$$

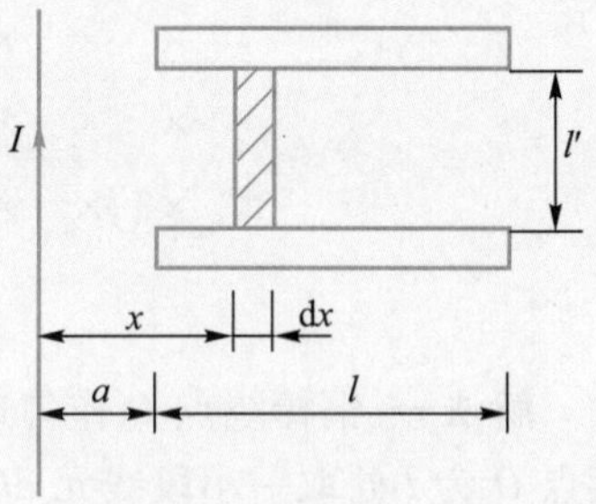

图 8-9

例 8.3 在与均匀恒定磁场 $\boldsymbol{B}$ 垂直的平面内有一导线 ACD，其形状是半径为 R 的$\dfrac{3}{4}$圆周. 导线沿$\angle AOD$ 的角平分线方向，以速度 $\boldsymbol{v}$ 水平向右运动（如图 8-10 所示）. 计算导线上的动生电动势.

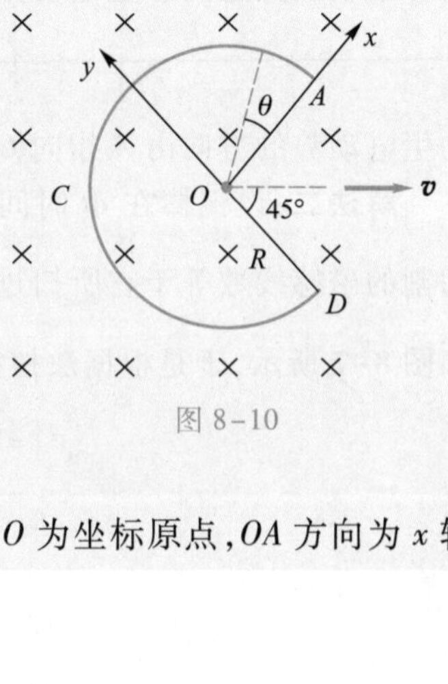

图 8-10

解法一：在导线上取线元 d$\boldsymbol{l}$，导线上各处 $\boldsymbol{v}\times\boldsymbol{B}$ 与 d$\boldsymbol{l}$ 的夹角不同，d$\boldsymbol{l}$ 的位置用角量 θ 表示，且 d$l=R$dθ（d$\boldsymbol{l}$ 在圆周上）.

为了便于计算，建立适当的坐标系，设圆心 O 为坐标原点，OA 方向为 x 轴的正方向,导线 ACD 在 Oxy 平面内. $\mathrm{d}\boldsymbol{l}$ 段上的动生电动势为

$$\mathrm{d}\mathscr{E}=\boldsymbol{v}\times\boldsymbol{B}\cdot\mathrm{d}\boldsymbol{l}=Bv\mathrm{d}l\cos\left(\theta+\frac{\pi}{4}\right)=BvR\cos\left(\theta+\frac{\pi}{4}\right)\mathrm{d}\theta$$

导线 ACD 上的动生电动势为

$$\mathscr{E}=\int\mathrm{d}\mathscr{E}=\int_0^{\frac{3\pi}{2}}BvR\cos\left(\theta+\frac{\pi}{4}\right)\mathrm{d}\theta=-\sqrt{2}\,vBR$$

因 $\mathscr{E}_{ACD}<0$,故动生电动势的方向由 D 经 C 指向 A,即沿顺时针方向,A 端电势高.

解法二:用法拉第电磁感应定律($\mathscr{E}=-\mathrm{d}\Phi/\mathrm{d}t$)求解.

作辅助线 AD 与导线 DCA 构成闭合电路,则

$$\mathscr{E}_{ACDA}=-\frac{\mathrm{d}\Phi}{\mathrm{d}t}=0$$

而

$$\mathscr{E}_{ACDA}=\mathscr{E}_{ACD}+\mathscr{E}_{DA}=\mathscr{E}_{ACD}-\mathscr{E}_{AD}=0$$

$$\mathscr{E}_{ACD}=\mathscr{E}_{AD}$$

辅助线在运动中引起的动生电动势 $\mathscr{E}_{AD}$ 与原导线 ACD 在运动中引起的动生电动势 $\mathscr{E}_{ACD}$ 等值反向. 容易求得

$$\mathscr{E}_{AD}=\int_{AD}\boldsymbol{v}\times\boldsymbol{B}\cdot\mathrm{d}\boldsymbol{l}=-vB\,|AD|=-\sqrt{2}\,vBR$$

$$\mathscr{E}_{ACD}=-\sqrt{2}\,vBR$$

二、感生电动势

上面我们已讨论了导线或线圈在磁场中运动时所产生的感应电动势,产生动生电动势的原因可以归结为导体中的电子受洛伦兹力作用的结果. 根据电磁感应现象,如果导线回路固定不动,而磁通量的变化完全由磁场的变化所引起时,导线回路内也将产生感应电动势. 这种由磁场变化引起的感应电动势,称为感生电动势,产生感生电动势的非静电力,我们不能用洛伦兹力来解释. 麦克斯韦(J. C. Maxwell)分析了这个实验事实后认为:变化的磁场在其周围激发了一种场,这种电场称为感生电场. 当闭合导线处在变化的磁场中时,就是由这种电场作用于导体中的自由电荷,从而在导线中引起感生电动势和感应电流的出现. 如用 $\boldsymbol{E}_{\mathrm{k}}$ 表示感生电场的场强,则当回路固定不动,回路中磁通量的变化全是由磁场的变化所引起的,法拉第电磁感应定律可表为

$$\mathscr{E}=\oint_L\boldsymbol{E}_{\mathrm{k}}\cdot\mathrm{d}\boldsymbol{l}=-\frac{\mathrm{d}\Phi}{\mathrm{d}t}\tag{8-6}$$

从场的观点来看,场的存在并不取决于空间是否存在导体回路,变化的磁场总是在空间激发电场. 因此,式(8-6)不管闭合回路是否是由导体构成,也不管闭合回路是处在真空或介质中都是适用的,也就是说,如果有导体回路存在时,感生电场将驱使导体中的自由电子作定向运动,从而显示出感应电流;如果不存

在导体回路,就没有感应电流,但是变化的磁场所激发的电场还是客观存在的.这个假说被近代的科学实验所证实,例如,电子感应加速器的基本原理就是用变化的磁场所激发的电场来加速电子的.

这样,在自然界中存在着两种以不同方式激发的电场,所激发电场的性质也截然不同.由静止电荷所激发的电场是保守力场,在该场中电场强度沿任一闭合回路的线积分恒等于零,即$\oint_L \boldsymbol{E}\cdot \mathrm{d}\boldsymbol{l}=0$.但与此不同,变化的磁场所激发的感生电场沿任一闭合回路的线积分一般不等于零,而是满足式(8-6).也就是说,感生电场不是保守场,其电场线既无起点也无终点,永远是闭合的,像旋涡一样,故通常把感生电场称为有旋电场.

根据磁通量的定义:

$$\Phi=\oint_S \boldsymbol{B}\cdot \mathrm{d}\boldsymbol{S}$$

所以式(8-6)可以写为

$$\mathscr{E}=\oint_L \boldsymbol{E}_{\mathrm{k}}\cdot \mathrm{d}\boldsymbol{l}=-\frac{\mathrm{d}}{\mathrm{d}t}\int_S \boldsymbol{B}\cdot \mathrm{d}\boldsymbol{S}$$

若闭合回路是静止的,它所围的面积不随时间变化,则上式可进一步写为

$$\mathscr{E}=\oint_L \boldsymbol{E}_{\mathrm{k}}\cdot \mathrm{d}\boldsymbol{l}=-\int_S \frac{\mathrm{d}\boldsymbol{B}}{\mathrm{d}t}\cdot \mathrm{d}\boldsymbol{S} \tag{8-7}$$

因为式(8-5)中规定面元 d$\boldsymbol{S}$ 的法向与回路绕行方向成右手螺旋关系,所以式中的负号给出 $\boldsymbol{E}_{\mathrm{k}}$ 的绕行方向与$\frac{\mathrm{d}\boldsymbol{B}}{\mathrm{d}t}$的方向成左手螺旋关系.

注:曲面 $\boldsymbol{S}$ 的法线方向应与曲线 L 的积分方向成右手螺旋关系;通常 $\boldsymbol{B}$ 对 t 的导数写成$\frac{\partial \boldsymbol{B}}{\partial t}$,这是因为 $\boldsymbol{B}$ 还是坐标的函数,$\frac{\partial \boldsymbol{B}}{\partial t}$表示同一点($x$、$y$、$z$ 为常量)的 $\boldsymbol{B}$ 随 t 的变化率.

电子感应加速器

电子感应加速器是利用感生电场来加速电子的一种装置,图 8-11 是加速器的结构原理图,在电磁铁的两极间有一环形真空室,电磁铁受交变电流激发,在两极间产生一个由中心向外逐渐减弱、并具有对称分布的交变磁场,这个交变磁场又在真空室内激发感生电场,其电场线是一系列绕磁感线的同心圆[图 8-11(b)中的虚线].这时,若用电子枪把电子沿切线方向射入环形真空室,电子将受到环形真空室中的感生电场 $E=\frac{1}{2\pi R}\frac{\mathrm{d}\Phi}{\mathrm{d}t}$的作用而被加速,同时,电子还受到真空室所在处磁场的洛伦兹力 vBe 的作用,使电子在半径为 R 的圆形轨道上运动.为了使电子在环形真空室中按一定的轨道运动,电磁铁在真空室中的磁场的 B 值必须满足:

$$R=\frac{mv}{eB}=\text{常量}$$

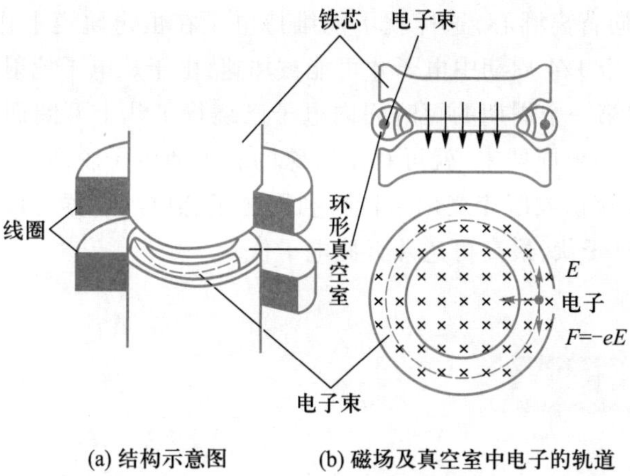

图 8-11 电子感应加速器结构示意图

由上式可以看出，要使电子沿一定半径的轨道运动，要求在真空室处的磁感应强度 B 也要随着电子动量 mv 的增加而成正比地增加，也就是说，对磁场的设计有一定的要求，下面我们作简单的计算说明这一问题.

将上式两边对 t 进行微分，得

$$\frac{\mathrm{d}B}{\mathrm{d}t}=\frac{1}{eR}\frac{\mathrm{d}(mv)}{\mathrm{d}t}$$

因为电子动量大小的时间变化率等于作用在电子上的电场力 eE，所以上式又可写成

$$\frac{\mathrm{d}B}{\mathrm{d}t}=\frac{E}{R}$$

通过电子圆形轨道所围面积的磁通量为 $\Phi=\pi R^2\overline{B}$，此处 $\overline{B}$ 是整个圆面区城内的平均磁感应强度，代入前式得

$$\frac{\mathrm{d}B}{\mathrm{d}t}=\frac{1}{2}\frac{\mathrm{d}\overline{B}}{\mathrm{d}t}$$

上式说明 B 和 $\overline{B}$ 都在改变，但应一直保持 $B=0.5\overline{B}$ 的关系，这是使电子维持在恒定的圆形轨道上加速时磁场必须满足的条件. 在电子感应加速器的设计中，两极间的空隙从中心向外逐渐增大，就是为了使磁场的分布能满足这一要求. 电子感应加速器是在磁场随时间作正弦变化的条件下进行工作的，由交变磁场所激发的感生电场的方向也随时间而变，图 8-12 标出了一个周期内感生电场方向的变化情况，仔细分析容易看出，只有在第一和第四两个周期中电子才可能被加速，然而，在第四个周期中作为向心力的洛伦兹

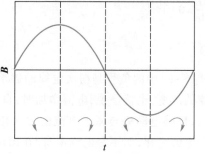

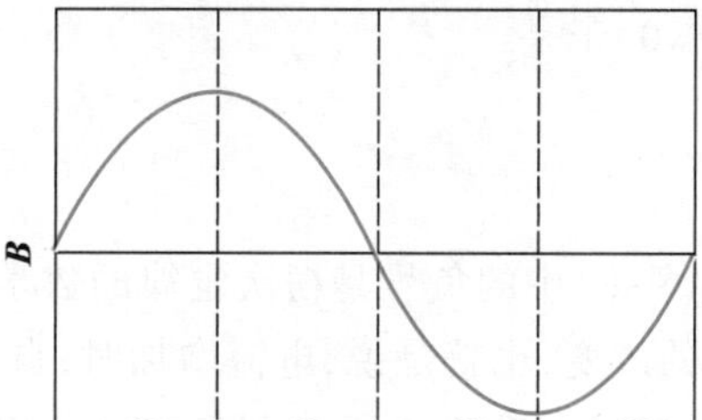

图 8-12 一周期内感生电场的方向的变化

力由于 $\boldsymbol{B}$ 的变向背离圆心，这样就不能维持电子在恒定轨道上作圆周运动，因此，只有在第一个 1/4 周期中电子才可能被加速，由于从电子枪射出的电子速率很大，实际上在第一个周期的短时间内电子已绕行了几十万圈而获得相当高的能量，所以在第一个周期末，就可利用特殊的装置使电子脱离轨道射向靶子，以作为科研、工业探伤或医疗之用. 目前，利用电子感应加速器可以把电子的能量加速到几十兆电子伏，最高可达几百兆电子伏.

8.3 自感、互感

一、自感

我们知道，当回路中通有电流时，就有这一电流所产生的磁通量通过这回路本身，如果回路中的电流、或回路的形状、或回路周围的磁介质发生变化时，通过自身回路所围面积的磁通量也将发生变化，相应地，在回路中也将激起感应电动势，这种由于回路中电流产生的磁通量发生变化，从而在自己回路中激起感应电动势的现象，称为自感现象，相应的电动势称为自感电动势.

设有一个闭合回路，其中通有电流 I. 根据毕奥–萨伐尔定律，电流 I 在空间各点激发的 B 都与 I 成正比（有铁芯的情况除外，详见第七章），而 Φ 又与 B 成正比，故线圈所激发的磁场穿过回路本身包围面积的磁通量 Φ 与 I 成正比，即

$$\Phi = LI \tag{8-8}$$

比例系数 L 称为线圈的自感，它仅依赖于线圈本身的因素及线圈内磁介质的特性而与电流无关，若回路是由 N 匝线圈构成，则

$$\Psi = N\Phi = LI$$

将式（8–8）代入式（8–7）得

$$\mathscr{E}_L = -\frac{\mathrm{d}\Phi}{\mathrm{d}t} = -\left(L\frac{\mathrm{d}I}{\mathrm{d}t} + I\frac{\mathrm{d}L}{\mathrm{d}t}\right)$$

如果回路的大小、形状及周围介质的磁导率都不随时间变化，则 L 为常量，即 $\frac{\mathrm{d}L}{\mathrm{d}t}=0$，于是

$$\mathscr{E}_L = -L\frac{\mathrm{d}I}{\mathrm{d}t} \tag{8-9}$$

式（8–8）中的负号是楞次定律的数学表示，它表明，自感电动势将反抗回路中电流的改变，也就是说，电流增加时，自感电动势与原来电流的方向相反；电流减小时，自感电动势与原来电流的方向相同. 必须强调指出，自感电动势所反抗的是电流的变化，而不是电流本身. 在国际制单位中，自感的单位名称是亨利，其符号 H. 通常，自感由实验测定，只是在某些简单的情形下才可由其定义计算出来.

在工程技术和日常生活中，自感现象的应用是很广泛的，如无线电技术和电

工中常用的扼流圈,日光灯上用的镇流器等,但是在有些情况下,自感现象会带来危害,必须采取措施予以防止,例如,在有较大自感的电网中,当电路突然断开时,由于自感而产生很大的自感电动势,在电网的电开关间形成一较大的电压,常大到使空气隙"击穿"而导电,产生电弧,对电网有损坏作用,电机和强力电磁铁,在电路中都相当于自感很大的线圈. 因此,在断开电路时,会在电路中出现暂态的过大电流,造成事故,为了减小这种危险,一般都是先增加电阻使电流减小,然后再断开电路. 所以,大电流电力系统中的开关,都附加有"灭弧"的装置.

二、互感

设有两个邻近的回路,其中分别通有电流 I_1 和 I_2,则任一回路中电流所产生的磁感线将有一部分通过另一个回路所包围的面积,当其中任意一个回路中的电流发生变化时,通过另一个回路所围面积的磁通量也随之变化,因而在回路中产生感应电动势. 这种由于一个回路中的电流变化而在附近另一个回路中产生感应电动势的现象,称为互感现象. 互感现象与自感现象一样,都是由电流变化而引起的电磁感应现象,所以可用讨论自感现象类似的方法来进行研究.

如图 8-13 所示,考虑两个载流线圈 C_1 和 C_2,线圈 C_1 中通有电流 I_1,设 C_1 激发的磁场穿过线圈 C_2 的磁通量是 Φ_{21}. 根据毕奥-萨伐尔定律,在空间的任意一点,C_1 所建立的磁感强度都与 I_1 成正比,因此,I_1 的磁场穿过线圈 C_2 的磁通量也必然与 I_1 成正比,所以有

$$\Phi_{21}=M_{21}I_1$$

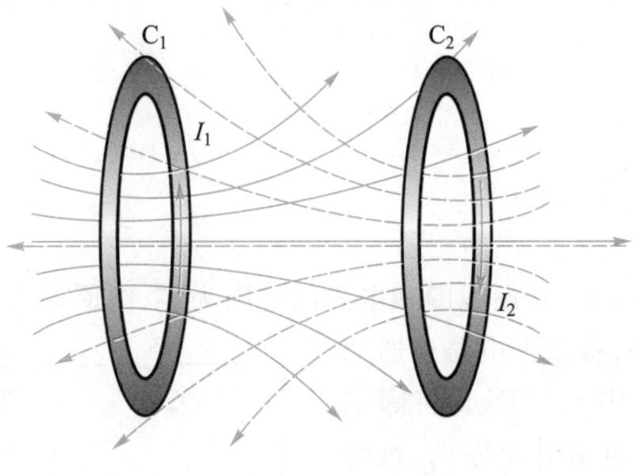

图 8-13 互感

同理,线圈 C_2 中的电流所激发的磁场穿过线圈 C_1 的磁通量应与 I_2 成正比,即

$$\Phi_{12}=M_{12}I_2$$

式中 M_{12} 和 M_{21} 是比例系数. M_{12} 和 M_{21} 只与两个回路的形状、大小、匝数、相对位置以及周围磁介质的磁导率有关,把它称为两线圈的互感. 理论和实验都证明,在两线圈的形状、大小、匝数、相对位置以及周围的磁介质的磁导率都保持不变时,M_{12} 和 M_{21} 是相等的,即 $M_{12}=M_{21}=M$,则以上两式可简化为

$$\Phi_{21}=MI_1,\quad \Phi_{12}=MI_2 \tag{8-10}$$

从上面两式可以看出,两个线圈的互感 M 在数值上等于其中一个线圈中的电流为一单位时,穿过另一个线圈所围面积的磁通量.

当线圈 C_1 中的电流发生变化时,由电磁感应定律知,在线圈 C_2 中产生的互感电动势为

$$\mathscr{E}_{21}=-\frac{\mathrm{d}\Phi_{21}}{\mathrm{d}t}=-M\frac{\mathrm{d}I_1}{\mathrm{d}t} \tag{8-11}$$

同理,若线圈 C_2 中的电流发生变化,在线圈 C_2 中产生的互感电动势为

$$\mathscr{E}_{12}=-\frac{\mathrm{d}\Phi_{12}}{\mathrm{d}t}=-M\frac{\mathrm{d}I_2}{\mathrm{d}t} \tag{8-12}$$

由上面两式可以看出,互感 M 的意义也可以这样来理解:两个线圈的互感 M,在数值上等于一个线圈中的电流随时间的变化率为一个单位时,在另一个线圈中所引起的互感电动势的绝对值. 另外还可以看出,当一个线圈中的电流随时间的变化率一定时,互感越大,则在另一个线圈中引起的互感电动势就越大;反之,互感越小,在另一个线圈中引起的互感电动势就越大. 互感和自感的单位均为 H(亨利).

互感现象在一些电器及电子线路中时常遇到,有些电器利用互感现象把交变电信号或电能从一个回路输送到另一个回路中去,例如变压器及感应圈等. 有时互感现象也会带来不利的一面,例如收音机各回路之间、电话线与电力输送线之间会因互感现象产生有害的干扰,理解了互感现象的物理本质,就可以设法改变电器间的布置,以尽量减小回路间磁耦合的影响,形状不规则的回路系统,互感一般不易计算,通常用实验方法来测定,但对于一些形状规则的回路系统,仍能计算求得.

8.4 *RL* 电路

如图 8-14 所示电路,设线圈和电源的电阻为零,线圈的自感系数为 L. 设 $t=0$ 时刻,按下开关 S,将整个电路连通. S 接通后(暂态过程中),线圈 L 将因电流 I 的变化而产生自感电动势 $\mathscr{E}_L$,这时线圈 L 的作用相当于一个电源. 在这里我们约定:电流 I 和自感电动势 $\mathscr{E}_L$ 的正方向如图中箭头方向.

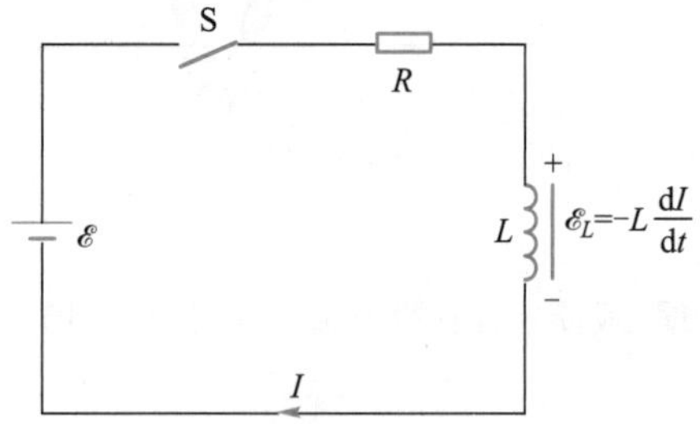

图 8-14 *RL* 电路

在某时刻 t,回路中电流为 $I(t)$,线圈中自感电动势为

$$\mathscr{E}_L=-L\frac{\mathrm{d}I(t)}{\mathrm{d}t}$$

根据基尔霍夫定律或一段含源电路的欧姆定律得

$$\mathscr{E}_L+\mathscr{E}=IR$$

即

$$L\frac{\mathrm{d}I(t)}{\mathrm{d}t}+IR-\mathscr{E}=0 \tag{8-13}$$

由初始条件 $t=0, I=0$,分离变量法解得

$$I(t)=\frac{\mathscr{E}}{R}(1-\mathrm{e}^{-\frac{R}{L}t})=I(1-\mathrm{e}^{-\frac{R}{L}t}) \tag{8-14}$$

在 RL 电路接通电源后的暂态过程中,电流随时间的变化规律为 $I(t)=I(1-\mathrm{e}^{-\frac{R}{L}t})$,第二项是一个指数形式的衰减,它说明 I 并非从 0 突变到稳态值 I,而要经过一个过渡过程,$t=\infty$ 时达到稳态值 $I=\mathscr{E}/R$,这与线圈的自感 L 无关,但 L 却影响$I(t)$趋近稳态值的快慢. 从 $I(t)$ 的表达式可知,其趋向稳态值的快慢由比值L/R 唯一决定:比值 L/R 越大,电流增长越慢,相应的暂态过程持续时间越长;若 L/R 越小,电流增长越快,相应的暂态过程持续时间越短. L/R 是表征暂态过程持续时间长短的特征量,它具有时间的量纲,称为 RL 电路的时间常量,以 τ 表示,当 $t=\tau$ 时,有 $I(t)=I(\tau)=I(1-\mathrm{e}^{-1})=0.63I$. 可见 τ 表示电流从零增长到稳态值的 63% 所需要的时间,实际中,$t=5\tau$ 时,$I\approx\mathscr{E}/R$.

以上讨论了 RL 电路接通电源时,$I(t)$随时间增加的规律. 现讨论当 RL 电路已通电达稳态后,使之短接(断电),电流 $I(t)$随时间变化的规律.

$$L\frac{\mathrm{d}I(t)}{\mathrm{d}t}+IR=0$$

$$I(t)=\frac{\mathscr{E}}{R}\mathrm{e}^{-\frac{R}{L}t} \tag{8-15}$$

上式说明,由于自感的存在,电流 I 不会立即减小到零,而是随时间按指数规律减小,最后到达 $I=0$ 的稳态. 仍有 $\tau=L/R$,RL 电路短接后暂态过程的快慢仍取决于时间常量 τ. 但 $t=\tau$ 时,$I(t)$降至初始值的 37%. 当 $t\to\infty$ 时,$I(\infty)=0$;实际情况中,在 $t=5\tau$ 时,$I(t)\approx 0$.

8.5 磁场的能量及能量密度

在第六章中我们讨论过,在形成带电系统的过程中,外力必须克服静电场力而做功,根据功能原理,外界做功所消耗的能量最后转化为电荷系统或电场的能量,电场的能量密度为

$$w_{\mathrm{e}}=\frac{1}{2}\varepsilon E^2$$

同样,在回路系统中通以电流时,由于各回路的自感和回路之间互感的作用,回路中的电流要经历一个从零到稳定值的暂态过程,在这个过程中,电源必须提供能量用来克服自感电动势及互感电动势而做功,这功最后转化为载流回路的能

量和回路电流间的相互作用能,也就是磁场的能量.

下面仍以图 8-14 所示的简单回路为例,讨论回路中电流增长过程中能量的转化情况. 设电路接通后回路中某瞬时的电流为 I,自感电动势为 $-L\dfrac{\mathrm{d}I}{\mathrm{d}t}$,由欧姆定律得

$$\mathscr{E}-L\frac{\mathrm{d}I(t)}{\mathrm{d}t}=IR$$

如果从 $t=0$ 开始,经一足够长的时间 t,可以认为回路中的电流已从零增长到稳定值 I. 则在这段时间内电源电动势所做的功为

$$\int_0^t \mathscr{E}I\mathrm{d}t=\int_0^I LI\mathrm{d}I+\int_0^t I^2R\mathrm{d}t=\frac{1}{2}LI^2+\int_0^t I^2R\mathrm{d}t \tag{8-16}$$

式中 $\int_0^t I^2R\mathrm{d}t$ 是 t 时间内电源提供的部分能量转化为消耗在电阻 R 上的焦耳-楞次热;$\frac{1}{2}LI^2$ 这一项是回路中建立电流的暂态过程中电源电动势克服自感电动势所做的功,这部分功转化为载流回路的能量,由于在回路中形成电流的同时,在回路周围空间也建立了磁场,显然,这部分能量也就是储存在磁场中的能量. 当回路中的电流达到稳定值 I 后,断开 S_1,并同时接通 S_2,这时回路中的电流按指数规律衰减,此电流通过电阻 R 时,放出的焦耳-楞次热为 $\int_0^t I^2R\mathrm{d}t$,这表明随着电流衰减引起的磁场消失,原来储存在磁场中的能量又反馈到回路中以热的形式全部释放出来,这也说明了磁场具有能量 $\frac{1}{2}LI^2$. 因此,一个自感为 L 的回路,当其中通有电流时,其周围空间磁场的能量为

$$W_{\mathrm{m}}=\frac{1}{2}LI^2 \tag{8-17}$$

式中自感系数 L 的单位用 H(亨利),电流 I 的单位用 A(安培),则 W_{m} 的单位为 J(焦耳). 式(8-17)是用线圈的自感及其中电流表示的磁能,经过变换,磁能也可用描述磁场本身的量 B、H 来表示,为简单起见,考虑一个很长的直螺线管,管内充满磁导率为 μ 的均匀磁介质,当螺线管通有电流 I 时,管中磁场近似看成均匀,而且把磁场看成全部集中在管内. 体积为 V 的长直螺线管的自感系数 $L=\mu_0n^2V$,若螺线管中载有电流 I,螺线环中的磁感应强度为 $B=\mu nI$,代入上式可得螺线管内的磁场能量为

$$W_{\mathrm{m}}=\frac{1}{2}LI^2=\frac{1}{2}\mu n^2VI^2=\frac{1}{2\mu}B^2V$$

磁场能量体密度 w_{m} 为

$$w_{\mathrm{m}}=\frac{W_{\mathrm{m}}}{V}=\frac{B^2}{2\mu}=\frac{1}{2}\mu H^2=\frac{1}{2}BH \tag{8-18}$$

这与电场能量体密度公式 $w_{\mathrm{e}}=\frac{1}{2}\varepsilon_0E^2$ 非常类似.

上述磁场能量密度的公式虽是从螺线管中均匀磁场的特例导出的,但它是适用于各种类型磁场能量密度的普遍公式. 公式说明,在任何磁场中,某一点的磁场能量密度,只与该点的磁感应强度及介质的性质有关,这也说明磁能是定域在磁场中的这个客观事实. 如果知道磁场能量密度及均匀磁场所占的空间,可用上式计算出磁场的总磁能,如果磁场是不均匀的,那么可以把磁场划分为无数小体积元 dV,在每个小体积内,磁场可以看成是均匀的,因此式(8-18)就可以表示这些体积元内的磁场能量密度,于是体积为 dV 的磁场能量为

$$dW_m = w_m dV = \frac{1}{2}BHdV$$

对整个磁场空间积分,即得磁场的能量为

$$W_m = \int w_m dV = \int \frac{1}{2}BHdV$$

例 8.4 如图 8-15 所示的同轴电缆,金属芯线的半径为 R_1,共轴金属圆筒的半径为 R_2 中间充以磁导率为 μ 的磁介质,芯线与圆筒上的电流 I 大小相等、方向相反. 求单位长度同轴电缆的磁能和自感. 设金属芯线内的磁场可忽略.

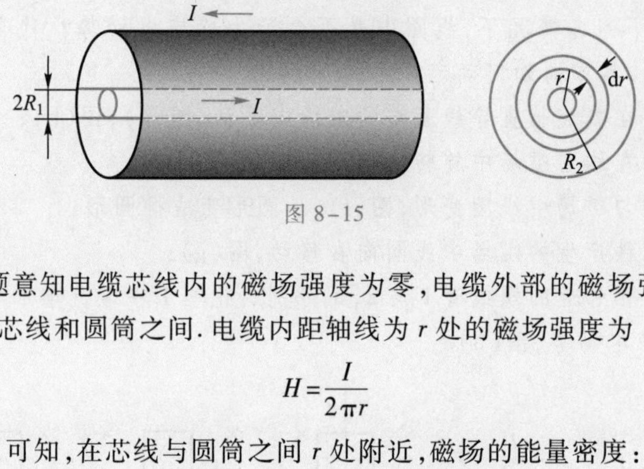

图 8-15

解: 由题意知电缆芯线内的磁场强度为零,电缆外部的磁场强度也为零,磁场存在于芯线和圆筒之间. 电缆内距轴线为 r 处的磁场强度为

$$H = \frac{I}{2\pi r}$$

由式(8-18)可知,在芯线与圆筒之间 r 处附近,磁场的能量密度:

$$w_m = \frac{1}{2}\mu H^2 = \frac{\mu}{2}\left(\frac{I}{2\pi r}\right)^2 = \frac{\mu I^2}{8\pi^2 r^2}$$

磁场的总能量为

$$W_m = \int_V w_m dV = \frac{\mu I^2}{8\pi^2 r^2}\int_V \frac{1}{r^2}dV$$

对于单位长度的电缆,取一薄层圆筒形体积元 $dV = 2\pi r dr$,代入上式,得到单位长度同轴电缆的磁能:

$$W_m = \int_V w_m dV = \frac{\mu I^2}{8\pi^2}\int_{R_1}^{R_2} \frac{2\pi r dr}{r^2} = \frac{\mu I^2}{4\pi}\ln\frac{R_2}{R_1}$$

由磁能表达式 $W_m = \frac{1}{2}LI^2$,可得单位长度同轴电缆的自感为

$$L=\frac{\mu}{2\pi}\ln\frac{R_2}{R_1}$$

如果同轴电缆内充满非均匀磁介质，其磁导率 $\mu=k\dfrac{r}{R_1}$，k 为一常量，则单位长度同轴电缆的磁能和自感为

$$W_m=\frac{kI^2}{4\pi R_1}(R_2-R_1)$$

$$L=\frac{k}{2\pi R_1}(R_2-R_1)$$

思考题

8-1 在电磁感应定律 $\mathscr{E}=-\dfrac{\mathrm{d}\Phi}{\mathrm{d}t}$ 中，负号的意义是什么？如何根据负号来确定感应电动势的方向？

8-2 在下列各情况下，线圈中是否会产生感应电动势？什么原因？若产生感应电动势，其方向如何确定？

(1) 线圈在载流长直导线激发的磁场中平动，图(a)，图(b)；

(2) 线圈在均匀磁场中旋转，图(c)、图(d)、图(e)；

(3) 在均匀磁场中线圈变形，图(f)，从圆形变成椭圆形；

(4) 在磁铁产生的磁场中线圈向右移动，图(g)；

(5) 两个相邻近的螺线管 1 与 2，试分别讨论当 1 中电流增加与减少的情况下，2 中的感应电动势，图(h)。

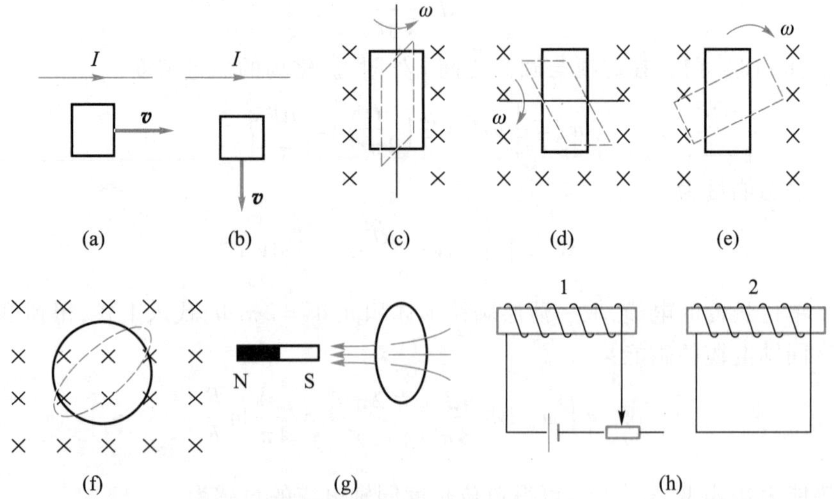

思考题 8-2 图

8-3 如果我们使图中左边电路中的电阻 R 增加，则在右边电路中感应电流的方向如何？

8-4 如图所示，在两磁极之间放置一圆形的线圈，线圈的平面与磁场垂直，在下述各种情况中，线圈中是否产生感应电流？并指出其方向．(1) 把线圈拉扁时；(2) 把其中一个磁极很快地移去时；(3) 把两个磁极慢慢地同时移去时．

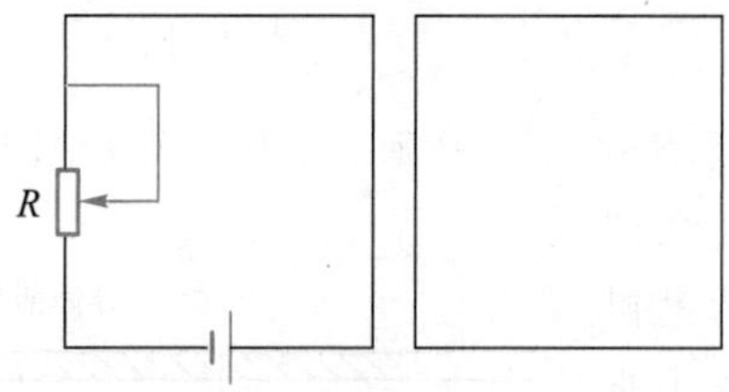

思考题 8-3 图

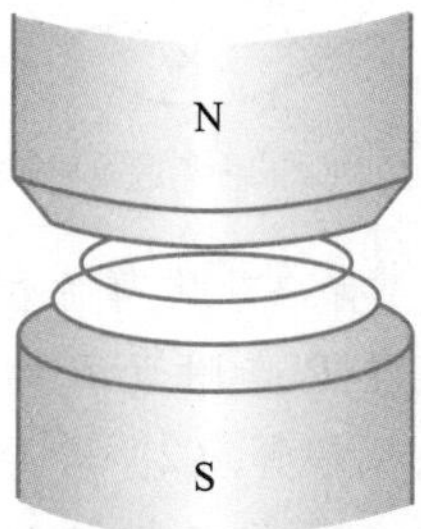

思考题 8-4 图

8-5 铜片放在磁场中，如图所示，若将铜片从磁场中拉出或推进，则受到一阻力的作用，试分析这个阻力的来源．

8-6 将尺寸完全相同的铜环和木环适当放置，使通过两环内的磁感应通量变化量相等，问这两个环中的感生电动势及感生电场是否相等？

8-7 如图所示，当导体棒在均匀磁场中运动时，棒中出现的稳定的电场 $E=vB$，这是否和导体中 $E=0$ 的静电平衡的条件相矛盾？为什么？是否需要外力来维持棒在磁场中作匀速运动？

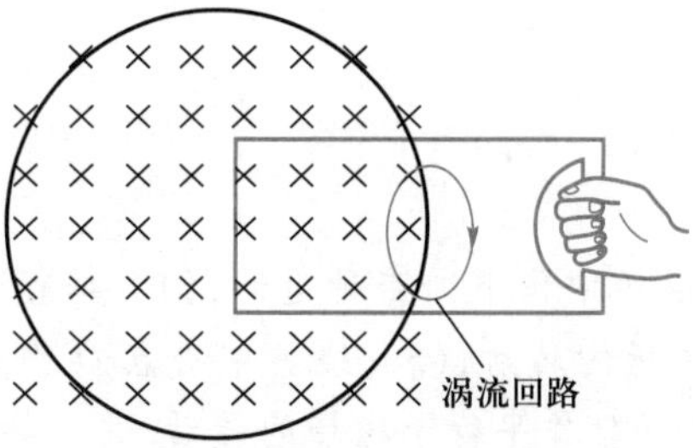

思考题 8-5 图

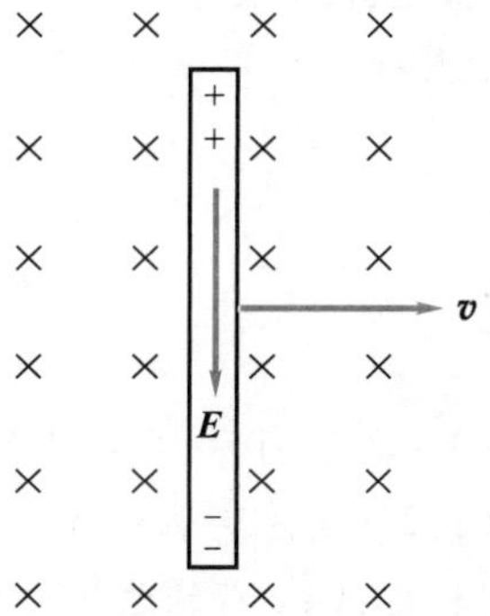

思考题 8-7 图

8-8 如图所示，均匀磁场被限制在半径为 R 的圆柱体内，且其中磁感应强度随时间变化率 $\mathrm{d}B/\mathrm{d}t=$ 常量，试问：在回路 L_1 和 L_2 上各点的 $\mathrm{d}B/\mathrm{d}t$ 是否均为零？各点的 $\boldsymbol{E}_k$ 是否均为零？$\oint_{L_1}\boldsymbol{E}_k\cdot\mathrm{d}\boldsymbol{l}$ 和 $\oint_{L_2}\boldsymbol{E}_k\cdot\mathrm{d}\boldsymbol{l}$ 各为多少？

8-9 如图所示，一质子通过磁铁附近时发生偏转，如果磁铁静止，质子的动能保持不变，为什么？如果磁铁运动，质子的动能将增加或减小，试说明理由．

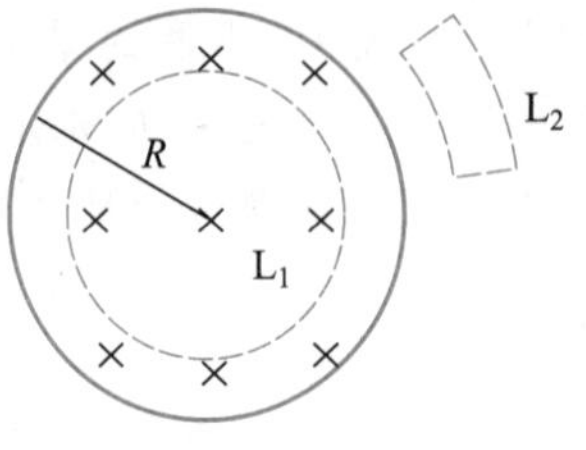

思考题 8-8 图

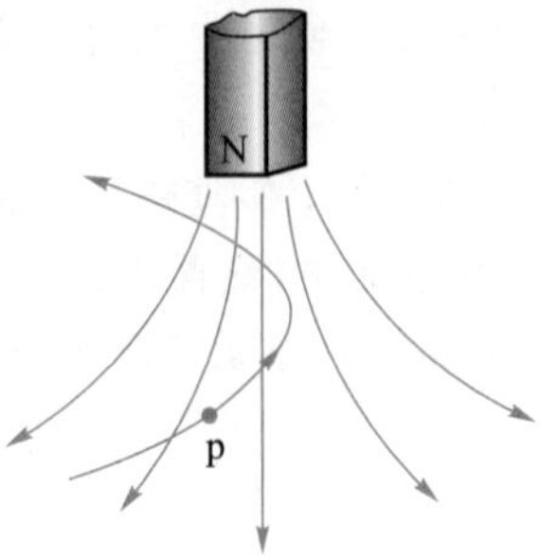

思考题 8-9 图

8-10 有一导体薄片位于与磁场 B 垂直的平面内,如图所示.(1) 如果 B 突然变化,在 P 点附近 B 的变化不能立即检查出来,试解释.(2) 若导体薄片的电阻率为零,这个改变在点 P 是始终检查不出来的,为什么?(若导体薄片是由低电阻的材料做成的,则在点 P 几乎检查不出导体薄片下侧磁场的变化,这种电阻率很小的导体能屏蔽磁场变化的现象称为电磁屏蔽.)

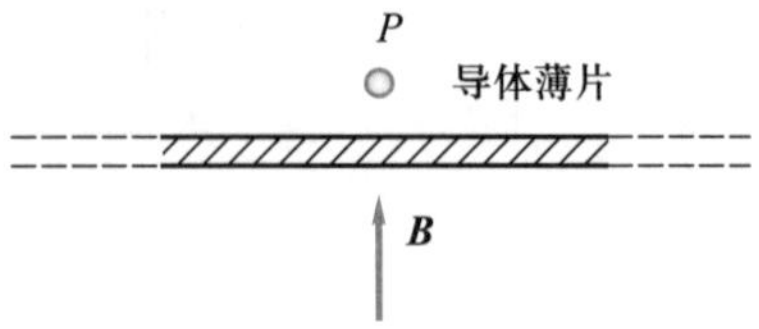

思考题 8-10 图

8-11 互感电动势与哪些因素有关?要在两个线圈间获得较大的互感,应该用什么办法?

8-12 有两个线圈,长度相同,半径接近相等,试指出在下列三种情况下,哪一种情况的互感最大?哪一种情况的互感最小?(1) 两个线圈靠得很近,轴线在同一直线上;(2) 两个线圈相互垂直,也是靠得很近;(3) 一个线圈套在另一个线圈的外面.

习题

8-1 如图所示,导线 MN 在均匀磁场中作下列四种运动,(1) 垂直于磁场作平动;(2) 绕固定端点 N 作垂直于磁场的转动;(3) 绕其中心点 O 作垂直于磁场的转动;(4) 绕通过中心点 O 的水平轴作平行于磁场的转动.关于导线 MN 的感应电动势哪个结论是错误的?(　　)

(A) 有感应电动势,M 端为高电势.

(B) 有感应电动势,N 端为高电势.

(C) 无感应电动势.

(D) 无感应电动势.

8-2 圆铜盘水平放置在均匀磁场中,$\boldsymbol{B}$ 的方向垂直于盘面向上,当铜盘绕通过其中心且垂直于盘面的轴沿图示方向转动时有(　　)

(A) 铜盘上有感应电流产生,沿着铜盘转动的反方向流动.

(B) 铜盘上有感应电流产生,沿着铜盘转动的方向流动.

(C) 铜盘上没有感应电流产生,铜盘中心处电势最高.

(D) 铜盘上没有感应电流产生,铜盘边缘处电势最高.

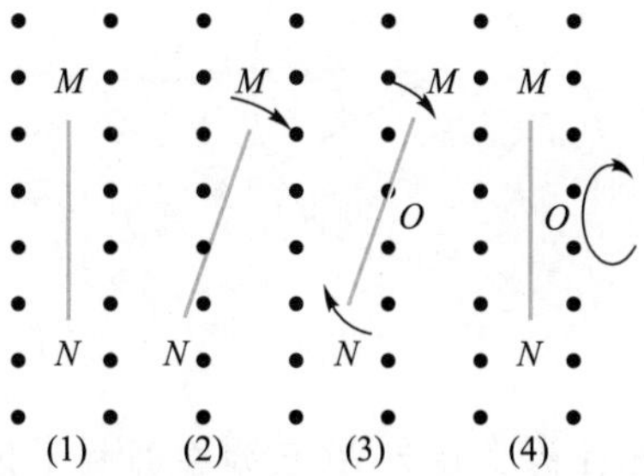

习题 8-1 图

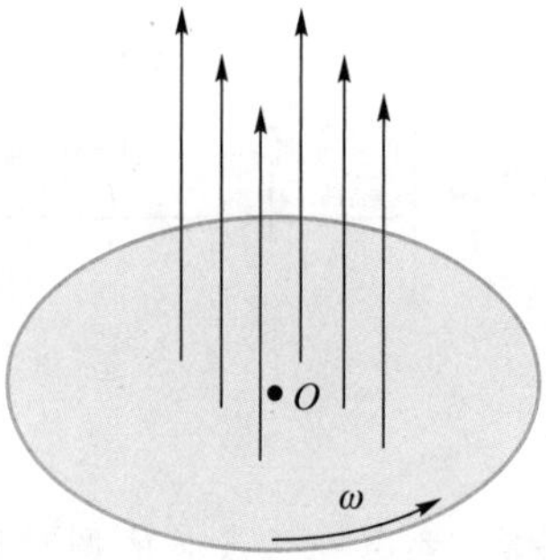

习题 8-2 图

8-3 在尺寸相同的铁环和铜环所包围的面积中穿过相同变化率的磁通量,则两环中(　　)

(A) 感应电动势相同,感应电流相同.

(B) 感应电动势不同,感应电流不同.

(C) 感应电动势相同,感应电流不同.

(D) 感应电动势不同,感应电流相同.

8-4 在圆柱形空间内有一磁感强度为 B 的均匀磁场,如图所示,$\boldsymbol{B}$ 的大小以速率 $\mathrm{d}B/\mathrm{d}t$ 变化,在磁场中有 A、B 两点,其间可以放置一直导线和一弯曲的导线,则下列哪种说法正确(　　)

(A) 电动势只在直导线中产生.

(B) 电动势只在弯曲的导线产生.

(C) 电动势在直导线和弯曲的导线中都产生,且两者大小相等.

(D) 直导线中的电动势小于弯曲导线中的电动势.

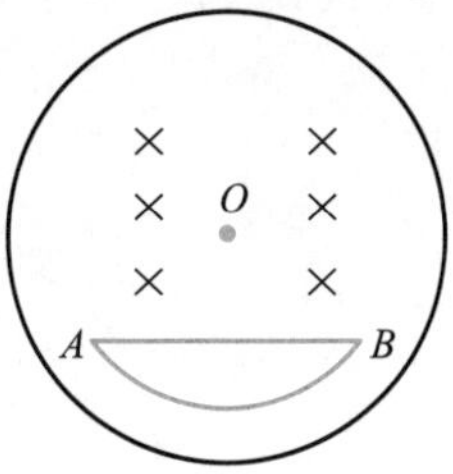

习题 8-4 图

8-5 有两根相距为 d 的无限长平行直导线,它们通以大小相等流向相反的电流,且电流均以 $\mathrm{d}I/\mathrm{d}t=k$ 的变化率增长.若有一边长为 d 的正方形线圈与两导线处于同一平面内,如图所示,求线圈中的感应电动势.

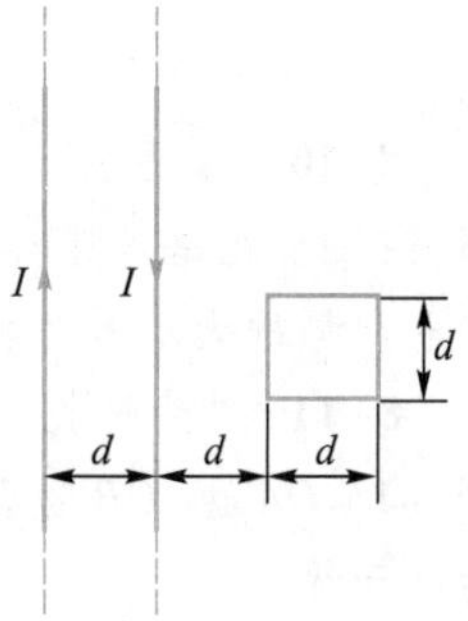

习题 8-5 图

8-6 如图所示,一长直导线中通有电流 $I=10\ \mathrm{A}$,在其附近有一长为 $l=0.2\ \mathrm{m}$ 的金属棒 AB,以 $v=2\ \mathrm{m/s}$ 的速度平行于长直导线作匀速运动,若棒的近导线的一端距离导线 $d=0.1\ \mathrm{m}$,求金属棒中的动生电动势.

8-7 如图所示,把一半径为 R 的半圆形导线 OP 置于磁感应强度为 B 的均匀磁场中,当导线 OP 以匀速率 v 向右移动时,求导线

中感应电动势 $\mathscr{E}$ 的大小. 哪一端电势较高?

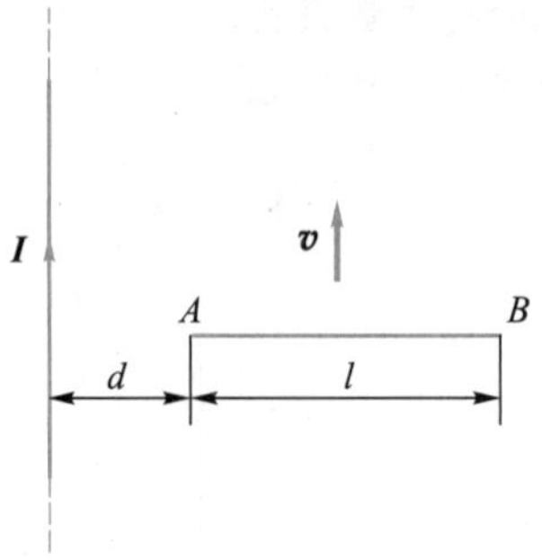

习题 8-6 图

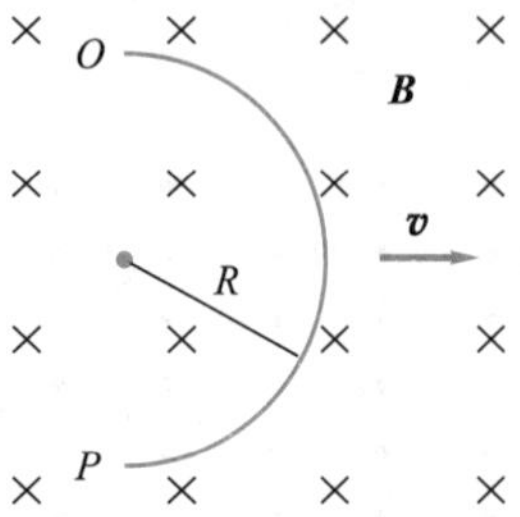

习题 8-7 图

8-8 考虑一无限长的圆柱形区域,圆柱的半径为 R,已知在圆柱形区域内充满均匀的且随时间作低频简谐变化的磁场,磁场与圆柱轴线平行,在圆柱形区域外,没有磁场,即 $B=\begin{cases}B_0\cos(\omega t+\varphi) & (r\leqslant R)\\ 0 & (r>R)\end{cases}$,其中 B_0、ω 都是常量,试求空间各处的电场强度.

8-9 在半径为 R 的圆柱形空间中存在着均匀磁场 B 的方向与柱的轴线平行. 如图所示,有一长为 l 的金属棒放在磁场中,设 B 随时间的变化率 $\mathrm{d}B/\mathrm{d}t$ 为常量. 试证:棒上感应电动势的大小为 $\mathscr{E}=\dfrac{\mathrm{d}B}{\mathrm{d}t}\dfrac{l}{2}\sqrt{R^2-\left(\dfrac{l}{2}\right)^2}$.

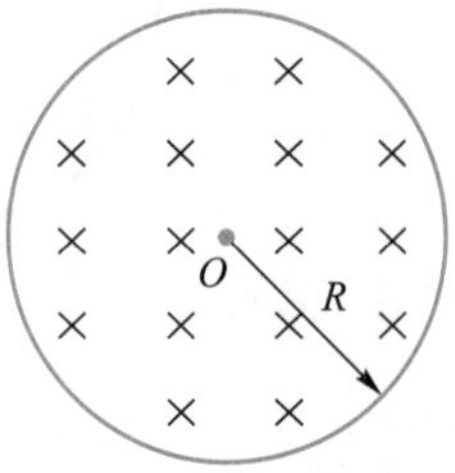

习题 8-8 图

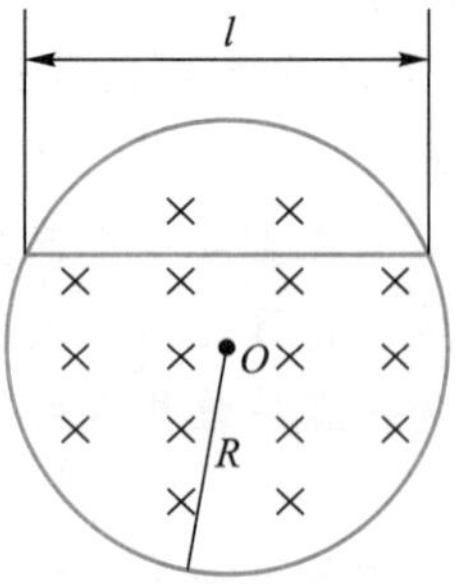

习题 8-9 图

8-10 如图所示,在一"无限长"直载流导线的近旁放置一个矩形导体线框,该线框在垂直于导线方向上以匀速率向右移动. 求在图示位置处线框中的感应电动势的大小和方向.

8-11 "无限长"直导线通以电流 I,扇形线圈 OAB 以速度 $\boldsymbol{v}$ 匀速向下运动,求:(1) OA 边、OB 边及 AB 边的电动势的大小和方向;(2) 求整个扇形线圈 OAB 的电动势.

8-12 如图所示,长为 L 的导体棒 OP,处于均匀磁场中,并绕 OO' 轴以角速度 ω 旋转,棒与转轴间夹角恒为 θ,磁感应强度 $\boldsymbol{B}$ 与转轴平行. 求 OP 棒在图示位置处的电动势.

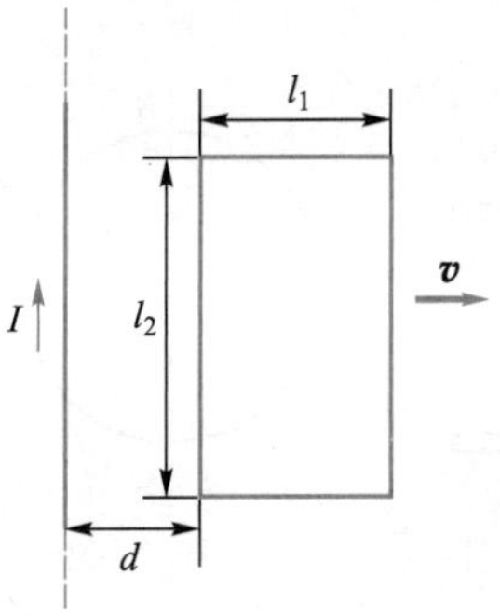

习题 8-10 图

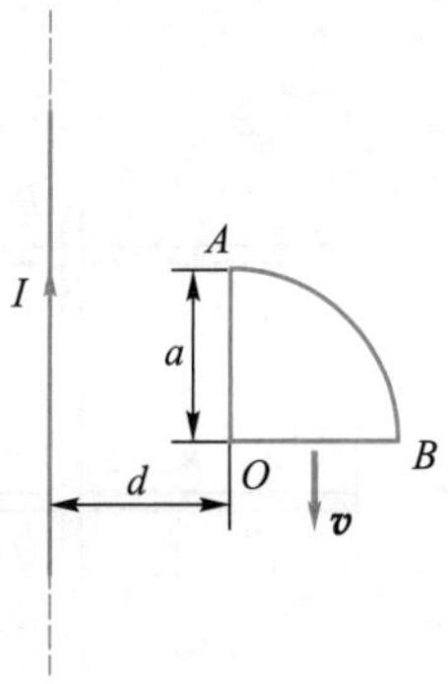

习题 8-11 图

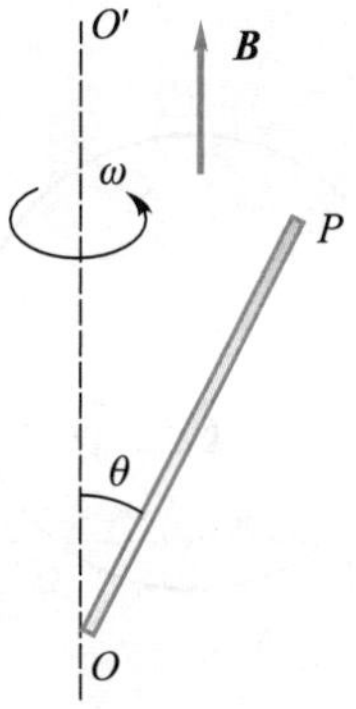

习题 8-12 图

8-13 半圆形刚性导线在摇柄驱动下在均匀磁场 $\boldsymbol{B}$ 中作匀角速转动(见图),$B=0.5$ T,半圆形的半径为 0.1 m,转速为 3 000 r/min. 求动生电动势的频率和最大值.

8-14 如图所示,圆筒形区域中有均匀变化的磁场,变化率为 $\frac{\mathrm{d}B}{\mathrm{d}t}=k\neq 0$,筒半径为 R,$aO=bO=2R$,$ad=bc=R$,$\angle aOb=\pi/3$,求:(1) $\mathscr{E}_{bc}$;(2) $\mathscr{E}_{ab}$;(3) $\mathscr{E}_{cd}$.

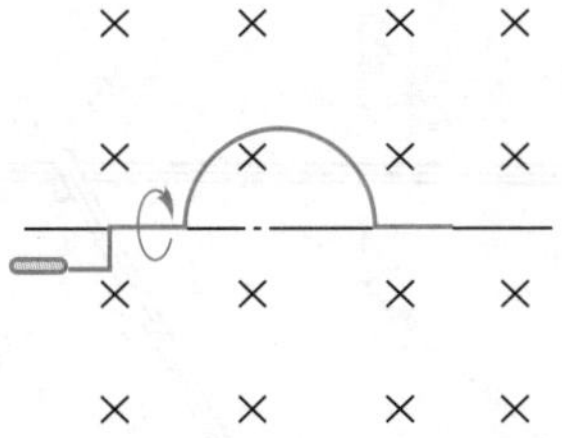
习题 8-13 图

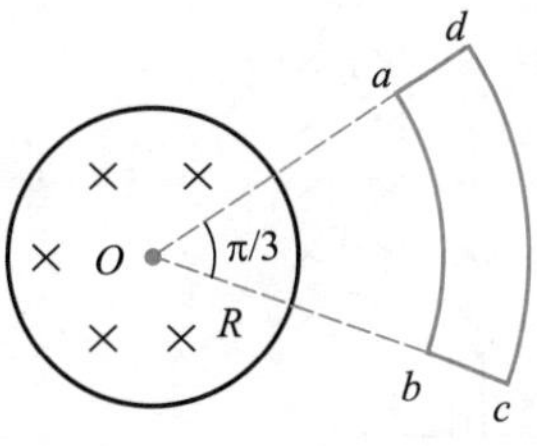

习题 8-14 图

8-15 均匀磁场 B 限定在无限长的圆柱体内,B 以 10^{-2} T/s 的恒定变化率减小,圆柱的半径为 R,在柱体的一个横截面上作如图所示的梯形 $PQMN$,已知 $PQ=R=1$ m,$MN=0.5$ m,求:

(1) 梯形各边的感生电动势 $\mathscr{E}_{PQ}$、$\mathscr{E}_{QM}$、$\mathscr{E}_{MN}$ 和 $\mathscr{E}_{NP}$;

(2) 整个梯形的总电动势 $\mathscr{E}_{PQMNP}$.

8-16 半无限长的平行金属导轨上放一质量为 m 的金属杆,其 PQ 段的长度为(见图) l. 导轨的一端连接电阻 R. 整个装置放在均匀磁场 $\boldsymbol{B}$ 中,$\boldsymbol{B}$ 与导轨所在平面垂直,设杆以初速率 v_0 向右运动,忽略导轨和杆的电阻及其间的摩擦力,忽略回路自感.

(1) 求金属杆所能移过的距离;(2) 求这过程中电阻 R 所产生的焦耳热.

8-17 半径为 R 的圆形均匀刚性线圈在均匀磁场中以角速度作匀速转动,转轴垂直于 $\boldsymbol{B}$(如图所示). 轴与线圈交于 A 点,弧 AC 占 1/4 周长,M 为 AC 的点,自感可以忽略,当线圈平面转至与 $\boldsymbol{B}$ 平行时,(1)求动生电动势 $\mathscr{E}_{AM}$ 及 $\mathscr{E}_{AC}$;(2) A、C 中哪点电势高? A、M 中哪点电势高?

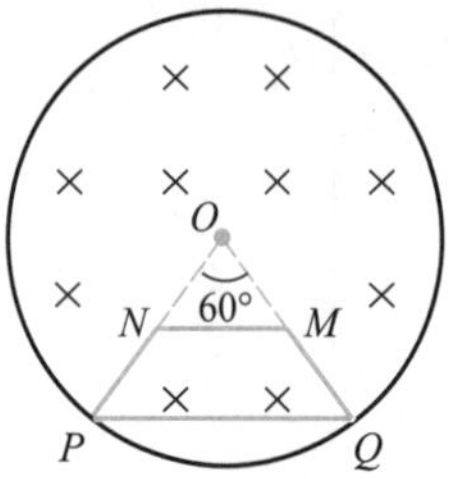

习题 8-15 图

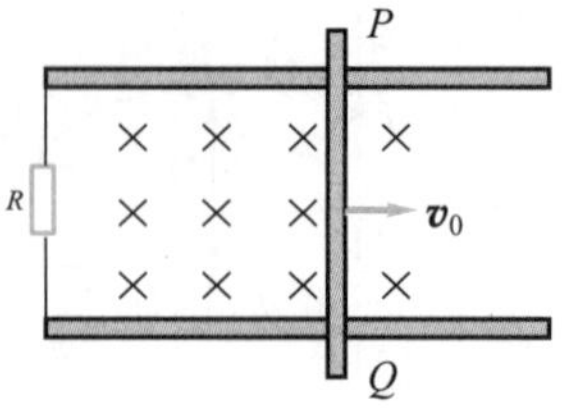

习题 8-16 图

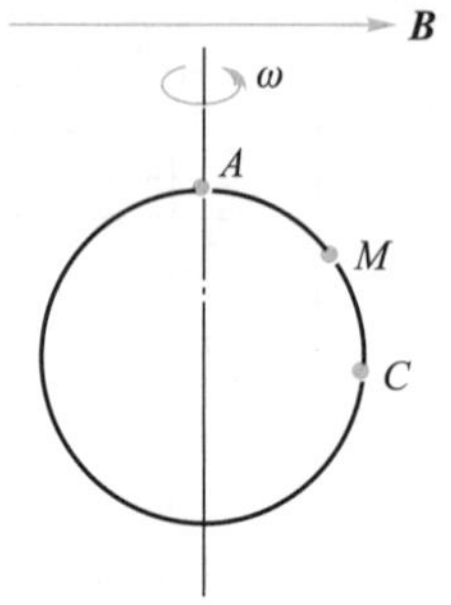

习题 8-17 图

8-18　如图所示，通过回路的磁通量与线平面垂直，且指向纸面向里，设磁通量按照如下关系变化：$\Phi=6t^2+7t+1$（SI 单位）. 求 $t=2$ s 时，在回路中的感生电动势的量值和方向.

8-19　一均匀磁场与矩形导体回路法线单位矢量 $\boldsymbol{e}_n$ 间的夹角为 $\theta=\pi/3$（如图所示），已知磁感应强度 $\boldsymbol{B}$ 的大小随时间线性增加，即 $B=kt(k>0)$，回路的 MN 边长为 l，以速度 v 向右运动，设 $t=0$ 时，MN 边在 $x=0$ 处，求任意时刻回路中感应电动势的大小和方向.

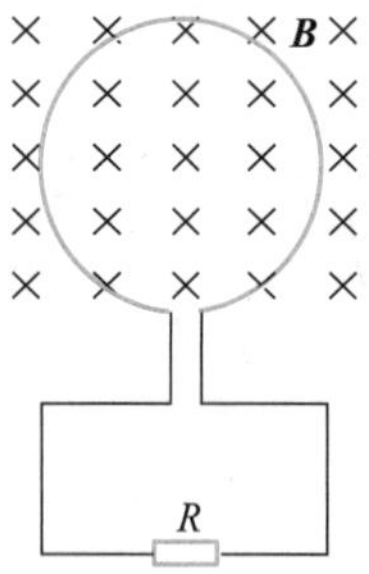

习题 8-18 图

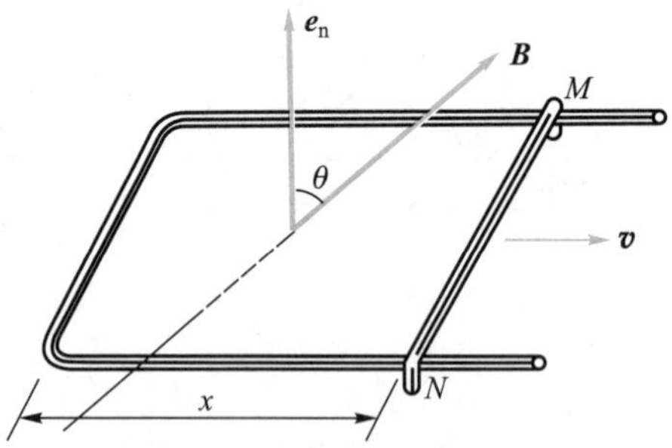

习题 8-19 图

8-20　只有一根辐条的轮子在均匀外磁场 $\boldsymbol{B}$ 中转动，轮轴与磁场方向平行，如图所示. 轮子和辐条都是导体，辐条长为 R，轮子每秒转 N 圈. 两根导线 a 和 b 通过各自的刷子分别与轮轴和轮边接触.

(1) 求 a 和 b 间的感应电动势；

(2) 若在 a 和 b 间接一个电阻，使辐条中的电流为 I，I 的方向如何？

(3) 求这时磁场作用在辐条上的力矩的大小和方向.

8-21　长度各为 1 m、电阻各为 40 Ω 的两根均匀金属棒 PQ 和 MN 放在均匀恒定磁场 $\boldsymbol{B}$ 中，$B=2$ T，方向垂直纸面向外（如图所示）. 两棒分别以速率 $v_1=4$ m/s 和 $v_2=2$ m/s 沿导轨向左匀速平动，忽略导轨电阻及回路自感. 求：

(1) 两棒的动生电动势的大小，并在图中标出方向；

(2) P、Q 之间的电压 U_{PQ} 及 M、N 之间的电压 U_{MN}.

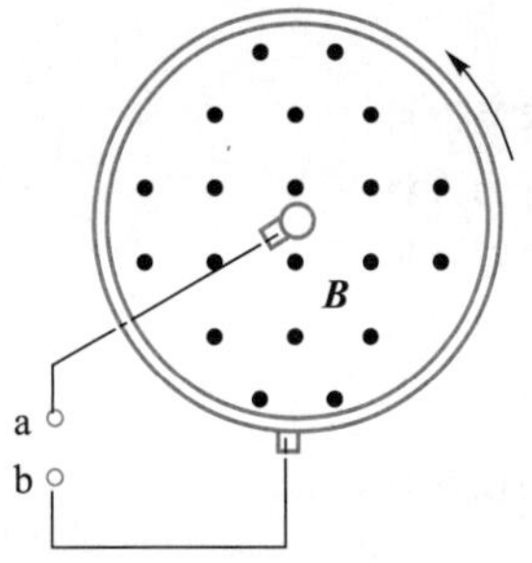

习题 8-20 图

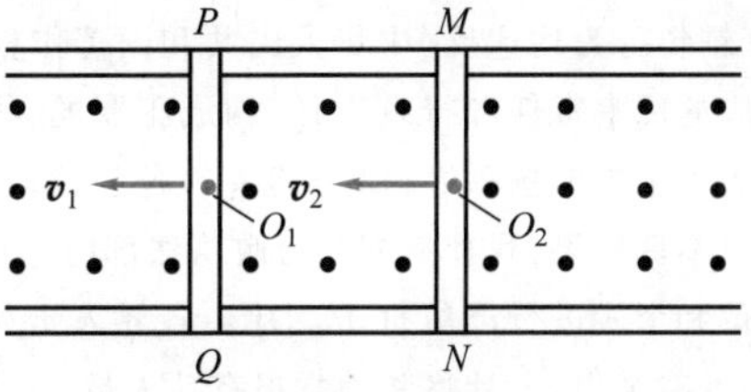

习题 8-21 图

8-22 如图所示,具有相同轴线的两个导线回路,小的回路在大的回路上方,相距为 y,y 远大于回路的半径 R,因此当大回路中有电流按图示方向流过时,小回路所围面积 πr^2 之内的磁场几乎是均匀的,现假定 y 以匀速 $v=\frac{\mathrm{d}y}{\mathrm{d}t}$ 而变化.

(1) 试确定穿过小回路的磁通量 Φ 和 y 之间的关系;

(2) 试求当 $y=NR$ 时(N 为整数),小回路内产生的感生电动势.

8-23 如图表示一个限定在半径为 R 的圆柱体内的均匀磁场 $\boldsymbol{B}$,$\boldsymbol{B}$ 以 1×10^{-2} T/s 的恒定变化率减少,电子在磁场中 A、O、C 各点处时,求它所获得的瞬时加速度(大小和方向).(设 $r=5$ cm.)

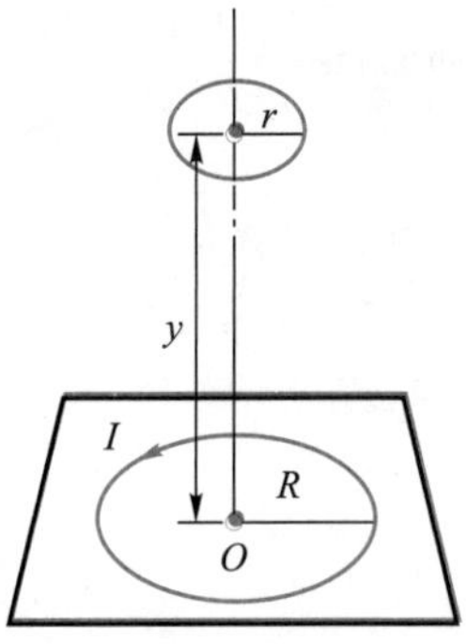

习题 8-22 图

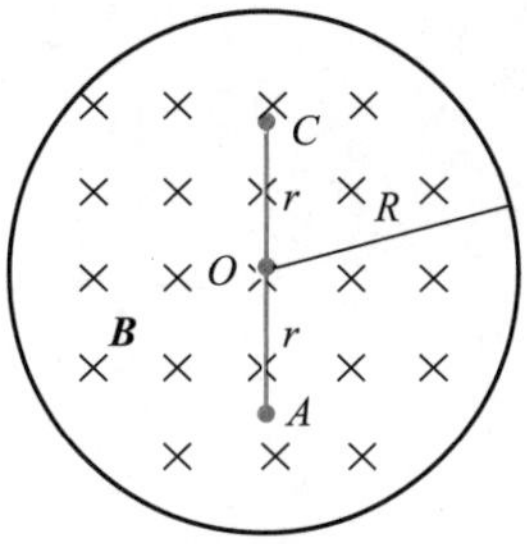

习题 8-23 图

8-24 电子感应加速器中的磁场在直径为 0.5 m 的圆柱形区域是均匀的,若磁场的变化率为 1.0×10^{-2} T/s,试计算离中心距离分别为 0.1 m,0.5 m,1.0 m 处各点的感生电场.

8-25 已知一个空心密绕的螺绕环,其平均半径为 0.1 m,横截面积为 6 cm^2,环上共有线圈 250 匝,求螺绕环的自感;若线圈中通有 3 A 的电流时,求线圈中的磁通量及磁链数.

郑重声明

高等教育出版社依法对本书享有专有出版权。任何未经许可的复制、销售行为均违反《中华人民共和国著作权法》，其行为人将承担相应的民事责任和行政责任；构成犯罪的，将被依法追究刑事责任。为了维护市场秩序，保护读者的合法权益，避免读者误用盗版书造成不良后果，我社将配合行政执法部门和司法机关对违法犯罪的单位和个人进行严厉打击。社会各界人士如发现上述侵权行为，希望及时举报，本社将奖励举报有功人员。

反盗版举报电话　(010)58581999　58582371　58582488

反盗版举报传真　(010)82086060

反盗版举报邮箱　dd@hep.com.cn

通信地址　北京市西城区德外大街 4 号

　　　　　高等教育出版社法律事务与版权管理部

邮政编码　100120

防伪查询说明

用户购书后刮开封底防伪涂层，利用手机微信等软件扫描二维码，会跳转至防伪查询网页，获得所购图书详细信息。也可将防伪二维码下的 20 位密码按从左到右、从上到下的顺序发送短信至 106695881280，免费查询所购图书真伪。

反盗版短信举报

编辑短信"JB，图书名称，出版社，购买地点"发送至 10669588128

防伪客服电话

(010)58582300